Theoretische Elektrotechnik
Band 1

Theoretische Elektrotechnik

Band 1: Variationstechnik und Maxwellsche Gleichungen

von
Dr. Roland Süße
und
Prof. Dr. Bernd Marx
Technische Universität Ilmenau

Mannheim · Leipzig · Wien · Zürich

Die Deutsche Bibliothek – CIP-Einheitsaufnahme

Marx, Bernd:
Theoretische Elektrotechnik / Bernd Marx und Roland Süsse. –
Mannheim; Leipzig; Wien; Zürich: BI-Wiss.-Verl.
NE: Süsse, Roland:
Bd. 1. Variationsrechnung und
Maxwellsche Gleichungen. – 1994

Gedruckt auf säurefreiem Papier
mit neutralem pH-Wert (bibliotheksfest)

ISBN 978-3-642-88462-7 ISBN 978-3-642-88461-0 (eBook)
DOI 10.1007/978-3-642-88461-0

Meinem Vater gewidmet.

R. Süße

Vorwort

Das vorliegende Buch entstand aus den Vorlesungen zur Elektromagnetik für Studierende der Elektrotechnik und Automatisierungstechnik an der Technischen Universität Ilmenau. Es wendet sich an Studierende und Ingenieure der Elektrotechnik, an Physiker sowie an Interessierte angrenzender Fachgebiete. Zum Verständnis seiner Inhalte werden vorwiegend Kenntnisse der Mathematik und der Elektrotechnik vorausgesetzt, wie sie im Grundstudium eines jeden wissenschaftlich-technischen Studienganges erworben werden.
Die Theoretische Elektrotechnik setzt sich aus der Theorie und Anwendung elektromagnetischer Felder, der Theorie und Technik elektrischer Netzwerke sowie den Grundlagen des Mechanismus der Stromleitung in Medien zusammen. Dieser Band enthält Ausführungen zu den beiden ersten Schwerpunkten mit dem Ziel, die besondere Bedeutung von Variations- und Tensorrechnung zur Herleitung wichtiger Gesetzmäßigkeiten der Elektrotechnik zu zeigen.
Er gliedert sich in vier Kapitel: Einführung und ausgewählte Beispiele, Mathematik (Variationsrechnung, Tensorrechnung, Fourierreihen, Distributionen), Wirkungsintegral, die Maxwellschen Gleichungen und Tensoren der Elektromagnetik.
Das erste Kapitel beginnt mit einem knappen Abriß der Entstehungsgeschichte der Variationsrechnung. Die ausgewählten Beispiele sind auf Ingenieurstudenten abgestimmt und demonstrieren in einfach überschaubarer Weise die Anwendungsbreite der Variati-

onsrechnung und des Lagrange-Formalismus im Ingenieurbereich. Insbesondere wird auf ein neues Gebiet - das der elektrischen (bzw. mechanischen) Elemente höherer Ordnung - eingegangen und gezeigt, wie für solche Elemente die Lagrange- oder/und die Dissipationsfunktion aufzustellen sind, um über das Verschwinden der Variationsableitung die Bewegungsgleichungen des Systems zu erhalten. In der Elektrotechnik sind die Elemente höherer Ordnung zum festen Bestandteil der Theorie geworden.

Das Kapitel zur Mathematik enthält Gebiete, die dem Studenten während seines Studiums nicht, oder nur in speziellen Vorlesungen angeboten werden. Es blieb im Rahmen dieses Buches aus der Sicht der Mathematik eine Auswahl zu treffen, die einerseits unbedingt zum Verständnis des Buches erforderlich ist, aber andererseits Kommendes im Ingenieurbereich aufzeigt.

Die Einführung der Maxwellschen Gleichungen erfolgt für den Leser in zwei Vorgehensweisen:

- Induktiv, indem sie mit der Kraftwirkung auf elektrische Ladungen beginnen und dann über das Coulombsche Gesetz und den Feldbegriff die Maxwellschen Gleichungen herleiten.
- Deduktiv, indem die Phänomene der Elektrotechnik (Gesetz von Biot-Savart, Durchflutungsgesetz, Induktionsgesetz) vorgestellt werden, um anschließend die Maxwellschen Gleichungen als mathematisches Modell dieser Gesetze an die Spitze der nachfolgenden Ausführungen zu setzen.

Hier gehen die Autoren einen neuen, für den Ingenieur nicht üblichen Weg. Als Grundlage wird das Prizip der kleinsten Wirkung vorangestellt, was mathematisch ausgedrückt heißt, daß ein Wirkungsintegral zur Erfassung der Vorgänge vorliegt. Begonnen wird mit den Ereignissen in Raum und Zeit sowie dem Relativitätsprinzip und dem Prinzip von der Konstanz der Lichtgeschwindigkeit. So erhält der Leser einen einfachen Einstieg in relativistische Betrachtungen. Die Maxwellschen Gleichungen sind aus der ersten Variation über die Vorgänge im elektromagnetischen Feld unter Berücksichtigung der Rückwirkung der Quellen des elektromagnetischen Feldes hergeleitet.

Zum Schluß bleibt uns die angenehme Pflicht, all denen zu danken, die uns bei der Anfertigung dieses Buches unterstützt haben. Zu besonderem Dank sind die Autoren Herrn Prof. Dr. rer. nat. habil. Ernst Schmutzer für die Unterstützung beim Verlag und Herrn Prof. Dr. rer. nat. habil. Johannes Vogel, der an der Konzipierung der ersten zwei Kapitel beteiligt war, verpflichtet. Herr Prof. Vogel verstarb unerwartet und viel zu früh im November 1992.

Zur Gestaltung des Textes trug mit vielen Hinweisen Frau Dipl.-Ing. Ute Diemar bei. Das Manuskript wurde von den Studierenden J. Biebrach, J. Ikes, D. Michelsson, I. Müller

und T. Ströhla kritisch durchgesehen. Ihre Hinweise aus den Vorlesungen sind in den Text und die Abbildungen eingeflossen.
Die Zeichnungen fertigte Frau Ch. Heintz an. Den Satz des Buchmanuskripts übernahm Herr Dipl.-Ing. Volker Winterstein. Ihm verdankt das Buch seine äußere Gestaltung.
Die Autoren bedanken sich auch beim B.I. Wissenschaftsverlag für die gute Zusammenarbeit.

Ilmenau, im Mai 1994

B. Marx
R. Süße

Inhaltsverzeichnis

Übersicht verwendeter Symbole

S	Wirkungsintegral, symmetrischer Tensor zweiter Stufe
$\delta(*)$	Variation
S_F	Wirkungsintegral des elektromagnetischen Feldes
S_T	Wirkungsintgral eines Teilchens
S_{FT}	Wirkungsintegral eines Teilchens im elektromagnetischen Feld
L	Lagrange-Funktion
D	Dissipationsfunktion
l	Lagrange-Dichte
T	kinetische Energie
V	potentielle Energie
q	verallgemeinerte Lagekoordinate, elektrische Ladung
$\dot{q}$	verallgemeinerte Geschwindigkeit
$q^{(n)}$	n-te Ableitung von q
q^n	n-te Potenz von q
q^i	kontravariante verallgemeinerte Lagekoordinate
q_i	kovariante verallgemeinerte Lagekoordinate
x^i	kontravariante Ortskoordinate
x_i	kovariante Ortskoordinate
v^i	kontravariante Vierergeschwindigkeit
v_i	kovariante Vierergeschwindigkeit
T^{ij}	zweistufig kontravarianter Tensor
T^i_j, T_i^j	gemischte Koordinaten eines zweistufigen Tensors
F^{ij}	kontravarianter Feldtensor
F_{ij}	kovarianter Feldtensor
A^i	kontravariantes Viererpotential
A_i	kovariantes Viererpotential
$\vec{A}$	dreidimensionales magnetisches Vektorpotential
φ	skalares elektrisches Potential
$\vec{r}$	Ortsvektor im dreidimensionalen Raum
t	Zeit
$p := \frac{d}{dt}$	Differentiationsoperator
$p^\beta := \frac{d^\beta}{dt^\beta}$	Differentialoperator der Ordnung β
$\int_{\alpha\text{-fach}} \int dt$	α-faches Integral
v	Bahngeschwindigkeit, Geschwindigkeit zwischen zwei Bezugssystemen

E	Energie
w	Energiedichte
$\vec{e}_i$	kovarianter Einheitsvektor
$\vec{g}_i$	kovarianter Grundvektor
$\underline{a}^i_j$	Transformationskoeffizienten
$\nabla_j(*)$	Nabla-Operator
$\Delta(*)$	Delta-Operator
e^{ijkl}	vierstufiger vollständig antisymmetrischer Tensor
g^{ij}	kontravarianter metrischer Tensor
g_{ij}	kovarianter metrischer Tensor
δ^i_j	Kronecker-Symbol
Γ^{ij}_k	Christoffel-Symbole
E^n	n-dimensionaler euklidischer Vektorraum
u	Augenblickswert der elektrischen Spannung
i	Augenblickswert des elektrischen Stromes
ψ	Augenblickswert des verketteten magnetischen Flusses
ϕ	Augenblickswert des magnetischen Flusses
L	Induktivität
C, c	Kapazität bzw. Lichtgeschwindigkeit
A	Fläche bzw. antisymmetrischer Tensor zweiter Stufe
V	Volumen
ϱ	elektrische Raumladungsdichte
$\vec{E}$	elektrische Feldstärke
$\vec{B}$	magnetische Flußdichte (neuere Bezeichnung: Magnetische Feldstärke)
$\vec{D}$	dielektrische Verschiebung (neuere Bezeichnung: Elektrische Erregung)
$\vec{H}$	magnetische Feldstärke (neuere Bezeichnung: Magnetische Erregung)
$\vec{F}$	mechanische Kraft, verallgemeinerte Kraft
$\vec{S}_p$	Poynting-Vektor
p_k	kovarianter mechanischer Impuls, kanonische Impulse
$\hat{Q}_k$	verallgemeinerte äußere Kräfte
H	Hamilton-Funktion
H^*	erweiterte Hamilton-Funktion
$\vec{j}$	elektrische Stromdichte
j^i	kontravariante vierdimensionale elektrische Stromdichte
$\vec{G}$	Vektor des Erdschwerefeldes
s	Weg

I, J	Funktional
ΔJ	vollständige Variation des Funktionals J
$\|x\|$	Betrag von x
$\|\|x\|\|$	Norm von x
m, m_0	Masse, Ruhemasse
k	Federkonstante
W	Energie
ω	Frequenz
τ	normierte Zeit
ω_0	Resonanzfrequenz
ϵ	Dielektrizität oder Permittivität
μ	Permeabilität
κ	elektrische Leitfähigkeit

Kapitel 1

Einleitung

1.1 Mathematische Darstellung der theoretischen Elektrotechnik

Der erste Band beginnt mit charakteristischen Beispielen, die in anschaulicher Art und Weise das Anliegen der Buchreihe aufzeigen sollen. Aus diesen ausgewählten Anordnungen möge auch hervorgehen, wie die Methoden und Verfahren angrenzender Disziplinen eingreifen. Es sind technische Aufgabenstellungen, die (gegebenenfalls) als Variationsprobleme modelliert werden können.

Den entscheidenden Anstoß zur Variationsrechnung gab Johann Bernoulli im Jahre 1696 mit der Aufgabe der "Brachistochrone" (vgl. Abschnitt 2.1). P.L. Maupertuis veröffentlichte im Jahre 1747 das Prinzip der Kleinsten Wirkung, um das mit G.W.Leibnitz ein leidenschaftlich geführter Prioritätenstreit entstand. L. Euler und J.L. Lagrange überwanden die noch ungenaue Formulierung dieses Prinzips. Beide betrachteten konservative Systeme (Gesamtenergie bestehend aus der Summe der potentiellen und kinetischen Energie bleibt konstant). Das Prinzip von Maupertuis ist als Vorläufer des Prinzips der kleinsten Wirkung, das auch unter der Bezeichnung Hamilton-Prinzip geführt wird, anzusehen. Das Prinzip besagt: Dem betrachteten System ist ein Wirkungsintegral zugeordnet, das ein Funktional der möglichen (zulässigen) Bewegungen (Zustandsänderung) ist, das für die tatsächlich erfolgende Bewegung ein Extremum besitzt und dessen erste Variation an der "Stelle" der tatsächlichen Bewegung deshalb verschwindet. Dieses Prinzip ist ein Integralprinzip. Das Integral hängt von den Zuständen des Systems während eines endlichen Zeitintervalls ab. Aus der Forderung der Stationärität des Integrals (Funktionals) können aus den zulässigen Zuständen (Bewegungen) die real stattfindenden bestimmt werden.

Ein beliebiges System (elektrisches, magnetisches, mechanisches, elektromechanisches oder auch optisches) besitze f Freiheitsgrade; seine Lage (Zustand) wird durch

$q_1, q_2, \ldots, q_f$ eindeutig beschrieben. Die "verallgemeinerten" Lagekoordinaten q_i sind Funktionen der Zeit. Ihre Ableitungen nach t, also $\dot{q}_1, \ldots, \dot{q}_f$ heißen verallgemeinerte Geschwindigkeiten.

Es werden auf diese Weise Systeme erfaßt, in denen eine verallgemeinerte Bewegung nur im Sonderfall als solche im Sinne der Mechanik stattfindet. Es sind zum Beispiel in einem elektrischen System die q_i elektrische Ladungen und die $\dot{q}_i$ elektrische Ströme.

Das zu variierende Integral besitzt die Dimension einer Wirkung. In einem elektrischen System heißt das: [Energie] $\cdot$ [Zeit] = VAs $\cdot$ s. Der Extremalwert des Wirkungsintegrals kann nicht von der Wahl des Koordinatensystems abhängen.

Das Hamilton-Prinzip für konservative Systeme benutzt das Integral

$$S = \int_{t_0}^{t_1} (T - V)\,dt = \int_{t_0}^{t_1} L\,dt \quad . \tag{1.1}$$

Darin bedeuten T die kinetische und V die potentielle Energie des Systems.

$L = L(t, q_i, \dot{q}_i) := T - V$ ist die Lagrange-Funktion. Das Integral S ist für die reale Bewegung extremal (stationär), so daß die die Bewegung beschreibenden q_i den Gleichungen

$$\frac{d}{dt}\left(\frac{\partial L}{\partial \dot{q}_k}\right) - \frac{\partial L}{\partial q_k} = 0 \quad , \quad k = 1, \ldots, f \quad , \tag{1.2}$$

genügen (notwendige Bedingungen, Euler-Lagrange-Differentialgleichungen).

Bei Systemen mit nicht konservativen Kräften kann unter bestimmten Voraussetzungen eine Dissipationsfunktion D eingeführt werden, und es gelten:

$$\frac{d}{dt}\left(\frac{\partial L}{\partial \dot{q}_k}\right) - \frac{\partial L}{\partial q_k} + \frac{\partial D}{\partial \dot{q}_k} = F_k \quad , \quad k = 1, \ldots, f \quad , \tag{1.3}$$

wobei die geschwindigkeitsproportionalen Kräfte durch D und die eventuellen anderen nicht konservativen Kräfte durch die F_k erfaßt werden.

Sind Elemente höherer Ordnung im System enthalten, oder soll ein solches durch Synthese gewonnen werden, lauten die Differentialgleichungen für die q_i

$$\sum_{l=0}^{n} (-1)^{l+1} \frac{d^l}{dt^l}\left(\frac{\partial L}{\partial q_k^{(l)}}\right) + \sum_{s=0}^{m} (-1)^s \frac{d^s}{dt^s}\left(\frac{\partial D}{\partial q_k^{(s+1)}}\right) = F_k \quad , \quad k = 1, \ldots, f \quad . \tag{1.4}$$

Die Lagrange-Funktion L und die Dissipationsfunktion D bilden das $\{L, D\}$-Modell des Systems. Durch Ausführung der Differentiation in (1.2), (1.3) oder (1.4) entstehen bei konkret vorgegebenen Funktionen L und D die expliziten Bewegungsgleichungen des Systems.

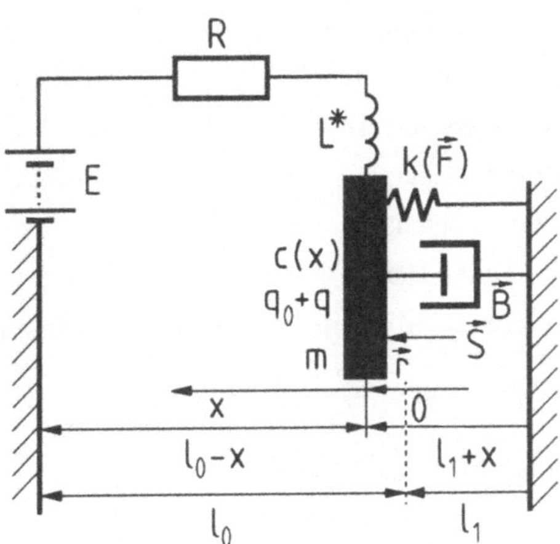

Abbildung 1.1: Modell eines Kondensatormikrophons

1.2 Beispiele aus Elektrotechnik, Mechanik und Elektromechanik

1.2.1 Das Kondensatormikrophon

Wir betrachten dazu das Modell eines Kondensatormikrophons, für das die Bewegungsgleichungen aufzustellen sind. Dieses elektromechanische System besitzt zwei Freiheitsgrade ($f = 2$). Der massebehaftete (bewegliche) Teil ist die Membran, die als Punktmasse aufgefaßt wird, und die nur eine Bewegung entlang der x-Achse ausführen kann. Liegt sie im Nullpunkt der x-Achse, sei die Feder entspannt. Ist $\vec{e}_1$ ein Einsvektor in positiver x-Richtung, werden Lage und Geschwindigkeit der Membran m durch $\vec{r} = x\vec{e}_1$ bzw. $\dot{\vec{r}} = \dot{x}\vec{e}_1$ beschrieben. $q_1 = x$ sei die erste verallgemeinerte Koordinate, die in diesem Fall eine (kartesische) Längenkoordinate ist. $\dot{q}_1 = \dot{x}$ ist die Koordinate der Geschwindigkeit von m. Befindet sich die Masse in der Lage $x \neq 0$, so sind die Abstände von den festen Wänden (Abbildung 1.1) $l_0 - x$ und $l_1 + x$. (Die Feder ist bei $x > 0$ um die Länge x gedehnt und bei $x < 0$ um die Länge $-x$ gestaucht.) Die Membran bildet mit den beiden festen Wänden einen Kondensator, dessen Ladung $q = q_2$ als zweite verallgemeinerte Koordinate verwendet wird. Dabei bedeutet q_0 die Ladung des Kondensators im Anfangszustand ($t = 0$). Für den elektrischen Strom im Leiter gilt $\dot{q}_2 = i$.

Auf die Membran wirken die Federkraft (konservativ) $\vec{F} = -kx\,\vec{e}_1$, die geschwindigkeitsproportionale Dämpfungskraft $\vec{B} = -B\dot{x}\,\vec{e}_1$ ($B > 0$) und die Sprechkraft $\vec{S} = s(t)\,\vec{e}_1$

infolge der Schallwellen. Ferner liegt die elektrische Spannung E an, und es entsteht am ohmschen Widerstand der Spannungsabfall $u = R \cdot i = R \cdot \dot{q}$.
Um die Bewegungsgleichungen des Systems nach (1.3) zu erhalten, benötigen wir das $\{L, D\}$-Modell, also die Lagrange- und Dissipationsfunktion. Für die Lagrange-Funktion hat man die gesamte kinetische Energie sowie die gesamte potentielle Energie zu erfassen. Die energiespeichernden Elemente sind die Induktivität L^*, die Kapazität $c(x)$, die Masse m und die Feder k. Unter Berücksichtigung der bekannten Beziehungen für den magnetischen Fluß, für die Spannung u_c am Kondensator, den Impuls und die Federkraft

$$\psi = L^* \cdot i = L^* \dot{q} \quad , \quad u_c = \frac{q}{c(x)} \quad , \quad \vec{p} = m\dot{x}\,\vec{e}_1 \quad , \quad \vec{F} = -kx\,\vec{e}_1 \tag{1.5}$$

ergeben sich für die einzelnen Energieanteile

$$W_{L^*} = \int \psi\, di = \frac{1}{2} L^* \dot{q}^2 \quad , \quad W_c = \int u\, dq = \frac{1}{2} \frac{(q_0 + q)^2}{c(x)} \quad , \tag{1.6}$$

$$W_m = \frac{1}{2} m\dot{x}^2 \quad , \quad W_k = \frac{1}{2} kx^2 \quad . \tag{1.7}$$

Die potentielle Energie hängt von beiden Koordinaten x und q ab. Die kinetische Energie ist eine Funktion der beiden (verallgemeinerten) Geschwindigkeiten $\dot{x}$ und $\dot{q}$. Für die potentielle Energie des Systems ergibt sich

$$V = V(x, q) = W_c + W_k = \frac{1}{2} kx^2 + \frac{1}{2} \frac{(q_0 + q)^2}{c(x)} \quad . \tag{1.8}$$

Für die kinetische Energie des Kondensatormikrophons folgt:

$$T = T(\dot{x}, \dot{q}) = W_m + W_{L^*} = \frac{1}{2} m\dot{x}^2 + \frac{1}{2} L^* \dot{q}^2 \quad . \tag{1.9}$$

In die Energie W_c geht die vom Ort abhängige Kapazität $c(x)$ ein. Diese Ortsabhängigkeit wird durch den Ansatz

$$c(x) = \frac{\epsilon \cdot A}{l_0 - x} \tag{1.10}$$

erfaßt. Darin bedeuten A einen Proportionalitätsfaktor und ϵ die Dielektrizitätskonstante der Luft. Gleichung (1.8) geht damit über in

$$V = \frac{1}{2} kx^2 + \frac{1}{2\epsilon A}(l_0 - x)(q_0 + q)^2 \quad . \tag{1.11}$$

Die Lagrange-Funktion ergibt sich als

$$L = T - V = \frac{1}{2} m\dot{x}^2 + \frac{1}{2} L^* \dot{q}^2 - \frac{1}{2} kx^2 - \frac{1}{2\epsilon A}(l_0 - x)(q_0 + q)^2 \quad . \tag{1.12}$$

Die Dissipationsfunktion des Systems berechnet sich aus den Verlusten, die durch die lineare Dämpfung $\vec{B}$ und durch den linearen Ohmschen Widerstand R hervorgerufen werden. Es entsteht:

$$D = D(\dot{x}, \dot{q}) = \frac{1}{2} B\dot{x}^2 + \frac{1}{2} R\dot{q}^2 \quad . \tag{1.13}$$

(Die Dissipationsfunktion besitzt die Dimension einer Leistung.)
Die mechanische Kraft $\vec{S} = s(t)\,\vec{e}_1$ und die elektrische Spannung E gehen als generalisierte Kräfte in die rechte Seite der dem x bzw. q zugeordneten Lagrange-Gleichung ein. (In einem späteren Abschnitt wird gezeigt, daß die in den Koordinaten x und q zugeordneten generalisierten Kräften genau diese Form annehmen.) Damit liegt das $\{L, D\}$-Modell vor, und nach Gleichung (1.3) folgen für dieses System mit zwei Freiheitsgraden die zwei Lagrange-Gleichungen

$$\frac{d}{dt}\left(\frac{\partial L}{\partial \dot{x}}\right) - \frac{\partial L}{\partial x} + \frac{\partial D}{\partial \dot{x}} = s(t) \quad , \tag{1.14}$$

$$\frac{d}{dt}\left(\frac{\partial L}{\partial \dot{q}}\right) - \frac{\partial L}{\partial q} + \frac{\partial D}{\partial \dot{q}} = E \quad . \tag{1.15}$$

Nach Ausführung der Differentiation entstehen die Bewegungsgleichungen des Systems

$$m\ddot{x} + B\dot{x} + kx - \frac{(q_0+q)^2}{2\epsilon A} = s(t) \quad , \tag{1.16}$$

$$L^*\ddot{q} + R\dot{q} + \frac{l_0 - x}{\epsilon A} q + \frac{l_0 - x}{\epsilon A} q_0 = E \quad . \tag{1.17}$$

Für dieses nichtlineare Differentialgleichungssystem zweiter Ordnung sind nun noch Anfangsbedingungen zu formulieren.

1.2.2 Bewegung einer Ladung im elektromagnetischen Feld

Es wird zunächst die Bahnkurve einer punktförmigen elektrischen Ladung q, die mit der Masse m behaftet ist, unter dem Einfluß der Kraft $\vec{F}$, die durch ein homogenes elektrisches Feld $\vec{E}$ verursacht wird,

$$\vec{F} = q \cdot \vec{E} \tag{1.18}$$

berechnet. Als Beispiel eines solchen Vorganges kann die Bewegung der Ladung q in einem Plattenkondensator betrachtet werden.
Aufgrund der Potentialfestlegung (Ladung der Kondensatorplatten) liegt die elektrische Feldstärke in der 3-Richtung. Deshalb zeigt in der Bewegungsgleichung

$$\ddot{\vec{r}} = \frac{q}{m} \cdot \vec{E} := \vec{b} \quad , \quad \vec{b} = b \cdot \vec{e}_3 \quad , \quad b = \frac{q \cdot E}{m} > 0 \tag{1.19}$$

die gegebene Beschleunigung $\vec{b}$ auch in die 3-Richtung. $\vec{b}$ steht außerdem senkrecht auf der gegebenen Anfangsgeschwindigkeit $\vec{v}_0$. (Die Analogie zum waagerechten Wurf im homogenen Schwerefeld ist offensichtlich!) Die Bewegungsgleichung (1.19) kann zweimal nach der Zeit integriert werden. Mit den Anfangsbedingungen $\vec{r}(0) = P_0$, $\dot{\vec{r}}(0) = \vec{v}_0$ entstehen:

$$\dot{\vec{r}} = \vec{v}_0 + \vec{b}t \quad , \quad \vec{r} = \vec{v}_0 t + \vec{b}\frac{t^2}{2} \quad . \tag{1.20}$$

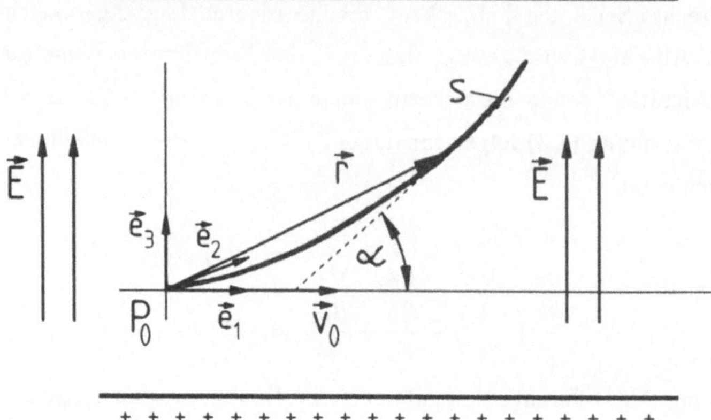

$\vec{r}$: Ortsvektor zur Bahnkurve S

$\vec{r}(0) = P_0 = (0,0,0)$: Anfangslage von m

$\dot{\vec{r}}(0) = \vec{v}_0 = (v_0, 0, 0)$: Anfangsgeschwindigkeit von m; $v_0 > 0$

α: Anstiegswinkel der Bahnkurve

$\vec{E} = (0,0,E)$; $E > 0$; homogenes E-Feld

Abbildung 1.2: Bewegung der Ladung q in einem Plattenkondensator

Der Winkel α beschreibt die Richtung des Teilchens (Anstiegswinkel der Bahnkurve) beim Durchfliegen des Kondensators. Mit Hilfe des Vektor- und Skalar-Produktes der Vektoren $\vec{v}_0$ und $\dot{\vec{r}}$ gilt:

$$\tan\alpha = \frac{|\vec{v}_0 \times \dot{\vec{r}}|}{\vec{v}_0 \cdot \dot{\vec{r}}} \quad . \tag{1.21}$$

Mit dem Geschwindigkeitsvektor $\dot{\vec{r}}$ aus (1.20) folgt

$$\tan\alpha = \frac{|\vec{v}_0 \times (\vec{v}_0 + \vec{b}t)|}{\vec{v}_0(\vec{v}_0 + \vec{b}t)} = \frac{|\vec{v}_0 \times \vec{b}t|}{\vec{v}_0^2 + \vec{v}_0\,\vec{b}t} \quad , \tag{1.22}$$

und unter Beachtung von $\vec{v}_0 \perp \vec{b}$ geht (1.22) über in

$$\tan\alpha = \frac{|\vec{v}_0||\vec{b}|\,t}{|\vec{v}_0|^2} = \frac{bt}{v_0} \quad , \quad v_0 := |\vec{v}_0| \quad . \tag{1.23}$$

Die Zeit t ist die Flugzeit von m. Mit $\vec{v}_0 = v_0\,\vec{e}_1$ und $\vec{b} = b\,\vec{e}_3$ ergeben sich aus (1.20) die Koordinaten der Parameterdarstellung der Bahnkurve:

$$x_1(t) = v_o t \quad , \quad x_2(t) \equiv 0 \quad , \quad x_3(t) = \frac{1}{2}\,bt^2 \quad . \tag{1.24}$$

Durch Elimination von t (erste Gleichung aus (1.24)) ergeben sich für den Anstieg

$$\tan\alpha = \frac{bx_1}{v_0^2} \quad , \tag{1.25}$$

und für die Bahngeschwindigkeit an der Stelle x_1 aus (1.22)

$$v = |\dot{\vec{r}}| = \sqrt{\dot{x}_1^2 + \dot{x}_3^2} = \sqrt{v_0^2 + b^2t^2} = \sqrt{v_0^2 + \frac{q^2E^2}{m^2 v_0^2}\, x_1^2} = v_0 \sqrt{1 + \frac{q^2E^2}{m^2 v_0^4}\, x_1^2} \quad . \tag{1.26}$$

Die Gleichung der Bahnkurve in der (1,3)-Ebene lautet

$$x_3 = \frac{qE}{2m\, v_0^2}\, x_1^2 \quad . \tag{1.27}$$

Sie ist eine in x_3-Richtung nach oben geöffnete Parabel mit dem Scheitel im Nullpunkt (vgl. Abbildung 1.2).

Nun soll die Bewegung eines elektrisch geladenen Teilchens in einem homogenen magnetischen Feld $\vec{B}$ (zum Beispiel zwischen den Polen eines Permanentmagneten) untersucht werden. Die eingeprägte Kraft, die auf den Massepunkt wegen der Ladung q und dem Feld $\vec{B}$ wirkt, ist durch $\vec{F} = q\,(\vec{v} \times \vec{B})$ (Lorentzkraft) gegeben. Die Bewegungsgleichung lautet folglich

$$m\ddot{\vec{r}} = q\,(\vec{v} \times \vec{B}) \quad . \tag{1.28}$$

Mit

$$\vec{v} = \dot{\vec{r}} \quad , \quad \vec{w} := -\frac{q}{m}\,\vec{B} = (0,\, 0,\, w) \quad , \quad w = -\frac{q}{m}\,B < 0 \tag{1.29}$$

(vgl. Abbildung 1.3: Dort gilt $B > 0$) ergibt sich

$$\ddot{\vec{r}} = \vec{w} \times \dot{\vec{r}} \quad , \tag{1.30}$$

und unter Benutzung der Differentiationsregel für das Vektorprodukt ($\dot{\vec{w}} = 0$) entsteht

$$\frac{d}{dt}\,(\dot{\vec{r}} - \vec{w} \times \vec{r}) = 0 \quad . \tag{1.31}$$

Es werden die Anfangsbedingungen $\vec{r}(0) = (0,0,0)$ und $\dot{\vec{r}}(0) = \vec{v}^{\,0} = (v_1^0, v_2^0, v_3^0) \neq (0,0,0)$ gewählt. Das bedeutet Start in $P_0 = (0,0,0)$ mit einer Anfangsgeschwindigkeit $\vec{v}^{\,0} \neq 0$ (Abbildung 1.3).

Die erste Integration der Bewegungsgleichung ergibt unter Berücksichtigung der Anfangsbedingungen

$$\dot{\vec{r}} = \vec{w} \times \vec{r} + \vec{v}^{\,0} \quad . \tag{1.32}$$

In Koordinatenschreibweise mit $\vec{r} = (x_1, x_2, x_3)$ entsteht aus (1.32) ein inhomogenes lineares Differentialgleichungssystem erster Ordnung mit konstanten Koeffizienten:

$$\begin{aligned} \dot{x}_1 &= \qquad\; -wx_2 \; +v_1^0 \\ \dot{x}_2 &= wx_1 \qquad\quad\; +v_2^0 \\ \dot{x}_3 &= \qquad\qquad\quad\;\; v_3^0 \end{aligned} \tag{1.33}$$

Die Lösung der zugehörigen Anfangswertaufgabe mit $\vec{r}(0) = (0,0,0)$ lautet

$$\begin{aligned} x_1 &= \frac{v_2^0}{w}\cos wt + \frac{v_1^0}{w}\sin wt - \frac{v_2^0}{w} = \frac{1}{|w|}\left[-v_2^0 \cos|w|t + v_1^0 \sin|w|t + v_2^0\right] \\ x_2 &= \frac{v_2^0}{w}\sin wt - \frac{v_1^0}{w}\cos wt - \frac{v_1^0}{w} = \frac{1}{|w|}\left[v_2^0 \sin|w|t + v_1^0 \cos|w|t + v_1^0\right] \\ x_3 &= v_3^0 t \quad . \end{aligned} \tag{1.34}$$

Aus den beiden ersten Gleichungen der Parameterdarstellung (1.34) der Bahnkurve kann der Zeitparameter t eliminiert werden. Es entsteht die Gleichung

$$\left(x_1 + \frac{v_2^0}{w}\right)^2 + \left(x_2 - \frac{v_1^0}{w}\right)^2 = \left(\frac{v_1^0}{w}\right)^2 + \left(\frac{v_2^0}{w}\right)^2 \quad . \tag{1.35}$$

Mit (1.35) ist die Spur der Bahnkurve in der (1,2)-Ebene gegeben. Sie ist ein Kreis durch den Punkt P_0 mit dem Mittelpunkt M und den weiteren Schnittpunkten P_1 und P_2 mit der 1- bzw. 2-Achse (siehe Abbildung 1.3). In dieser Abbildung sind die Spur- und Bahnkurve (Schraubenlinie mit konstanter Ganghöhe auf dem Kreiszylinder) für den Fall $v_i^0 > 0, \quad i = 1,2,3$ qualitativ dargestellt. Die Ganghöhe der Schraube beträgt $v_3^0 \cdot 2\pi/|w|$, und die Schraubenachse liegt parallel zur 3-Achse, also in Richtung $\vec{B}$.

Anmerkung: Superpositioniert man das homogene $\vec{E}$-Feld und das homogene $\vec{B}$-Feld, so entsteht für $\vec{r}$ die Differentialgleichung

$$\ddot{\vec{r}} = \frac{q}{m}(\vec{E} + \dot{\vec{r}} \times \vec{B}) \quad . \tag{1.36}$$

Mit den Anfangsbedingungen $\vec{r}(0) = (0,0,0)$ und $\dot{\vec{r}}(0) = (v_1^0, v_2^0, v_3^0)$, möge der Leser die Lösung dieser Anfangswertaufgabe einschließlich Diskussion der Bahnkurve ausführen.

Gleichung (1.36) bleibt gültig, falls $\vec{E}$ und $\vec{B}$ bezüglich Ort und Zeit veränderlich sind: $\vec{E} = \vec{E}(\vec{r},t), \quad \vec{B} = \vec{B}(\vec{r},t)$. An einem Beispiel soll gezeigt werden, daß eine Lagrange-Funktion angegeben werden kann, aus der nach Verwendung der Vorschrift (1.2) die Bewegungsgleichung (1.36) (Vektorgleichung) bzw. das System von drei skalaren Differentialgleichungen für die Lagekoordinaten $x_1(t), \quad x_2(t)$ und $x_3(t)$ entstehen.

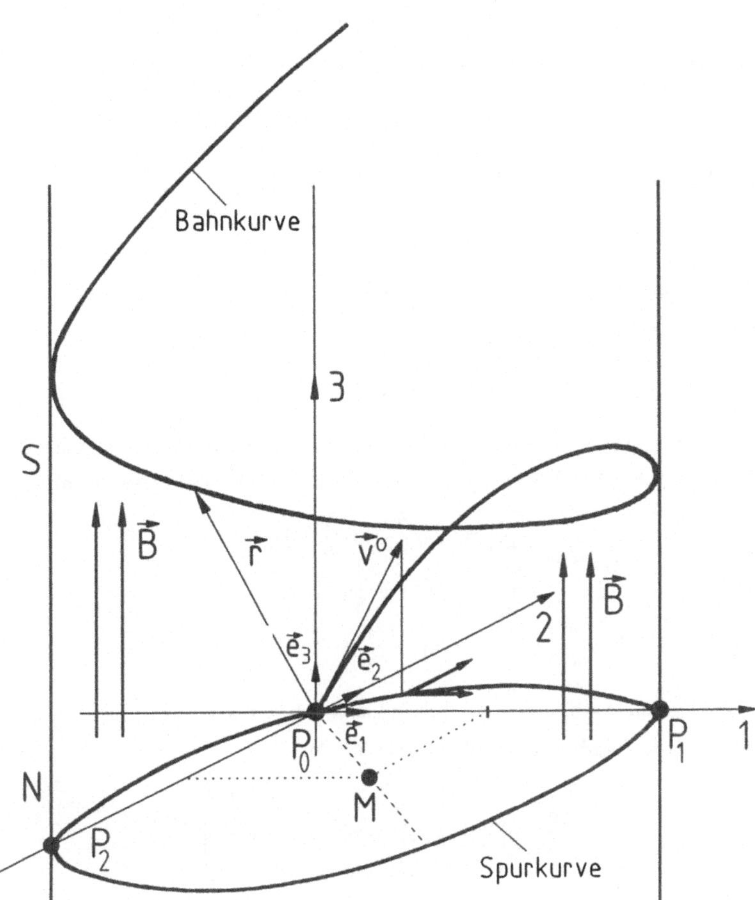

$\vec{r}$: Ortsvektor $\vec{r}(0) = P_0 = (0,\ 0,\ 0)$: Anfangslage von m

$\dot{\vec{r}}(0) = \vec{v}^{\,0} = (v_1^0,\ v_2^0,\ v_3^0)$: Anfangsgeschwindigkeit von m. Für das Beispiel gelte: $v_i^0 > 0, \quad i = 1,\ 2,\ 3$.

$\vec{B} = (0,\ 0,\ B), \quad B > 0$: homogenes Magnetfeld

Spurkurve: Kreis in der (1,2)-Ebene mit dem Mittelpunkt $M = (-v_2^0/w,\ v_1^0/w,\ 0)$, der durch die Punkte P_0, $P_1 = (2v_2^0/w,\ 0,\ 0)$ und $P_2 = (0,\ 2v_1^0/w,\ 0)$ als Schnittpunkte der 1- bzw. 2-Achse führt.

Bahnkurve: Schraubenlinie auf dem Zylinder über der Spurkurve mit konstanter Ganghöhe. Die Schraubenlinie beginnt im Punkt P_0 und besitzt in diesem Punkt $\vec{v}^{\,0}$ als Tangente.

Abbildung 1.3: Bahnkurve der Ladung q im homogenen Magnetfeld $\vec{B}$

Beispiel:

Das Magnetfeld $\vec{B}$ sei quellenfrei: div$\vec{B} = 0$. Daraus folgt die Existenz eines Vektorpotentials $\vec{A}$ mit der Dimension Vs/m^2, so daß $\vec{B}$ in der Form

$$\vec{B} = \mathrm{rot}\vec{A} \tag{1.37}$$

dargestellt werden kann. Die Vektoren $\vec{E}$ und $\frac{\partial}{\partial t}\vec{A}$ werden als wirbelfrei angenommen,

$$\mathrm{rot}(\vec{E} + \frac{\partial}{\partial t}\vec{A}) = 0 \tag{1.38}$$

so daß $\vec{E} + \frac{\partial}{\partial t}\vec{A}$ als Gradient eines skalaren Potentials $\varphi(\vec{r}, \mathrm{t})$ als

$$\vec{E} + \frac{\partial}{\partial t}\vec{A} = -\mathrm{grad}\,\varphi = -\frac{\partial}{\partial \vec{r}}\varphi \tag{1.39}$$

erscheint. Die Lagrange-Funktion wird in der Form

$$\begin{aligned} L &= \frac{1}{2}m\dot{\vec{r}}^2 + q\dot{\vec{r}}\vec{A} - q\varphi \\ &= \frac{1}{2}m(\dot{x}_1^2 + \dot{x}_2^2 + \dot{x}_3^2) + q(\dot{x}_1A_1 + \dot{x}_2A_2 + \dot{x}_3A_3) - q\varphi(x_1, x_2, x_3, t) \end{aligned} \tag{1.40}$$

angenommen. (Man beachte: Die kartesischen Koordinaten des Massenpunktes sind hier die "verallgemeinerten" Koordinaten!) Die Anwendung der Vorschrift (1.2) (formales Differenzieren) ergibt

$$\begin{aligned} \frac{\partial L}{\partial \vec{r}} &= -q\frac{\partial \varphi}{\partial \vec{r}} + q\frac{\partial}{\partial \vec{r}}(\dot{\vec{r}}\vec{A}) \quad , \\ \frac{\partial L}{\partial \dot{\vec{r}}} &= m\dot{\vec{r}} + q\frac{\partial}{\partial \dot{\vec{r}}}(\dot{\vec{r}}\vec{A}) = m\dot{\vec{r}} + q\vec{A} \quad , \\ \frac{d}{dt}\left(\frac{\partial L}{\partial \dot{\vec{r}}}\right) &= m\ddot{\vec{r}} + q\frac{d}{dt}\vec{A} \quad . \end{aligned} \tag{1.41}$$

$\frac{\partial}{\partial \vec{r}}(\dot{\vec{r}}\vec{A})$ ist der Gradient des Skalars $(\dot{\vec{r}}\vec{A})$. Er wird als Produkt des Vektors $\frac{\partial}{\partial \vec{r}} = \left(\frac{\partial}{\partial x_1}, \frac{\partial}{\partial x_2}, \frac{\partial}{\partial x_3}\right)$ mit dem Skalar $\dot{\vec{r}}\vec{A} = \dot{x}_1A_1 + \dot{x}_2A_2 + \dot{x}_3A_3$ aufgefaßt. Es gilt dann

$$\frac{\partial}{\partial \vec{r}}(\dot{\vec{r}}\vec{A}) = \begin{pmatrix} \dot{x}_1\frac{\partial A_1}{\partial x_1} + \dot{x}_2\frac{\partial A_2}{\partial x_1} + \dot{x}_3\frac{\partial A_3}{\partial x_1} \\ \dot{x}_1\frac{\partial A_1}{\partial x_2} + \dot{x}_2\frac{\partial A_2}{\partial x_2} + \dot{x}_3\frac{\partial A_3}{\partial x_2} \\ \dot{x}_1\frac{\partial A_1}{\partial x_3} + \dot{x}_2\frac{\partial A_2}{\partial x_3} + \dot{x}_3\frac{\partial A_3}{\partial x_3} \end{pmatrix} . \tag{1.42}$$

Formal analog ist $\frac{\partial}{\partial \dot{\vec{r}}} = \left(\frac{\partial}{\partial \dot{x}_1}, \frac{\partial}{\partial \dot{x}_2}, \frac{\partial}{\partial \dot{x}_3}\right)$, und $\frac{\partial}{\partial \dot{\vec{r}}}(\dot{\vec{r}}\vec{A})$ ist Produkt des Vektors $\frac{\partial}{\partial \dot{\vec{r}}}$ mit dem Skalar $\dot{\vec{r}}\vec{A}$. Es gilt

$$\frac{\partial}{\partial \dot{\vec{r}}}(\dot{\vec{r}}\vec{A}) = \left(\frac{\partial}{\partial \dot{x}_1}, \frac{\partial}{\partial \dot{x}_2}, \frac{\partial}{\partial \dot{x}_3}\right)(\dot{x}_1A_1 + \dot{x}_2A_2 + \dot{x}_3A_3) = (A_1, A_2, A_3). \tag{1.43}$$

Bei der Differentiation nach t entsteht

$$\begin{aligned} \frac{d\vec{A}}{dt} = \left(\frac{dA_1}{dt}, \frac{dA_2}{dt}, \frac{dA_3}{dt}\right) &= \begin{pmatrix} \frac{\partial A_1}{\partial x_1}\dot{x}_1 + \frac{\partial A_1}{\partial x_2}\dot{x}_2 + \frac{\partial A_1}{\partial x_3}\dot{x}_3 \\ \frac{\partial A_2}{\partial x_1}\dot{x}_1 + \frac{\partial A_2}{\partial x_2}\dot{x}_2 + \frac{\partial A_2}{\partial x_3}\dot{x}_3 \\ \frac{\partial A_3}{\partial x_1}\dot{x}_1 + \frac{\partial A_3}{\partial x_2}\dot{x}_2 + \frac{\partial A_3}{\partial x_3}\dot{x}_3 \end{pmatrix} + \frac{\partial \vec{A}}{\partial t} \\ &= \left(\dot{x}_1\frac{\partial}{\partial x_1} + \dot{x}_2\frac{\partial}{\partial x_2} + \dot{x}_3\frac{\partial}{\partial x_3}\right)(A_1, A_2, A_3) + \frac{\partial \vec{A}}{\partial t} \\ &= (\dot{\vec{r}}\frac{\partial}{\partial \vec{r}})\vec{A} + \frac{\partial \vec{A}}{\partial t} \quad . \end{aligned}$$

In dieser letzten Formel ist der erste Faktor ein Skalar (Skalarprodukt der Vektoren $\dot{\vec{r}}$ und $\frac{\partial}{\partial \vec{r}}$). Es wird mit dem Vektor $\vec{A}$ multipliziert.

Als Lagrange-Gleichung ergibt sich

$$\frac{d}{dt}\left(\frac{\partial L}{\partial \dot{\vec{r}}}\right) - \frac{\partial L}{\partial \vec{r}} = m\ddot{\vec{r}} + q(\dot{\vec{r}}\frac{\partial}{\partial \vec{r}})\vec{A} + q\frac{\partial \vec{A}}{\partial t} + q\frac{\partial \varphi}{\partial \vec{r}} - q\frac{\partial}{\partial \vec{r}}(\dot{\vec{r}}\vec{A}) = 0 \tag{1.44}$$

oder

$$m\ddot{\vec{r}} = -q\frac{\partial \vec{A}}{\partial t} - q\frac{\partial \varphi}{\partial \vec{r}} + q\left[\frac{\partial}{\partial \vec{r}}(\dot{\vec{r}}\vec{A}) - \vec{A}(\dot{\vec{r}}\frac{\partial}{\partial \vec{r}})\right] \quad . \tag{1.45}$$

Mit Hilfe des Produktes

$$\vec{a} \times (\vec{b} \times \vec{c}) = \vec{b}(\vec{a}\vec{c}) - \vec{c}(\vec{a}\vec{b}) \quad , \quad \vec{b} = \frac{\partial}{\partial \vec{r}} \quad , \quad \vec{a} = \dot{\vec{r}} \quad , \quad \vec{c} = \vec{A} \tag{1.46}$$

wird (1.45) umgeformt:

$$\begin{aligned} m\ddot{\vec{r}} &= -q\left(\frac{\partial \vec{A}}{\partial t} + \frac{\partial \varphi}{\partial \vec{r}}\right) + q\left[\dot{\vec{r}} \times \left(\frac{\partial}{\partial \vec{r}} \times \vec{A}\right)\right] \\ &= q\vec{E} + q[\dot{\vec{r}} \times rot\vec{A}] \\ &= q(\vec{E} + \dot{\vec{r}} \times \vec{B}) \quad . \end{aligned} \tag{1.47}$$

Damit ist an diesem Beispiel gezeigt, daß die verwendete Lagrange-Funktion bei Anwendung des Formalismus die richtige Bewegungsgleichung liefert.

1.2.3 Der harmonische mechanische Oszillator

In Abbildung 1.4 bewegt sich ein Massenpunkt unter dem Einfluß der linearen Federkraft $\vec{F} = -kx_1\vec{e}_1$ reibungsfrei entlang der x_1-Koordinatenachse (im folgenden $x_1 = x$). Für diese lineare Schwingung gilt die Bewegungsgleichung $m\ddot{x}\vec{e}_1 = -kx\vec{e}_1$ oder

$$\ddot{x} + \omega_0^2 x = 0 \tag{1.48}$$

mit x als Abstand von der Ruhelage (im Nullpunkt des Koordinatensystems sei die Feder entspannt) und $\omega_0^2 = \frac{k}{m}$ als Kreisfrequenz. Die Bewegungsgleichung dieses Systems kann auch über die Lagrange-Funktion aufgestellt werden. Die kinetische und die potentielle Energie des Systems ergeben sich zu

$$T = \frac{m}{2}\dot{x}^2 \quad , \quad V = \frac{k}{2}x^2 \quad . \tag{1.49}$$

Daraus folgt die Lagrange-Funktion

$$L = T - V = \frac{1}{2}m\dot{x}^2 - \frac{k}{2}x^2 \tag{1.50}$$

Das System ist konservativ, da sich die eingeprägte Kraft $\vec{F} = -kx\vec{e}_1$ als negativer Gradient des Potentials V darstellen läßt. Es gilt der Energieerhaltungssatz

$$T + V = const. \tag{1.51}$$

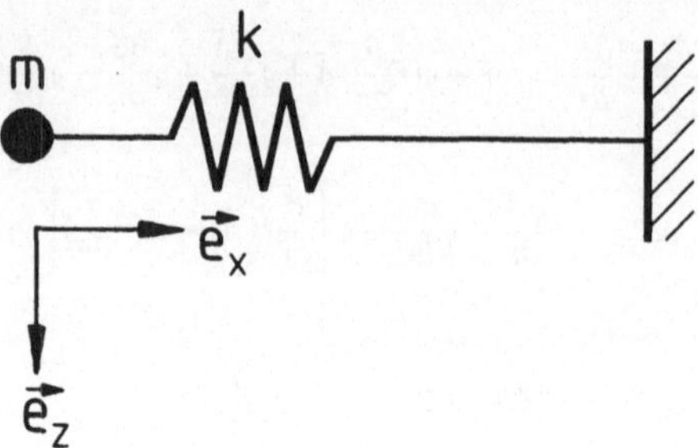

Abbildung 1.4: Harmonischer Oszillator

Durch Differentiation von (1.50) nach x bzw. $\dot{x}$ ergeben sich

$$\frac{\partial L}{\partial x} = -kx \quad , \quad \frac{\partial L}{\partial \dot{x}} = m\dot{x} \tag{1.52}$$

Daraus folgt nach (1.2) die Bewegungsgleichung

$$m\ddot{x} + kx = 0 \quad , \tag{1.53}$$

die mit (1.48) übereinstimmt.

1.2.4 Lagrange-Funktion und Duffingsches Problem

Die Duffingsche Differentialgleichung (1.60) (für die Ladung in einem Schwingkreis mit nichtlinearer Kapazität) entsteht, wenn eine sinusförmige elektromotorische Kraft mit einer linearen Induktivität sowie mit einer nichtlinearen Kapazität in Reihe geschaltet wird (Abbildung 1.5).

Nach dem 2. Kirchhoffschen Satz gilt für diese Schaltung

$$L^* \frac{di}{dt} + u_c = \hat{E} \sin\left(\omega t + \frac{\pi}{2}\right) = \hat{E} \cos \omega t = k_0 E_0 \cos \omega t \quad , \quad \hat{E} = k_0 E_0 \quad . \tag{1.54}$$

Die Spannungs-Ladungskennlinie der nichtlinearen Kapazität wird durch ein ungerades Polynom 3. Grades

$$u_c = c q_1 + d q_1^3 \tag{1.55}$$

approximiert. Mit (1.55) und $dq_1/dt = i$ geht (1.54) in

$$\frac{d^2 q_1}{dt^2} + \frac{c}{L^*} q_1 + \frac{d}{L^*} q_1^3 = \frac{k_0 E_0}{L^*} \cos \omega t \tag{1.56}$$

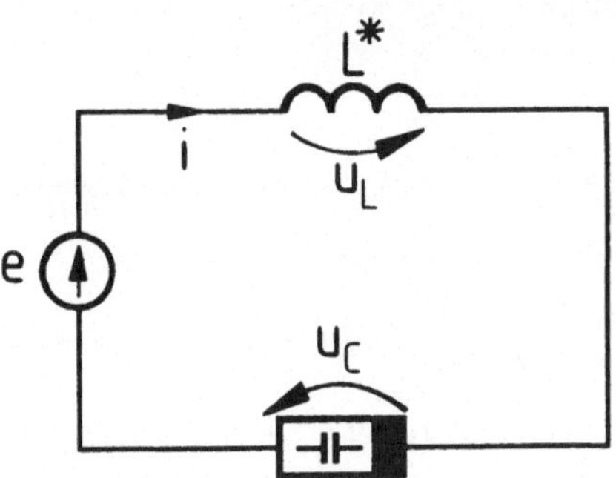

Abbildung 1.5: Ungedämpfter Schwingkreis mit einer nichtlinearen Kapazität

über. Diese Gleichung wird mit den neuen Konstanten

$$\omega_0 = \sqrt{\frac{c}{L^*}} \quad , \quad Q_0 = \frac{E_0}{\omega_0^2 L^*} \tag{1.57}$$

in

$$\frac{d^2\left(\frac{q_1}{Q_0}\right)}{d(\omega_0 t)^2} + \frac{q_1}{Q_0} + \frac{d}{c} Q_0^2 \left(\frac{q_1}{Q_0}\right)^3 = k_0 \cos \omega t \tag{1.58}$$

umgeformt. Mit den dimensionslosen Größen

$$q = \frac{q_1}{Q_0} \quad , \quad \tau = \omega_0 t \quad , \quad b = \frac{d}{c} Q_0^2 = \frac{d}{c}\left(\frac{E_0}{\omega_0^2 L^*}\right)^2 \quad , \quad a = \frac{\omega}{\omega_0} \tag{1.59}$$

entsteht die Duffingsche Differentialgleichung

$$\ddot{q} + q + bq^3 = k_0 \cos a\tau \quad . \tag{1.60}$$

Die normierte (dimensionslose) Variable q ist in diesem Beispiel die verallgemeinerte Lagekoordinate (Zustandsvariable), die technisch interpretiert die elektrische Ladung bedeutet. Die Größe τ ist eine dimensionslose Zeitvariable. $\dot{q} = \hat{\imath}$ stellt die verallgemeinerte Geschwindigkeit dar, die die Bedeutung eines Stromes hat. Die Größe $\ddot{q} = d\dot{q}/d\tau = di/d\tau$ kann als verallgemeinerte "Beschleunigung" aufgefaßt werden.

Die Differentialgleichung (1.60) kann sofort als Lagrange-Gleichung zur Lagrange-Funktion

$$L = T - V = \frac{1}{2}\dot{q}^2 - \frac{1}{2}q^2 - \frac{1}{4}bq^4 \tag{1.61}$$

mit der generalisierten Kraft $k_0 \cos a\tau$ gedeutet werden. Dabei gelten

$$T = \frac{1}{2}\dot{q}^2 \quad \text{und} \quad V = \frac{1}{2}q^2 + \frac{1}{4}bq^4 \quad . \tag{1.62}$$

Für die konservative Kraft gilt

$$-\frac{\partial V}{\partial q} = -\frac{1}{2}q - bq^3 \quad . \tag{1.63}$$

Eine Dissipationsfunktion tritt nicht auf, da es keine zu $\dot{q}$ proportionalen Kräfte gibt. Die Euler-Lagrange-Gleichung lautet:

$$\frac{d}{dt}\left(\frac{\partial L}{\partial \dot{q}}\right) - \frac{\partial L}{\partial q} = \ddot{q} + q + bq^3 = k_0 \cos a\tau \quad . \tag{1.64}$$

Für die Zustandsvariable q entsteht genau die Differentialgleichung (1.60). Dem Duffingschen Problem kann also ebenfalls eine Lagrange-Funktion (mit generalisierter Kraft bei periodischer Anregung) zugeordnet werden.

1.2.5 {L, D}-Modell von Elementen höherer Ordnung

Elemente höherer Ordnung (elektrische, mechanische) können abstrakt durch die Gleichung

$$p^\beta y = f(p^\alpha x) \tag{1.65}$$

beschrieben werden. Darin bedeuten α und β ganze Zahlen, $p^\alpha = d^\alpha/dt^\alpha$, falls $\alpha \geq 0$ und $p^\alpha = \int_{|\alpha|-fach} \cdots \int dt$, das heißt α-fache Integration nach t für $\alpha < 0$.
x und y sind zeitabhängige, in der Regel dimensionslose (normierte) Zustandsvariable, für die durch die Gleichung (1.65) eine Zuordnungsvorschrift mit einer hinreichend oft stetig differenzierbaren reellwertigen Funktion f (f heißt auch hinreichend glatt) erklärt wird. Das Maximum $\max\{|\alpha|, |\beta|\}$ heißt Ordnung des Elementes. Für $\max\{|\alpha|, |\beta|\} > 1$ liegt ein Element höherer Ordnung vor.
Man ordnet einem Element das Zahlenpaar (α, β) aus (1.65) zu und deutet dieses als Zuordnung zu den ganzzahligen Gitterpunkten eines ebenen Koordinatensystems. Bei elektrischen Elementen ist x ein normierter Strom und y eine normierte Spannung. Für mechanische Elemente bedeuten x eine normierte Kraft und y eine normierte Geschwindigkeit, die in diesem Fall auch vektorwertig sein dürfen.

Beispiele:

1. $(\alpha, \beta) = (0, 0)$: Für die Spannung am Ohmschen Widerstand R gilt $u = Ri$. Die Größen i und u können zeitabhängig sein. Es seien U_0 und I_0 beide verschieden von 0 und gegebene feste Werte für Spannung und Strom. Mit $x = i/I_0$, $y = u/U_0$ folgt $u = k_1 \frac{U_0}{I_0} i = Ri$. Der Vergleich mit (1.65) zeigt $\alpha = 0$ und $\beta = 0$ sowie $f(*) = R(*) = R$. Der Ohmsche Widerstand R ist also ein Element nullter Ordnung mit einer linearen Funktion f .

   Für eine geschwindigkeitsproportionale Reibungskraft gilt $\vec{R} = -d\dot{\vec{r}}$, also für die Beträge $R = |\vec{R}| = d|\dot{\vec{r}}| = d \cdot v$. Die Normierung $x = R/R_0$, $y = v/v_0$ mit $R_0, v_0 \neq 0$ ergibt $v = k_2 \frac{v_0}{dR_0} R$, und

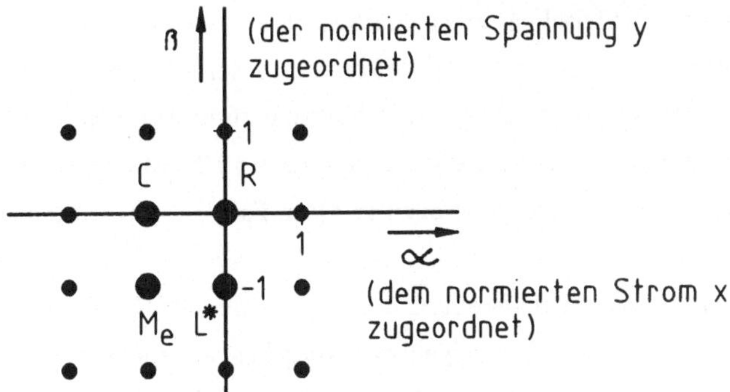

Abbildung 1.6: Koordinatensystem der Gitterpunkte für die Elemente (α, β)

der Vergleich mit (1.65) ergibt $\alpha = \beta = 0$ und f als lineare Funktion. Die lineare Dämpfung d ist ein mechanisches Element nullter Ordnung.

2. $(\alpha, \beta) = (-1, 0)$: Für die Spannung an einem Kondensator mit der Kapazität C gilt $u = C \cdot q$ mit $\dot{q} = i$, damit folgt $u = C \int i\, dt$. Die Normierung verläuft wie in Beispiel 1. Es gelten $\alpha = -1$ und $\beta = 0$. Hierbei ist f wieder eine lineare Funktion. Der Kondensator ist ein Element erster Ordnung.

   Die Bewegungsgleichung für eine Punktmasse lautet: $d/dt(m\dot{\vec{r}}) = \vec{F}$ (Impulssatz). Bei konstanter Masse gilt $\ddot{\vec{r}} = \vec{F}/m$ oder $\dot{\vec{r}} = 1/m \neq \int \vec{F}\, dt$. Die Normierung verläuft analog. Es gelten $\alpha = -1$, $\beta = 0$. Der "Massenpunkt" ist ein mechanisches Element erster Ordnung.

3. $(\alpha, \beta) = (0, -1)$: Für den magnetischen Fluß einer Induktivität L^* gilt $\psi(t) = \int u\, dt = L^* \cdot i$. Es liegt ein Element erster Ordnung mit $\alpha = 0$ und $\beta = -1$ vor.

   Das mechanische Analogon ist ein Zentralkraftfeld $\vec{Z} = k\vec{r}$. Vektor $\vec{r}$ ist der Ortsvektor des Massenpunktes. Für k sind $k > 0$ oder $k < 0$ zugelassen. Falls $k < 0$ gilt, ist die Kraft anziehend. Aus der linearen Beziehung zwischen $\vec{Z}$ und $\vec{r}$ folgt $\vec{r} = \int \dot{\vec{r}}\, dt = \frac{1}{k}\vec{Z}$ (Vektorengleichung), und damit $\beta = -1$ und $\alpha = 0$.

4. $(\alpha, \beta) = (-1, -1)$: In diesem Fall liegt als Bauelement ein elektrischer Memristor vor, der einen Zusammenhang zwischen dem verketteten Fluß $\psi(t) = \int u\, dt$ und der Ladung q definiert. Für $\alpha = \beta = -1$ heißt die Gleichung (1.65) $\int y\, dt = f\left(\int x\, dt\right)$. Mit $y = u/U_0$ und $x = i/I_0$ entsteht

$$\psi(t) = \int u(t)\, dt = U_0\, f\left(\frac{1}{I_0} \int i\, dt\right) = U_0\, f\left(\frac{1}{I_0} q(t)\right) \quad . \tag{1.66}$$

   Dabei kann f (im Rahmen der Glattheitsvoraussetzung) beliebig gewählt werden.

   [Der mechanische Memristor beschreibt einen Zusammenhang zwischen dem Weg s und dem Zeitintegral der Kraft: $s = \int v\, dt = f(\int K\, dt)$ (skalare Gleichung zwischen den Beträgen)]. Der elektrische Memristor wird in den vierten Eckpunkt des durch die Punkte (0, 0), (−1, 0), (0, −1) und (−1, −1) gegebenen Quadrats in Abbildung 1.6 abgebildet.

Um die Bauelemente nullter, erster und höherer Ordnung zum Zwecke der Analyse oder der Synthese von elektrischen, mechanischen oder elektromechanischen Systemen zu erfassen, ist die Kenntnis ihrer $\{L, D\}$-Modelle erforderlich. Es sind also von jedem Bauelement Lagrange- und/oder Dissipationsfunktion zu bestimmen. Die Herleitung der Bewegungsgleichungen des Systems erfolgt dann nach (1.2), wobei Dissipationsfunktion und verallgemeinerte Kräfte nach (1.3) bzw. (1.4) im Fall ihres Auftretens zu berücksichtigen sind.

Umgekehrt kann (1.4) zur Aufstellung des $\{L, D\}$-Modells für die Elemente höherer Ordnung verwendet werden. Wir zeigen das Vorgehen an einem linearen Element vierter Ordnung. Die Gleichung (1.65) geht für die homogene lineare Funktion f, $f(*) = k(*)$ (k reelle Zahl) über in

$$p^{\beta}\, y = k \cdot p^{\alpha}\, x \quad . \tag{1.67}$$

Bei Wahl von $\beta = 0$ und $\alpha = 4$ und der Zuordnung einer elektrischen Spannung u zu y, $y = u/U_0$ und eines elektrischen Stromes $i = \dot{q}$ zu x, $x = i/I_0$ ergeben sich

$$u = \bar{k} \cdot p^4 \cdot i = \bar{k} \cdot p^4 \cdot \dot{q} = \bar{k}\,\frac{d^4 \dot{q}}{dt^4} = \bar{k}\,\frac{d^2 q^{(3)}}{dt^2} \quad \text{mit} \quad \bar{k} = k\,\frac{U_0}{I_0} \quad . \tag{1.68}$$

Um das $\{L, D\}$-Modell für dieses Element vierter Ordnung herzuleiten, ist in (1.4) bis $n = 4$ zu summieren. Ferner gilt $F_k = 0$, da das Element frei von nicht konservativen Kräften ist. Damit folgt aus (1.4)

$$\begin{aligned} &-\frac{d^4}{dt^4}\frac{\partial L}{\partial q^{(4)}} + \frac{d^3}{dt^3}\frac{\partial L}{\partial q^{(3)}} - \frac{d^2}{dt^2}\frac{\partial L}{\partial \ddot{q}} + \frac{d}{dt}\frac{\partial L}{\partial \dot{q}} - \frac{\partial L}{\partial q} \\ &+\frac{d^4}{dt^4}\frac{\partial D}{\partial q^{(5)}} - \frac{d^3}{dt^3}\frac{\partial D}{\partial q^{(4)}} + \left(\frac{d^2}{dt^2}\frac{\partial D}{\partial q^{(3)}}\right) - \frac{d}{dt}\frac{\partial D}{\partial \ddot{q}} + \frac{\partial D}{\partial \dot{q}} = 0 \quad . \end{aligned} \tag{1.69}$$

Es werden (1.68) und der in (1.69) hervorgehobene Term als

$$\bar{k}\,\frac{d^2 q^{(3)}}{dt^2} = \frac{d^2}{dt^2}\frac{\partial D}{\partial q^{(3)}} \tag{1.70}$$

identifiziert. Die Gleichung geht nach zweimaliger Zeitintegration und anschließender Integration nach $q^{(3)}$ in

$$D = \frac{\bar{k}}{2}\, q^{(3)\,2} \tag{1.71}$$

über. Damit ist die Dissipationsfunktion für das gewählte elektrische Element bestimmt (bis auf Integrationskonstanten, die in diesem Fall keine Rolle spielen).

Das $\{L, D\}$-Modell dieses Elementes besteht nur aus einer Dissipationsfunktion. Eine Lagrange-Funktion existiert für dieses Element nicht. Es besitzt folglich resistiven Charakter und stellt somit einen elektrischen Widerstand dar. Die Dissipationsfunktion hat die Dimension einer Leistung: $[D] = V \cdot A = [\bar{k}] \cdot [q^{(3)2}]$. Da $[q^{(3)}] = A/s^2$ gilt, ist die Dimension von $\bar{k}$: $[\bar{k}] = \frac{V}{A} \cdot s^4$. Daraus folgt, daß dieses Element einen frequenzabhängigen Widerstand darstellt.

Sollen die Lagrange-Gleichungen für ein System erstellt werden, das dieses Element enthält, so ist die angegebene Dissipationsfunktion (1.71) zu berücksichtigen.

1.2.6 Aufstellung der nichtkonservativen Hamilton-Funktion für ein zweimaschiges elektrisches Netzwerk

Von der Lagrange-Funktion gelangt man für konservative Systeme durch einen Wechsel der Variablen zur Hamilton-Funktion. Bei f Freiheitsgraden des Systems werden die f neuen Variablen, bezeichnet als kanonische Impulse p_k, durch

$$p_k = \frac{\partial L}{\partial \dot{q}_k} \quad , \quad \dot{p}_k = \frac{\partial L}{\partial q_k} \qquad k = 1, \ldots, f \tag{1.72}$$

eingeführt. Die konservative Hamilton-Funktion, deren totales Differential eine besonders einfache Form aufweist, ist dann eine Funktion der unabhängigen Veränderlichen p_k, q_k und es gilt

$$H(p_k, q_k, t) \equiv \sum_{k=1}^{f} p_k \, \dot{q}_k - L \quad . \tag{1.73}$$

Aus dieser ergeben sich die $2f$ Bewegungsgleichungen des Systems durch die Differentiation von H nach den p_k bzw. q_k in der Form von $2f$ Differentialgleichungen 1. Ordnung:

$$\dot{q}_k = \frac{\partial H}{\partial p_k} \quad , \quad \dot{p}_k = -\frac{\partial H}{\partial q_k} \quad . \tag{1.74}$$

In realen technischen Systemen treten immer Verluste sowie äußere Kräfte auf. Um auch dann sowohl den Lagrange- als auch den Hamilton-Formalismus anwenden zu können, wurde in (1.3) die Dissipationsfunktion eingeführt. Die noch zu definierende nichtkonservative Hamilton-Funktion muß zwingend die Dissipationsfunktion ebenfalls enthalten und den konservativen Teil einschließen. Die äußeren Kräfte erfassen die $\hat{Q}_k$.

Es sind nun einige Voraussetzungen zu erfüllen: Die $\hat{Q}_k$ und $H (k = 1, \ldots, f)$ seien reelle, mindestens einmal stetige und L und D reelle, mindestens zweimal stetig differenzierbare Funktionen, die von den Variablen t, q_k, $\dot{q}_k$, p_k, $\dot{p}_k$ wie folgt abhängen:

$$\hat{Q}_k = \hat{Q}_k(t) \quad , \quad H = H(t, q_k, p_k) \quad , \quad L = L(t, q_k, \dot{p}_k) \quad , \quad D = D(\dot{q}_k) \quad . \tag{1.75}$$

Sind in einem elektrischen Netzwerk Zweipolelemente nullter bzw. erster Ordnung sowie nichtgesteuerte äußere Kräfte (nichtgesteuerte Stromquellen, Spannungsquellen) vorhanden, dann existiert eine nichtkonservative Hamilton-Funktion (über $k = 1, 2, \ldots, f$ wird

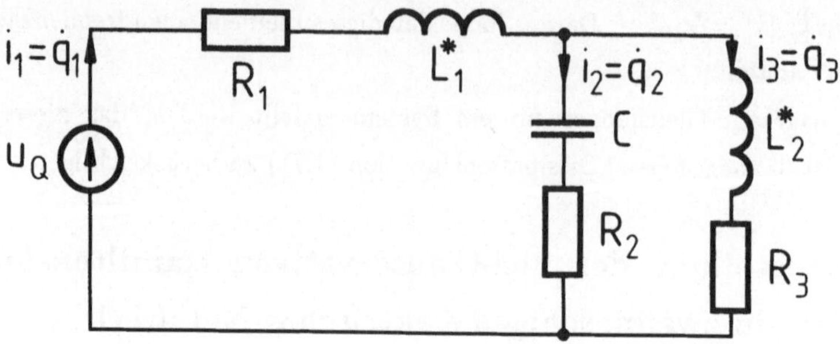

Abbildung 1.7: Elektrisches Netzwerk mit ohmschen Verlusten

summiert und H nach (1.73) berücksichtigt) der Form [1]

$$H^* = H - q_k\left(\hat{Q}_k - \frac{\partial D}{\partial \dot{q}_k}\right) = p_k\,\dot{q}_k - L - q_k\left(\hat{Q}_k - \frac{\partial D}{\partial \dot{q}_k}\right) \quad . \tag{1.76}$$

Die Bewegungsgleichungen des Netzwerkes liefern die Ableitungen nach den q_k, p_k durch

$$\dot{p}_k = -\frac{\partial H^*}{\partial q_k} = -\frac{\partial H}{\partial q_k} + \hat{Q}_k - \frac{\partial D}{\partial \dot{q}_k} \tag{1.77}$$

und

$$\dot{q}_k = \frac{\partial H^*}{\partial p_k} = \frac{\partial H}{\partial p_k} \quad . \tag{1.78}$$

Sie sind identisch mit den unabhängigen Maschengleichungen des elektrischen Netzwerkes. Um das Aufstellen der nichtkonservativen Hamilton-Funktion an einem Beispiel zu zeigen, verwenden wir das zweimaschige Netzwerk in Abbildung 1.7.

Hier kann ohne eine Beschränkung der Allgemeinheit u_Q multipliziert mit $q_1 = q_2 + q_3$ zur Lagrange-Funktion addiert werden. Die Lagrange-Funktion ergibt sich wegen ihrer Additivität aus den Summanden der Energien in den Blindelementen zuzüglich der der Quelle entnommenen Energie zu

$$L = L_1 + L_2 + L_3 + L_4 = u_Q\,q_1 + \frac{L_1^*}{2}\,\dot{q}_1^2 - \frac{1}{2C_1}\,q_2^2 + \frac{L_2^*}{2}\,\dot{q}_3^2 \quad . \tag{1.79}$$

Die Gesamt-Dissipationsfunktion enthält alle ohmschen Verluste in der Form

$$D = D_1 + D_2 + D_3 = \frac{R_1}{2}\,\dot{q}_1^2 + \frac{R_2}{2}\,\dot{q}_2^2 + \frac{R_3}{2}\,\dot{q}_3^2 \quad . \tag{1.80}$$

Unter Beachtung der Gültigkeit von $q_1 = q_2 + q_3$ erhält man das $\{L, D\}$-Modell des Netzwerkes zu

$$L = u_Q\,(q_1 + q_2) + \frac{L_1^*}{2}\,(\dot{q}_2^2 + 2\dot{q}_2\dot{q}_3 + \dot{q}_3^2) - \frac{1}{2C_1}\,\dot{q}_2^2 + \frac{L_2^*}{2}\,\dot{q}_3^2 \tag{1.81}$$

[1] W. Reibetanz und R. Süße: unveröffentlichte Berichte

und

$$D = \frac{R_1}{2}\,(\dot{q}_2^2 + 2\dot{q}_2\dot{q}_3 + \dot{q}_3^2) + \frac{R_2}{2}\,\dot{q}_2^2 + \frac{R_3}{2}\,\dot{q}_3^2 \quad . \tag{1.82}$$

Mit diesem $\{L, D\}$-Modell lassen sich durch die Bildung der Variationsableitung nach (1.3) die Bewegungsgleichungen, die identisch mit den Kirchhoffschen Maschengleichungen sind, aufstellen.

Der dritte Weg zu den Bewegungsgleichungen führt über H^*, indem man diese nach (1.76) aufbaut. Zu diesem Zweck sind die p_k nach (1.72) und die $\partial D/\partial \dot{q}_k$ zu bilden. Es folgen für das Netzwerk in Abbildung 1.7

$$p_2 = \frac{\partial L}{\partial \dot{q}_2} = L_1^*\dot{q}_2 + L_1^*\dot{q}_3 \quad , \quad p_3 = \frac{\partial L}{\partial \dot{q}_3} = L_1^*\dot{q}_2 + L_1^*\dot{q}_3 + L_2^*\dot{q}_3 \tag{1.83}$$

und

$$q_2\,\frac{\partial D}{\partial \dot{q}_2} = (R_1\dot{q}_2 + R_1\dot{q}_3 + R_2\dot{q}_2)\,q_2 \quad , \quad q_3\,\frac{\partial D}{\partial \dot{q}_3} = (R_1\dot{q}_2 + R_1\dot{q}_3 + R_3\dot{q}_3)\,q_3 \quad . \tag{1.84}$$

Für dieses Beispiel hat die nichtkonservative Hamilton-Funktion (1.76) die Gestalt (mit $k = 2, 3\,;\; f = 2$)

$$H^* = p_2\,\dot{q}_2 + p_3\,\dot{q}_3 - L + q_2\,\frac{\partial D}{\partial \dot{q}_2} + q_3\,\frac{\partial D}{\partial \dot{q}_3} \quad . \tag{1.85}$$

Eingesetzt folgt mit (1.81) und (1.82)

$$\begin{aligned} H^* \;=\;& \frac{L_1^*}{2}\,\dot{q}_2^2 + L_1^*\,\dot{q}_2\dot{q}_3 + \frac{L_1^*}{2}\,\dot{q}_3^2 + \frac{L_2^*}{2}\,\dot{q}_3^2 + \frac{1}{2C_1}\,q_2^2 - u_Q\,(q_2 + q_3) \\ & + q_2\,(R_1\dot{q}_2 + R_1\dot{q}_3 + R_2\dot{q}_2) + q_3\,(R_1\dot{q}_2 + R_1\dot{q}_3 + R_3\dot{q}_3) \quad . \end{aligned} \tag{1.86}$$

In dieser Hamilton-Funktion sind die in den Blindelementen gespeicherten Energien, die ohmschen Verlustenergien und die von der Spannungsquelle gelieferte Energie enthalten. In ihr geht jedoch die Symmetrie der kanonischen Bewegungsgleichungen nach (1.74) wegen der Hinzunahme der Quellen und Verluste verloren.

Die Funktion (1.86) kann beliebig weiter verwendet werden. Will man aus dieser die Bewegungsgleichungen herleiten, so ist wie folgt vorzugehen: Man bildet zuerst die Ableitungen der elektrischen Impulse nach (1.77) als

$$\dot{p}_2 = -\frac{\partial H^*}{\partial q_2} = \frac{1}{C_1}\,q_2 + u_Q - R_1\dot{q}_2 - R_1\dot{q}_3 - R_2\dot{q}_3 \tag{1.87}$$

und

$$\dot{p}_3 = -\frac{\partial H^*}{\partial q_3} = u_Q - R_1\dot{q}_2 - R_1\dot{q}_3 - R_3\dot{q}_3 \quad . \tag{1.88}$$

Die elektrischen Impulse haben die Dimension eines magnetischen Flusses und ihre Ableitungen somit die einer Spannung. Die noch zu bestimmenden Impulse bzw. ihre Ableitungen folgen aus (1.72) in der Form

$$p_2 = \frac{\partial L}{\partial \dot{q}_2} = L_1^*\dot{q}_2 + L_1^*\dot{q}_3 \quad , \quad p_3 = \frac{\partial L}{\partial \dot{q}_3} = L_1^*\dot{q}_2 + L_1^*\dot{q}_3 + L_2^*\dot{q}_3 \quad . \tag{1.89}$$

Um diese dann mit (1.87) und (1.88) gleichzusetzen, wird (1.89) nach der Zeit abgeleitet

$$\dot{p}_2 = L_1^*\ddot{q}_2 + L_1^*\ddot{q}_3 \quad , \quad \dot{p}_3 = L_1^*\ddot{q}_2 + L_1^*\ddot{q}_3 + L_2^*\ddot{q}_3 \tag{1.90}$$

Die Maschengleichungen haben die bekannte Gestalt

$$u_Q = \frac{1}{C_1}\int i_2\,dt + R_1 i_1 + R_2 i_2 + L_1^*\frac{di_1}{dt} \tag{1.91}$$

und

$$u_Q = R_1 i_1 + R_3 i_3 + L_1^*\frac{di_1}{dt} + L_2^*\frac{di_3}{dt} \tag{1.92}$$

Es ist noch auf die elektrotechnische Deutung der Ableitungen der konservativen Hamilton-Funktion nach q_2 und q_3 einzugehen. Die Ableitungen unter der Beachtung von (1.89) ergeben

$$\frac{\partial H^*}{\partial \dot{q}_2} = \frac{\partial^2 D}{\partial \dot{q}_2^2} = q_2(R_1 + R_2) \quad , \quad \frac{\partial H^*}{\partial \dot{q}_3} = \frac{\partial^2 D}{\partial \dot{q}_3^2} = q_3(R_1 + R_3) \quad . \tag{1.93}$$

Diese Ableitungen werden nur Null, wenn $R_1 = R_2 = 0$, $R_1 = R_3 = 0$ oder $R_2 = -R_1$, $R_3 = -R_1$ gelten. Im ersten Fall sind in der Schaltung die ohmschen Verluste Null und es tritt keine Energiedissipation auf.

Kompensieren die negativen die positiven Widerstände (R_1 ist zum Beispiel ein solcher), dann kommt zwar eine Energiedissipation vor, die jedoch durch die Quellen in den negativen Widerständen ausgeglichen wird. Für beide Ableitungen gilt dann unter dieser Voraussetzung

$$\frac{\partial H^*}{\partial \dot{q}_k} = \frac{\partial H}{\partial \dot{q}_k} + \frac{\partial^2 D}{\partial \dot{q}_k^2} = \frac{\partial H}{\partial \dot{q}_k} = 0 \quad . \tag{1.94}$$

Hieraus folgt ein wichtiger Schluß für die Synthese elektrischer Netzwerke auf der Grundlage der nichtkoservativen Hamilton-Funktion als Beschreibungsfunktion. Aus der Tatsache $\partial H/\partial \dot{q}_k = 0$ kann nicht geschlossen werden, daß im zu synthetisierenden Netzwerk keine dissipativen Anteile auftreten können. Es ist auch möglich, daß die vorkommenden Energiedissipationen kompensiert sein könnten.

1.3 Schlußbemerkungen

Im Abschnitt 1.2 wurde gezeigt, daß für die betrachteten Beispiele in den Abschnitten 1.2.1 - 1.2.4 eine Lagrange-Funktion $L(t, q, \dot{q})$ existiert, die von den Zustandskoordinaten $q_1, \ldots, q_f$ und den verallgemeinerten Geschwindigkeiten $\dot{q}_1, \ldots, \dot{q}_f$ abhängt, und aus der durch Anwendung der Vorschrift (1.2) die den Zustand des Systems beschreibenden Differentialgleichungen (für die noch Anfangsbedingungen, gegebenenfalls auch Randbedingungen zu formulieren sind) hervorgehen.

Bei vorhandenen dissipativen und (oder) weiteren nichtkonservativen Kräften ist nach (1.3) zu verfahren. Hängen hingegen die Lagrange-Funktionen und (oder) die Dissipationsfunktionen von zeitlichen Ableitungen der $q_1, \ldots, q_f$ mit Ordnungen größer gleich 2 ab, so wird die Vorschrift (1.4) benutzt, um die Zustandsgleichungen zu gewinnen.
Ein Anliegen unserer Ausführungen wird darin bestehen, für gegebene Systeme aus Lagrange- und/oder Dissipationsfunktion die Zustandsgleichungen zu bestimmen und mit ihnen die Bewegung (Zustandsänderung) des Systems zu untersuchen: **Analyse** des Systems.
Mit dem Vorgehen in 1.2.5 können beliebige (in der Regel nichtlineare) Systeme (Bauelemente) höherer Ordnung abstrakt definiert werden. Diesen können, wie am Beispiel des Elementes 4. Ordnung in 1.2.5 verifiziert, eine Lagrange- und/oder Dissipationsfunktion zugeordnet werden. Ein weiteres Anliegen wird sein, solche Elemente höherer Ordnung zu Systemen zu kombinieren und durch geeignete Superponierung ihrer Lagrange- und/oder Dissipationsfunktion das $\{L, D\}$-Modell des Systems zu finden: **Synthese** des Systems.
Mit dem konstruierten $\{L, D\}$-Modell kann dann eine Analyse des aus Elementen höherer Ordnung zusammengesetzten Systems in der oben beschriebenen Weise durchgeführt werden.
Analyse und Synthese können als Komponenten (Teilprozesse) für eine Theorie technischer Systeme aufgefaßt werden. Als Ergänzungen sind die Modellierung (des Systems im Fall der Analyse, der Teilsysteme (Bauelemente) im Fall der Synthese) und die Simulierung anzusehen. Mit Untersuchungen zur Analyse und Synthese soll ein relativ breiter Zugang zur Theorie technischer Systeme eröffnet werden.

Im nachfolgenden Kapitel werden einige mathematische Grundlagen dargelegt, um unsere Untersuchung mit exaktem mathematischem Kalkül durchführen zu können.

Kapitel 2

Mathematik - Ausgewählte Gebiete

2.1 Variationsrechnung

2.1.1 Aufgabenstellung

Das Grundproblem der Variationsrechnung besteht allgemein in der Bestimmung der größten und kleinsten Werte von Funktionalen, die von Elementen aus einem Funktionenraum abhängen und (in der Regel) durch Integrale ausgedrückt werden. Die Anwendungen finden sich zum Beispiel in der Mechanik, der Theorie des elektromagnetischen Feldes (Elektromagnetik), der nichtlinearen Synthese und der Elektro-Mechanik.

Das Problem verallgemeinert die klassische Extremalaufgabe der Differentialrechnung: Berechnung der (relativen) Minima und Maxima einer stetig differenzierbaren Funktion, die ein spezielles Funktional darstellt.

Einen wesentlichen Anstoß zur Entwicklung der Variationsrechnung gab das von Johann Bernoulli im Jahr 1696 formulierte Problem, das als die Aufgabe der "Brachistochrone" in die Geschichte der Naturwissenschaften eingegangen ist. Zwischen zwei in verschiedener Höhe gelegenen Punkte P_0 und P_1 ist eine (stetig differenzierbare) Verbindungskurve so zu bestimmen, daß die Fallzeit eines Masseteilchens minimal wird, wenn es sich im homogenen Schwerefeld reibungsfrei entlang dieser Verbindungskurve von P_0 nach P_1 bewegt (Bild 2.1). Verwendet wird ein kartesisches Koordinatensystem, in dem der Punkt P_0 im Koordinatenursprung liegt und die y-Achse in die Richtung des tiefer gelegenen Punktes P_1 zeigt.

Aus dem Energieerhaltungssatz folgt (beachte $y(0) = 0$ und $v(0) = 0$:

$$mgy = \frac{1}{2}mv^2 \tag{2.1}$$

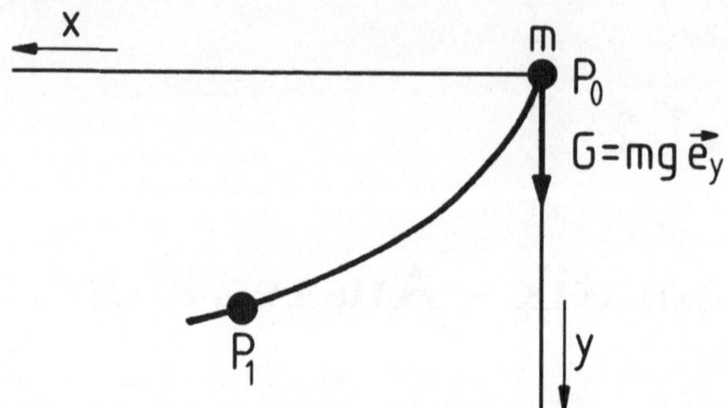

Abbildung 2.1: Punktmasse im zeitoptimalen Fall (homogenes Schwerefeld)

und daraus die Bahngeschwindigkeit

$$\frac{ds}{dt} = v = \sqrt{2gy} \quad . \tag{2.2}$$

(Die Bezeichnung Funktionenraum ist eigentlich erst dann berechtigt, wenn den Elementen von $\mathbf{C^m}$ eine Norm zugeordnet wird. So weit brauchen wir aber im Moment noch nicht zu gehen.)

Es wird die Sprechweise verabredet: Falls eine Funktion f auf einem Bereich B (offene Menge und Teilmenge ihres Definitionsbereiches) m-mal stetig differenzierbar ist, dann sagen wir: f gehört zur Klasse $\mathbf{C^m}$, auch ohne Angabe eines Bereiches. Falls f eine reellwertige Funktion von mehreren reellen Variablen ist, dann gehört sie zur Klasse $\mathbf{C^m}$, wenn sie selbst stetig und ihre partiellen Ableitungen bis zur Ordnung m existieren und stetig sind.

Wir behandeln zuerst Probleme vom Typ (2.3). Die Voraussetzungen an den Integranden lauten:

(V1): f gehört im Bereich $B \subset \mathbf{R^3}$ der Klasse $\mathbf{C^2}$ an. Dabei ist B ein Bereich, der die Punkte $(t, x, \dot{x})$ enthält, für die (t, x) ein Element des ebenen (vorgegebenen) Bereichs $\mathbf{D}$ (offene Menge) ist, und $\dot{x}$ jeden beliebigen endlichen reellen Wert annehmen kann. (In Symbolik: $B := \{(t, x, \dot{x}) \in \mathbf{R^3}\,,\, (t, x) \in \mathbf{D}\,,\, -\infty < \dot{x} < +\infty\}$.)

(V2): k sei eine auf $[t_0, t_1]$ definierte $\mathbf{C^1}$-Kurve $x = x(t)$. $x(\cdot)$ $[t_0, t_1] \rightarrow \mathbf{R}$ gehört zur Klasse $\mathbf{C^1}$ mit der Eigenschaft, daß ihr Graph vollständig in $\mathbf{D}$ liegt.

Daraus ergeben sich die Folgerungen: $f(\cdot, x(\cdot), \dot{x}(\cdot))$ ist auf $[t_0, t_1]$ eine stetige Funktion

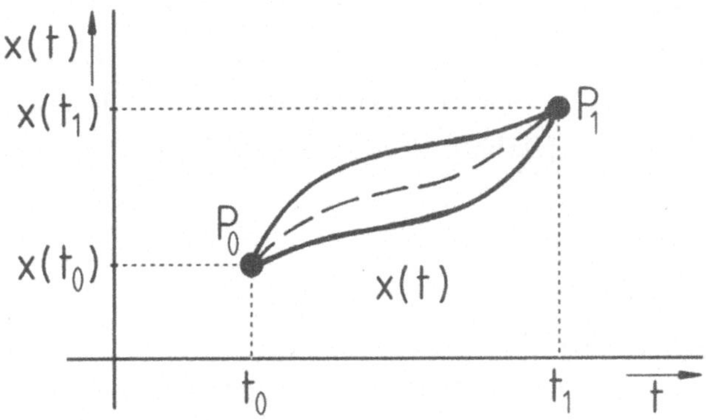

Abbildung 2.2: Vergleichsfunktionen aus ζ

(sie gehört zur Klasse $\mathbf{C}^0$). Das Integral

$$J = \int_{t_0}^{t_1} f(t, x(t), \dot{x}(t))\, dt := \int_k f(t, x(t), \dot{x}(t))\, dt := J_k \tag{2.3}$$

existiert und ist endlich für jede Kurve k, die (V2) erfüllt.

(V3): Im Bereich $\mathbf{D} \subset \mathbf{R}^2$ sind zwei innere Punkte $P_0 = (t_0,\ x_0)$, $P_1 = (t_1,\ x_1)$ fest vorgegeben. ζ sei die Gesamtheit aller Kurven k, die (V2) erfüllen und die weiteren Eigenschaften besitzen:

1. Die Kurve k verläuft durch P_0 und P_1,
2. Die Abbildung $x \mid [t_0, t_1] \to \mathbf{R}$ ist eindeutig. Zu jedem $t \in [t_0, t_1]$ gibt es genau einen Funktionswert $x(t)$. (Anschaulich bedeutet dies, daß die Kurve k eine vertikale Gerade durch den Punkt $(t, 0)$ mit $t \in [t_0, t_1]$ genau einmal schneidet.)

Die Elemente von ζ sind die zulässigen Funktionen (Synonym: Vergleichsfunktionen) der für das Funktional (2.3) gestellten Extremwertaufgabe, so daß die die Extremwerte von J erzeugenden Funktionen auf der Menge ζ zu suchen sind (Abbildung 2.2).
Es sei $\{J_k\} := \{J_k \mid k \in \zeta\}$ die Zahlenmenge der Werte des Funktionals (2.3), wenn k die Menge ζ der zulässigen Funktionen durchläuft. Die Menge $\{J_k\}$ besitzt eine (eindeutig bestimmte) obere und untere Grenze S bzw. s. Es gilt

$$s \leq J_k \leq S \quad , \quad k \in \zeta \quad . \tag{2.4}$$

(Hinweis: Die obere Grenze einer Zahlenmenge ist ihre kleinste obere Schranke. Die untere Grenze ist ihre größte untere Schranke.) S und s können endlich oder auch unendlich sein.

Ist die obere Grenze S endlich $(-\infty < S < +\infty)$ und in der Menge $\{J_k\}$ enthalten, dann gibt es eine Kurve $k_s \in \zeta$, so daß $S = J_{k_S}$ gilt. Gelten $-\infty < s < +\infty$ und $s \in \{J_k\}$, dann existiert eine Kurve $k_s \in \zeta$, und es gilt $s = J_{k_s}$. S ist dann das absolute Maximum des Funktionals J und s das absolute Minimum, wenn wir das Funktional J, vgl.(2.3), auf der Menge ζ betrachten (Definitionsbereich für J). Für alle $k \in J$ gilt dann

$$s = J_{k_s} \leq J_k \leq J_{k_S} = S \quad . \tag{2.5}$$

Die Aufgabe lautet jetzt: Bestimme diejenigen Kurven aus ζ, für die das Funktional J sein absolutes Minimum bzw. Maximum annimmt.

Anmerkung: Die Klasse der zulässigen Funktionen kann modifiziert werden, z.B. können Kurven mit Ecken zugelassen werden. Die Vergleichsfunktionen sind dann auf $[t_0, t_1]$ nur stückweise stetig differenzierbar. Die Klasse der zulässigen Funktionen ist jedoch für eine vorgegebene Variationsaufgabe exakt festzulegen. Für jede Vergleichsfunktion muß das Integral existieren (gegebenenfalls ist das hier verwendete Riemann- Integral durch einen allgemeineren Integralbegriff zu ersetzen. Der Bereich D ist gleichfalls bei einer vorgelegten Variationsaufgabe konkret anzugeben.)

Im nächsten Schritt wird - analog zur Lösung der klassischen Extremwertaufgabe mit Hilfe der Differentialrechnung - die Suche nach den absoluten Extrema auf die Bestimmung der relativen Extrema zurückgeführt. Dazu werden zum Vergleich mit der gesuchten Kurve nur sogenannte benachbarte Kurven zugelassen.

Definition: Die zulässige Kurve k' generiert ein *relatives Minimum (Maximum)* des Funktionals J, vgl. (2.3), falls eine positive Zahl ρ existiert, so daß

$$J_k \geq J_{k'} \quad , \quad (J_k \leq J_{k'}) \tag{2.6}$$

für jede zulässige Kurve $k \in \zeta$ mit

$$|x(t) - x'(t)| < \rho \quad , \quad t_0 \leq t \leq t_1 \quad , \tag{2.7}$$

gilt.

Die Ungleichung (2.7) schränkt die Vergleichsfunktionen auf solche ein, die im Streifen

$$S_\rho := \{(t,x) \,|\, t_0 \leq t \leq t_1 \,,\, -\rho + x'(t^*) < x < x'(t^*) + \rho \,,\, t^* \in [t_0, t_1]\} \tag{2.8}$$

liegen (Abbildung 2.3). Das relative Minimum (Maximum) J_k ist ein eigentliches, falls $\rho > 0$ so gewählt werden kann, daß $J_k > J_{k'}$ $(J_k < J_{k'})$ für alle zulässigen k aus dem Streifen S_ρ gilt, die von k' verschieden sind.

Anmerkung: Eine zulässige Kurve k (es gilt also $k \in \zeta$; außerdem liege k ganz im Inneren von D, vgl. (V4)), die dem Funktional ein absolutes Extremum erteilt, erzeugt automatisch auch ein relatives

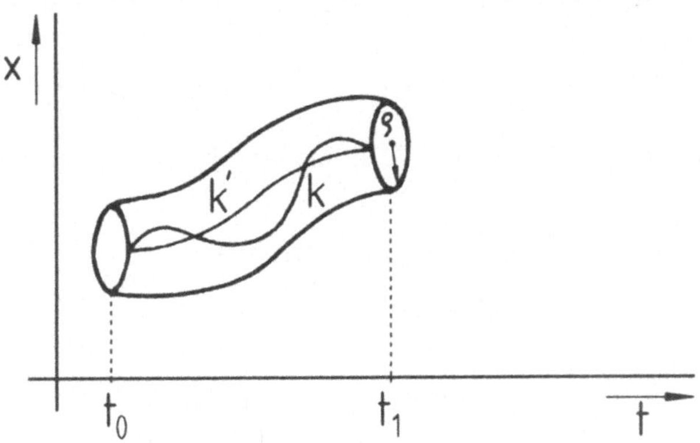

Abbildung 2.3: Vergleichsfunktionen in S_ρ

Extremum. Unter den relativen Extrema befinden sich die absoluten. Wir suchen die relativen Extrema und haben die unter ihnen vorhandenen absoluten herauszufinden. Dabei grenzen wir uns auf Minima ein, da eine Kurve k aus ζ, die dem J ein Minimum erteilt, im Funktional $-J$ ein Maximum erzeugt. (Absolute Extrema, die von Kurven k erzeugt werden, die ganz oder teilweise auf dem Rand von D liegen, werden nicht erfaßt.)

Es folgen notwendige Bedingungen an die zulässige(n) Funktion(en). Die in diesem Abschnitt eingeführten Begriffe zu den Funktionalen (2.3), (2.53) und (2.32) bedürfen einer den Aufgabenstellungen entsprechenden Erweiterung.

2.1.2 Notwendige Bedingungen für Extrema bei Funktionalen, die die Ableitung der gesuchten Funktion bis zur 1. Ordnung enthalten

Wir beginnen mit der Aufgabe (2.3). f genüge (V1) und die Kurve $\bar{x} \mid [t_0, t_1] \rightarrow \mathbf{R}$ erteile dem Funktional J ein (relatives) Extremum. Folgende Voraussetzung wird zusätzlich noch getroffen:

(V4): Die Kurve $\bar{k}$ liegt (ganz) im Inneren von **D**.

(Der Fall, daß (V4) nicht gilt, bedarf gesonderter Darlegung, die hier nicht durchgeführt wird.) Da $\bar{k}$ von P_0 nach P_1 (Abbildung 2.2) im Inneren von **D** verläuft, kann $\rho > 0$ so gewählt werden, daß $S_\rho \subset \mathbf{D}$ gilt (Grund: $\bar{k}$ ist eine beschränkte und abgeschlossene Menge im $\mathbf{R}^2$).

Es sei $x \mid [t_0, t_1] \to \mathbf{R} : k \in \zeta$ beliebig aus S_ρ gewählt. Es gilt dann für alle $t \in [t_0, t_1]$:

$$\Delta\bar{x} := w(t) = x(t) - \bar{x}(t) \quad , \quad |w(t)| = |x(t) - \bar{x}(t)| < \rho \quad . \tag{2.9}$$

$\Delta\bar{x}$ heißt "vollständige Variation" von $\bar{x}$. In unserem Fall der festen Punkte P_0 und P_1 ergeben sich

$$w(t_0) = 0 \quad , \quad w(t_1) = 0 \quad . \tag{2.10}$$

Mit x und $\bar{x}$ werden die Werte des Funktionals J gebildet:

$$J_k := \int_{t_0}^{t_1} f(t, x, \dot{x})\, dt \quad , \quad J_{\bar{k}} := \int_{t_0}^{t_1} f(t, \bar{x}, \dot{\bar{x}})\, dt \quad . \tag{2.11}$$

Da $J_{\bar{k}}$ ein relatives Minimum für die Menge $\{J_k \mid k \in \zeta\}$ ist, besteht die Ungleichung

$$\Delta J := J_k - J_{\bar{k}} = \int_{t_0}^{t_1} [f(t, x, \dot{x}) - f(t, \bar{x}, \dot{\bar{x}})]\, dt \geq 0 \tag{2.12}$$

für alle $k \in \zeta$, die in S_ρ liegen. Mit w aus (2.9) kann diese Ungleichung auch in der Form

$$\Delta J := J_k - J_{\bar{k}} = \int_{t_0}^{t_1} [f(t, \bar{x} + w, \dot{\bar{x}} + \dot{w}) - f(t, \bar{x}, \dot{\bar{x}})]\, dt \geq 0 \tag{2.13}$$

geschrieben werden. ΔJ heißt "vollständige Variation" des Funktionals J. Es wird nun (nach Lagrange) [1] unter den in (2.9) möglichen Variationen eine spezielle Wahl getroffen: Es sei v auf $[t_0, t_1]$ eine beliebige $\mathbf{C}^1$-Funktion mit $v(t_0) = v(t_1) = 0$. Wir setzen

$$w(t) = \epsilon\, v(t) \quad , \quad t \in [t_0, t_1] \quad , \tag{2.14}$$

mit $|\epsilon| < \rho(\max|v(t)|)^{-1} = \epsilon_0 \neq 0$. (Der Wert $\max|v(t)|$ ist das Maximum der stetigen Funktion $|v|$ auf $[t_0, t_1]$.) Diese Einschränkung von ϵ $(-\epsilon_0 < \epsilon < +\epsilon_0)$ sichert die Gültigkeit von (2.9) - bei beliebig fixiertem v - für jede spezielle Nachbarkurve $x = \bar{x} + \epsilon v$. (Der Leser möge prüfen, daß eine derartige Spezialisierung der Variationen von $\bar{x}$ für die Gewinnung von notwendigen Bedingungen erlaubt ist. Bei der Herleitung von hinreichenden Bedingungen kann nicht ohne weiteres so verfahren werden.)
Für diese speziellen Variationen des $\bar{x}$ gelten:

$$J_k := \int_{t_0}^{t_1} f(t, \bar{x} + \epsilon v, \dot{\bar{x}} + \epsilon\dot{v})\, dt = J(\epsilon) \quad , \quad J_{\bar{k}} := \int_{t_0}^{t_1} f(t, \bar{x}, \dot{\bar{x}})\, dt = J(0) \tag{2.15}$$

und

$$\Delta J = J(\epsilon) - J(0) \geq 0 \quad . \tag{2.16}$$

[1] Joseph Louis Lagrange (1736 - 1813): Französischer Gelehrter. Grundlegende Arbeiten zur Himmelsmechanik, Analysis und analytischen Mechanik.

Die letzte Aussage bedeutet: Die Funktion $J\,|\,(-\epsilon_0,\epsilon_0) \rightarrow \mathbf{R}$ nimmt bei $\epsilon = 0$ ein (absolutes) Minimum an. Aufgrund unserer Vorausstzungen gehört J der Klasse $\mathbf{C^2}$ an. Die notwendigen Bedingungen der Differentialrechnung für ein Minimum können auf J angewendet werden. Es gelten:

$$\left.\frac{dJ}{dt}\right|_{\epsilon=0} = J'(0) = 0 \quad , \quad \left.\frac{d^2J}{dt^2}\right|_{\epsilon=0} = J''(0) \geq 0 \quad . \tag{2.17}$$

$J'(\epsilon)$ kann wegen der Vorausstzungen über f, $\bar{x}$ und v durch Differenzieren unter dem Integral (Kettenregel) berechnet werden. Es entsteht:

$$J'(\epsilon) = \int_{t_0}^{t_1} [f_x(t,\bar{x}+\epsilon v,\dot{\bar{x}}+\epsilon\dot{v})\,v + f_{\dot{x}}(t,\bar{x}+\epsilon v,\dot{\bar{x}}+\epsilon\dot{v})\,\dot{v}]\;dt \quad , \tag{2.18}$$

und für $\epsilon = 0$

$$J'(0) = \int_{t_0}^{t_1} [f_x(t,\bar{x},\dot{\bar{x}})\,v + f_{\dot{x}}(t,\bar{x},\dot{\bar{x}})\,\dot{v}]\;dt = 0 \quad . \tag{2.19}$$

Wir formulieren das Ergebnis als

Satz 1 Für ein Extremum des Funktionals J - vgl. (2.3) - gilt notwendig (2.19) als Bedingung an $\bar{x}$ für jedes v aus $\mathbf{C^1}([t_0,t_1])$ mit $v(t_0) = v(t_1) = 0$.

Anmerkungen:

1. (2.19) stellt eine Bedingung an die Kurve $\bar{k}$ dar, die das Extremum erzeugen soll. Sie muß von $\bar{x}$ für jedes v erfüllt werden, das die oben genannten Eigenschaften besitzt.
2. Die Bedingung gilt auch für Maxima, da von (2.17) nur die erste Aussage benutzt wurde.
3. Die Bedingung an $\bar{x}$ wurde für relative Extrema des Funktionals J auf der Menge ζ gewonnen. Sie gilt auch für absolute Extrema, da diese - wie oben ausgeführt - die Eigenschaft eines relativen Extremums erfüllen.
4. Die Bedingung ist für die praktische Bestimmung des $\bar{x}$ ungeeignet.
5. Da (2.19) nur notwendig ist, kann ein ihr genügendes $\bar{x}$ nur als verdächtig für einen Extremwert von J angesprochen werden.
6. Es besteht folglich der Bedarf an einer praktikablen "Vorschrift" zur Bestimmung des/der $\bar{x}$.

Nach Ausführung der sogenannten Lagrangeschen partiellen Integration entsteht aus (2.9) eine praktikablere Form der notwendigen Bedingung: die Eulersche Differentialgleichung für $\bar{x}$. der zweite Summand in (2.19) kann mittels partieller Integration wie folgt umgeformt werden:

$$\int_{t_0}^{t_1} f_{\dot{x}} \cdot \dot{v}\,dt = (v f_{\dot{x}})\,\Big|_{t_0}^{t_1} - \int_{t_0}^{t_1} \frac{d}{dt}(f_{\dot{x}})v\,dt = -\int_{t_0}^{t_1} \frac{d}{dt}(f_{\dot{x}})v\,dt \quad . \tag{2.20}$$

Der erste Summand in (2.20) hat wegen $v(t_0) = v(t_1) = 0$ nach Satz 1 den Wert 0. Damit ergibt sich aus (2.19)

$$\int_{t_0}^{t_1} \left[f_x(t,\bar{x},\dot{\bar{x}}) - \frac{d}{dt}(f_{\dot{x}}(t,\bar{x},\dot{\bar{x}})) \right] v(t)\,dt = 0 \quad . \tag{2.21}$$

Aus dieser Gleichung folgt, daß der erste Faktor im Integranden für jedes $t \in [t_0, t_1]$ den Wert Null annimmt:

$$f_x(t,\bar{x},\dot{\bar{x}}) - \frac{d}{dt}\,(f_{\dot{x}}(t,\bar{x},\dot{\bar{x}}) = 0 \quad . \tag{2.22}$$

Gleichung (2.22) nach L. Euler [2] heißt die Eulersche Differentialgleichung der Variationsrechnung, der die Funktion $\bar{x}$ genügen muß.

Satz 2: Erteilt die Kurve $\bar{x} \mid [t_0, t_1] \to \mathbf{R}$, $\bar{k} \in \zeta$, dem Funktional J - vgl. (2.3) - ein Minimum (Maximum), so genügt sie notwendig der Differentialgleichung (2.22).

Anmerkungen:

1. Der Schluß von (2.21) auf das Nullwerden des Faktors vor dem v bedarf eines Beweises, der mit dem Fundamentallemma der Variationsrechnung geführt wird. Da bei den Aufgaben (2.53) und (2.32) eine analoge Schlußweise notwendig wird, soll dieses Lemma an passender Stelle so allgemein formuliert werden, daß es auf jede unserer Problemklassen anwendbar ist.

2. Für die partielle Integration muß die totale Ableitung nach t als $df_{\dot{x}}(t,\bar{x},\dot{\bar{x}})/dt$ existieren. Formal gilt $df_{\dot{x}}(t,\bar{x},\dot{\bar{x}})/dt = f_{\dot{x}t} + f_{\dot{x}x}\dot{\bar{x}} + f_{\dot{x}\dot{x}}\ddot{\bar{x}}$.

   Für $\bar{x}$ hatten wir nur die $\mathbf{C^1}$-Eigenschaft gefordert. Damit ist für die Funktion $f(\cdot,\bar{x}(\cdot),\dot{\bar{x}}(\cdot))$ nur die Stetigkeit in $[t_0,t_1]$ gesichert. Wir treffen deshalb die vorläufige Annahme: $\bar{x}$ besitze die $\mathbf{C^2}$-Eigenschaft, d.h. wir suchen $\bar{x}$ jetzt unter den zweimal stetig differenzierbaren Funktionen auf $[t_0,t_1]$. Von dieser Einschränkung müssen und können wir uns später wieder befreien. Die partielle Integration ist somit zunächst korrekt.

   Die Euler-DGL kann ausdifferenziert werden:

$$f_x(t,\bar{x},\dot{\bar{x}}) - f_{\dot{x}t}(t,\bar{x},\dot{\bar{x}}) - f_{\dot{x}x}(t,\bar{x},\dot{\bar{x}})\dot{\bar{x}} - f_{\dot{x}\dot{x}}(t,\bar{x},\dot{\bar{x}})\ddot{\bar{x}} = 0 \quad . \tag{2.23}$$

   Sie ist eine (im allgemeinen) nichtlineare gewöhnliche DGL zweiter Ordnung für $\bar{x}$, die außer dieser DGL bei dem Festrandproblem (2.3) noch den Randbedingungen

$$\bar{x}(t_0) = x_0 \quad , \quad \bar{x}(t_1) = x_1 \tag{2.24}$$

   genügen muß. Diese beiden Gleichungen dienen zur Bestimmung der zwei Integrationskonstanten, die in der allgemeinen Lösung der DGL (2.23) enthalten sind.

[2] Leonhard Euler (⋆ 1707 Basel, †1783 St. Petersburg). Bedeutendster Mathematiker des 18. Jahrhunderts. Grundlegende Arbeiten zur Analysis, Variationsrechnung, Zahlentheorie und Algebra sowie zu Anwendungen der Mathematik.

Eine beliebige Lösung der Euler-DGL heißt "Extremale" der Variationsaufgabe. Im allgemeinen hängt die Schar der Extremalen von zwei Parametern, den beiden Integrationskonstanten der Euler-Gleichung ab. Extremalen, die Lösung der Aufgabe (2.3) werden sollen, müssen den Randbedingungen (2.24) genügen. Damit steht für die Randwertaufgabe (bestehend aus der Euler-DGL und den Randbedingungen (2.24)) die Frage nach Existenz und Unität der Lösung, die hier nicht allgemein untersucht wird. Der Anwender kann sich bei der Bearbeitung eines konkreten Problems dieser Frage nicht entziehen. Er wird sie für sein spezielles Randwertproblem entscheiden müssen. Am Beispiel der Brachistochrone ergab sich für die Randwertaufgabe genau eine Lösung, von der noch gezeigt werden muß, daß sie das Funktional T tatsächlich minimiert (vgl. Anmerkung am Ende von 2.1.1).

Für die Brachistochrone wurde ein erstes Integral der Euler-DGL benutzt. Der Grund dafür ist, daß der Integrand nicht von der unabhängigen Variablen abhängt. Diesen und einen weiteren Sonderfall wollen wir noch allgemein formulieren.

Fall 1: Der Integrand f in J hängt nicht von x ab: $f_x = 0$. Die Euler-DGL reduziert sich auf $d/dt(f_{\dot{x}}) = 0$. Daraus folgt als erstes Integral

$$f_{\dot{x}}(t, \dot{\bar{x}}) = C_1 \quad . \tag{2.25}$$

(2.25) ist eine DGL erster Ordnung für $\bar{x}$, die C_1 als erste Integrationskonstante enthält.

Fall 2: Der Integrand hängt nicht von der unabhängigen Variablen t ab. In der DGL (2.23) fällt die partielle Ableitung nach t weg:

$$f_x(\bar{x}, \dot{\bar{x}}) - f_{\dot{x}x}(\bar{x}, \dot{\bar{x}})\, \dot{\bar{x}} - f_{\dot{x}\dot{x}}(\bar{x}, \dot{\bar{x}})\, \ddot{\bar{x}} = 0 \quad . \tag{2.26}$$

Die Multiplikation dieser Gleichung mit $\dot{\bar{x}}$ ergibt

$$f_x(\ldots)\, \dot{\bar{x}} - f_{x\dot{x}}(\ldots)\, \dot{\bar{x}}\dot{\bar{x}} - f_{\dot{x}\dot{x}}(\ldots)\, \dot{\bar{x}}\ddot{\bar{x}} = 0 \quad . \tag{2.27}$$

Die Integration von (2.27) führt auf

$$f(\bar{x}, \dot{\bar{x}}) - f_{\dot{x}}(\bar{x}, \dot{\bar{x}})\, \dot{\bar{x}} = C_1 \quad . \tag{2.28}$$

(Die totale Differentiation von (2.28) nach t liefert (2.27).) Im Beispiel der Brachistochrone lag dieser Fall vor.

Im folgenden wenden wir uns Aufgaben vom Typ (2.32) zu. Sie erweitern die Aufgabenklasse (2.3) auf mehrere gesuchte Funktionen $x_i \,|\, [t_0, t_1] \to \mathbf{R}$, $i = 1, \ldots, n$. Es liegt damit eine sogenannte Lagrangesche Variationsaufgabe ohne Nebenbedingungen in Form von Gleichungen für die x_i vor. Bei diesem Aufgabentyp sind die gesuchten Funktionen x_i von einer bestimmten (vorgegebenen) Variablen t abhängig. Bei den Beispielen aus Kapitel 1 war diese Variable die Zeit, und den Systemen wurde das Wirkungsintegral

$$J = \int_{t_0}^{t_1} L(t, q_j, \dot{q}_j)\, dt \tag{2.29}$$

zugeordnet, das nach dem Hamilton-Prinzip für zulässige $q_j \,|\, [t_0, t_1] \to \mathbf{R}$, $j = 1, \ldots, f$ zum Minimum zu machen ist. Die Bedingungen für die Zulässigkeit der q_i sind im Moment nicht wesentlich, da der Leser nur erkennen möge, daß die den oben genannten Beispielen zugeordneten Variationsaufgaben vom Lagrange-Typ sind. Als notwendige Bedingung für ein Maximum des Funktionals (2.32) erwarten wir ein System von Euler-DGL'n für die x_i mit $i = 1, \ldots, n$ (in Analogie zu (2.3)). Die im Einführungskapitel dargelegten Beispiele zeigen, daß die Euler-Gleichungen für (2.29) bei konservativen Systemen (Probleme ohne Dissipationsfunktion und ohne weitere nichtpotentielle Kräfte) genau die Bewegungsgleichungen des Systems ergeben. Die Theorie der Lagrange-Aufgaben ist für unsere Absichten passend. Variationsaufgaben in Parameterdarstellung (Theorie von K. Weierstraß [3]) werden wir nicht benötigen.

Nun werden die Voraussetzungen für die Klasse (2.32) formuliert:

(V1'): f sei auf dem Bereich

$$\begin{aligned} B := \quad & \{(t, x_i, \dot{x}_i) \in \mathbf{R}^{2n+1} \quad (t, x_i) \in \mathbf{D} \subset \mathbf{R}^{n+1} \\ & -\infty < \dot{x}_i < +\infty \quad ; \quad i = 1, \ldots, n\} \end{aligned} \tag{2.30}$$

definiert und gehöre auf B der Klasse $\mathbf{C^2}$ an. $\mathbf{D}$ ist ein gegebener Bereich des $\mathbf{R}^{n+1}$ und $\mathbf{D} \neq \emptyset$ sei ein offenes Gebiet des $\mathbf{R}^{n+1}$.

(V2'): k sei eine auf $[t_0, t_1]$ definierte $\mathbf{C^1}$-Kurve, d.h.

$$k := \{(t, x_i(t)) \,|\, x_i \,|\, [t_0, t_1] \to \mathbf{R} \,|\, x_i \in \mathbf{C^1}\,, i = 1, \ldots, n\} \tag{2.31}$$

Die Kurve k möge ganz in $\mathbf{D}$ liegen.

(V3'): $P_0 = (t_0,\, x_1, \ldots, x_n)$, $P_1 = (t_1,\, y_1, \ldots, y_n)$ seien zwei fest gewählte innere Punkte von $\mathbf{D}\,(P_0,\, P_1 \in \mathbf{D})$. ζ sei die Gesamtheit (Menge) der Kurven k mit den Eigenschaften:

1. k genüge (V2'),

[3] Karl Weierstraß ($\star$ 1815 Ostenfelde, †1897 Berlin) Erneuerer der gesamten Analysis, insbesondere Beiträge zur reellen Analysis, Funktionentheorie und Variationsrechnung

2. k verbinde die Punkte P_0, P_1,

3. für jeden Wert $t \in [t_0, t_1]$ gibt es genau einen Funktionswert $x(t)$, d.h. die Abbildung $[t_0, t_1] \to \mathbf{R^n}$ ist eindeutig.

(V1'), (V2') und (V3') sind so formuliert, daß die analoge Voraussetzung zu (V4) entfällt. Das Integral (2.32) existiert für jede Kurve $k \in \zeta$ und ist endlich. ζ ist die Menge der zulässigen Kurven für die Extremalaufgabe:

$$J_k := \int_k f(t, x_i, \dot{x}_i)\, dt \to \text{Minimum} \tag{2.32}$$

für alle k aus ζ. $\{J_k\} := \{J_k \,|\, k \in \zeta\}$ sei die Zahlenmenge der Werte des Funktionals (2.32), wenn k die Menge ζ durchläuft. Die Begriffe absolutes Minimum (Maximum) sind für die Menge $\{J_k\}$ genau so erklärt, wie bei der Aufgabe (2.3). Die Termini relatives Minimum (Maximum) bedürfen einer gewissen Vorbereitung, um die Nachbarschaft einer gegebenen Kurve $\bar{k}$ definieren zu können.

Für die Funktionen $x = (x_1, \ldots, x_n) \,|\, [t_0, t_1] \to x(t) = (x_1(t), \ldots, x_n(t)) \in \mathbf{R^n}$ mit $x_i \in \mathbf{C}^m([t_0, t_1])$, $i = 1, \ldots, n$ definieren wir eine *Norm*:

$$||x|| := \max |x(t)| \quad , \quad |x(t)| = \left(\sum_{i=1}^{n} x_i^2(t) \right)^{\frac{1}{2}} \quad , \quad t \in [t_0, t_1] \quad . \tag{2.33}$$

In (2.33) ist das Maximum der Abstände $|x(t)|$ der Punkte $x(t) \in \mathbf{R^n}$ vom Nullpunkt des $\mathbf{R^n}$ für alle t aus $[t_0, t_1]$ zu bilden. Die Stetigkeit der Abbildung $|x| \,|\, [t_0, t_1] \to \mathbf{R}^n$ und die Abgeschlossenheit des Intervalls $[t_0, t_1]$ sichern die Existenz von mindestens einem t aus $[t_0, t_1]$, für das $|x(t)|$ sein Maximum annimmt. [4]

Die Funktionen, für die oben die Norm (2.33) definiert wurde, können als Elemente eines Vektorraumes

$$\begin{aligned} \mathbf{C}^{(1)}_{(n)}([t_0, t_1]) &:= \{x = (x_1, \ldots, x_n) \\ x_i \,|\, [t_0, t_1] \to \mathbf{R},\ x_i &\in \mathbf{C}^1([t_0, t_1]),\ i = 1, \ldots, n\ \} \end{aligned} \tag{2.34}$$

aufgefaßt werden. $\mathbf{C}^{(1)}_{(n)}([t_0, t_1])$ ist die Menge der vektorwertigen Funktionen $x = (x_1, \ldots, x_n)$ mit stetig differenzierbaren Koordinatenfunktionen x_i (definiert auf $[t_0, t_1]$). (Der untere Index n weist darauf hin, daß $x(t)$ ein Punkt im $\mathbf{R^n}$ ist.)

Die in (2.33) erklärte Abbildung $x \in \mathbf{C}^{(1)}_{(n)}([t_0, t_1]) \to ||x|| \in \mathbf{R}^n$ erfüllt die Normaxiome für abstrakte lineare Räume (Vektorräume), so daß $\mathbf{C}^{(1)}_{(n)}$ ein konkreter normierter Funktionenraum ist. Die Normaxiome lauten:

[4] Das ist die Aussage eines berühmten Satzes von Weierstraß. Der Satz gilt allgemein für stetige reellwertige Funktionale auf abgeschlossenen und kompakten Mengen.

1. Für beliebiges x gilt stets $\|x\| \geq 0$. Aus $\|x\| = 0$ folgt $x = 0$ und umgekehrt.

2. Für $\lambda \in \mathbf{R}$ und jedes x gilt $\|\lambda x\| = |\lambda|\|x\|$. Dies beschreibt die Homogenität der Norm.

3. Für beliebige x, y gilt $\|x + y\| \leq \|x\| + \|y\|$. Das ist die Dreiecksungleichung für die Norm.

Der Leser möge für unseren konkreten Raum $\mathbf{C}^{(1)}_{(n)}$ zeigen, daß $\|x\|$ aus (2.33) die Normaxiome erfüllt. (Es ergeht die Empfehlung, zum leichteren Verständnis der in diesem Abschnitt benutzten Begriffe einführende Literatur zur Funktionalanalysis zu studieren.)

Wir definieren nun den Begriff des *relativen Extremums* für Probleme vom Typ (2.32).

Definition: Die Kurve k' erteilt dem Funktional J_k - vgl. (2.32) - ein *relatives Minimum (Maximum)*, falls ein $\rho > 0$ existiert, so daß

$$J_k \geq J_{k'} \quad , \quad (J_k \leq J_{k'}) \quad , \tag{2.35}$$

für alle k aus ζ mit $\|x - x'\| < \rho$ gilt. (Dabei sind die k, k' aus ζ durch Funktionen x, x' aus $\mathbf{C}^{(1)}_{(n)}([t_0, t_1])$ gegeben (siehe V2'). Die Vergleichsfunktionen x, die mit x' verglichen werden, liegen in der offenen Kugel $K(x', \rho) := \{x \mid x \in C^{(1)}_{(n)}([t_0, t_1])\,;\, \|x - x'\| < \rho\}$. [5]

Die Begriffe eigentliches und uneigentliches relatives Extremum können nun analog wie bei Aufgabe (2.3) erklärt werden.

Wir kommen nun zur notwendigen Bedingung für ein relatives Extremum. Die Kurve $\bar{k} \in \zeta$ erteile dem Funktional (2.32) ein relatives Minimum. Es gilt dann für alle $k \in \zeta$ mit $\|x - \bar{x}\| < \rho$ die Beziehung

$$J_k - J_{\bar{k}} = \int_{t_0}^{t_1} f(t, x_i, \dot{x}_i)\, dt - \int_{t_0}^{t_1} f(t, \bar{x}_i, \dot{\bar{x}}_i)\, dt \geq 0 \quad . \tag{2.36}$$

Für $k \in \zeta$ mit $\|x - \bar{x}\| < \rho$ wird eine spezielle Wahl getroffen. Es seien $e_1, \ldots, e_n$ reelle Parameter, und die Funktion $v(\cdot)$ werde aus $\mathbf{C}^{(1)}_{(n)}([t_0, t_1])$ beliebig (fest) gewählt. Als Variationen von $\bar{x}$ werden benutzt:

$$x_i = \bar{x}_i + e_i v_i \quad , \quad i = 1, \ldots, n \quad . \tag{2.37}$$

[5] Die Untermenge $K(x', \rho)$ des Raumes $\mathbf{C}^{(1)}_{(n)}([t_0, t_1])$ heißt offene Kugel mit dem Mittelpunkt x' und dem Radius $\rho > 0$. Sie ist eine offene Menge und beschreibt eine Umgebung (Nachbarschaft) des Elementes x'.

Da k und $\bar{k}$ aus ζ gewählt sind, verlaufen sie durch die Punkte P_0 und P_1. Es gelten also: $x(t_0) = (x_1^0, \ldots, x_n^0)$, $x(t_1) = (y_1, \ldots, y_n)$, $\bar{x}(t_0) = (x_1^0, \ldots, x_n^0)$ und $\bar{x}(t_1) = (y_1, \ldots, y_n)$. Notwendig ist dann

$$v_i(t_0) = v_i(t_1) = 0 \quad , \quad i = 1, \ldots, n \quad . \tag{2.38}$$

Da v mit der Eigenschaft (2.38) beliebig fixiert ist, müssen an die e_i Bedingungen so gestellt werden, daß x in der Kugel $K(\bar{x}, \rho)$ liegt. Aus (2.33) und (2.37) ergibt sich für die Norm von $x - \bar{x}$:

$$\begin{aligned} \|x - \bar{x}\| &= \max_{t \in [t_0, t_1]} |x(t) - \bar{x}(t)| = \max_{t \in [t_0, t_1]} \left| \sum_{i=1}^{n} (e_i v_i(t))^2 \right|^{\frac{1}{2}} \\ &\leq e \max_{t \in [t_0, t_1]} |v(t)| = e\,\|v\| \quad , \quad e = \max(|e_1|, \ldots, |e_n|) \quad . \end{aligned} \tag{2.39}$$

Die Forderung

$$\|x - \bar{x}\| \leq e\|v\| < \rho \tag{2.40}$$

ist erfüllt, falls $e < \rho(\|v\|)^{-1}$ gewählt wird. Wir nehmen den Punkt $(e_1, \ldots, e_n)$ aus dem Quader $Q_e := \{(e_1, \ldots, e_n) \mid -e < e_i < e, i = 1, \ldots, n\}$. Mit einem beliebig fixierten $e < \rho(\|v\|)^{-1}$ gilt

$$\|x - \bar{x}\| \leq e \max_t |v(t)| = e\,\|v\| < \rho \quad , \tag{2.41}$$

Die in (2.37) konstruierten Variationen des $\bar{x}$ liegen folglich in der Kugel $K(\bar{x}, \rho)$. Für diese speziellen Variationen des $\bar{x}$ können J_k und $J_{\bar{k}}$ wie folgt geschrieben werden:

$$\begin{aligned} J_k &= \int_{t_0}^{t_1} f(t, \bar{x}_i + e_i v_i, \dot{\bar{x}}_i + e_i \dot{v}_i)\, dt := J(e_1, \ldots, e_2) \quad , \\ J_{\bar{k}} &= \int_{t_0}^{t_1} f(t, \bar{x}_i, \dot{\bar{x}}_i)\, dt := J(0, \ldots, 0) \quad , \end{aligned} \tag{2.42}$$

und es gilt

$$\Delta J = J(e_1, \ldots, e_n) - J(0, \ldots, 0) \geq 0 \quad . \tag{2.43}$$

Aus (2.43) ist ersichtlich, daß die Funktion J auf Q_e an der Stelle $(0, \ldots, 0)$ ein (absolutes) Minimum annimmt, und sie gehört mindestens der Klasse $\mathbf{C^1}$ an. Es gilt die notwendige Bedingung aus der Differentialrechnung, daß sämtliche partiellen Ableitungen des J nach den e_k an der Stelle $(0, \ldots, 0)$ den Wert Null annehmen:

$$\frac{\partial J(e_1, \ldots, e_n)}{\partial e_k}\Big|_{e_i = 0} = 0 \quad , \quad k = 1, \ldots, n \tag{2.44}$$

Die Berechnung der partiellen Ableitungen des J kann aufgrund der Voraussetzungen durch Differenzieren nach den e_k unter dem Integral erfolgen. Wegen $x = \bar{x}_i + e_i v_i$ und $\dot{x} = \dot{\bar{x}}_i + e_i \dot{v}_i$ gelten $\partial x_i / \partial e_k = \delta_{ik} v_i$ und $\partial \dot{x}_i / \partial e_k = \delta_{ik} \dot{v}_i$ mit

$$\delta_{ik} = 1 \quad (i = k) \quad ; \quad \delta_{ik} = 0 \quad (i \neq k) \tag{2.45}$$

Nach (2.43) ergibt sich für die partiellen Ableitungen des J nach den e_k:

$$\begin{aligned}\frac{\partial J(e_j)}{\partial e_k} &= \int_{t_0}^{t_1} \frac{\partial}{\partial e_k} f(t, \bar{x}_i + e_i v_i, \dot{\bar{x}}_i + e_i \dot{v}_i)\, dt \qquad (2.46)\\ &= \int_{t_0}^{t_1} \left[\sum_{i=1}^{n} \left(f_{x_i}(t, \bar{x}_i + e_i v_i, \dot{\bar{x}}_i + e_i \dot{v}_i) \frac{\partial x_i}{\partial e_k} \right.\right.\\ &\quad \left.\left. + f_{\dot{x}_i}(t, \bar{x}_i + e_i v_i, \dot{\bar{x}}_i + e_i \dot{v}_i) \frac{\partial \dot{x}_i}{\partial e_k} \right) \right] dt \quad .\end{aligned}$$

Unter Verwendung der Symbolik (2.45) in (2.47) und anschließender Wahl von $e_i = 0$, $i = 1, \ldots, n$ entsteht

$$\left.\frac{\partial J}{\partial e_k}\right|_{e_i=0} = \int_{t_0}^{t_1} [f_{x_k}(t, \bar{x}_i, \dot{\bar{x}}_i)\, v_k) + f_{\dot{x}_k}(t, \bar{x}_i, \dot{\bar{x}}_i)\, \dot{v}_k)]\, dt = 0 \quad , \quad k = 1, \ldots, n \quad . \qquad (2.47)$$

Die n Gleichungen (2.47) stellen bereits eine Form der notwendigen Bedingungen dar, die der Aussage des Satzes 1 entsprechen. Da dieses Resultat nicht praktikabel ist, führen wir die Umformung mit Hilfe der partiellen Integration des zweiten Summanden

$$\int_{t_0}^{t_1} (f_{\dot{x}_k} \dot{v}_k)\, dt = (v_k f_{\dot{x}_k})|_{t_0}^{t_1} - \int_{t_0}^{t_1} \frac{d}{dt}(f_{\dot{x}_k}) v_k\, dt \quad , \quad k = 1, \ldots, n \qquad (2.48)$$

durch. Wegen (2.38) hat der erste Summand auf der rechten Seite von (2.48) den Wert Null. Die obige notwendige Bedingung (2.47) bekommt mit (2.48) die Gestalt

$$\int_{t_0}^{t_1} \left[f_{x_k} - \frac{d}{dt}(f_{\dot{x}_k}) \right] v_k\, dt = 0 \quad , \quad k = 1, \ldots, n \quad . \qquad (2.49)$$

Die Funktionen v_k sind beliebig aus $\mathbf{C}^1([t_0, t_1])$ wählbar ($v_k(t_0) = v_k(t_1) = 0$). Auf jede Gleichung in (2.49) ist das Fundamentallemma anwendbar und ergibt die Eulerschen Differentialgleichungen der Variationsrechnung als ein System von DGl'n 2. Ordnung für die $\bar{x}_k$.

Satz 3: Erteilt die Kurve $\bar{k} \in \zeta$ dem Funktional (2.32) ein relatives Minimum (Maximum), so genügen die die Kurve $\bar{k}$ erzeugenden Funktionen $\bar{x}_k$ dem System der Eulerschen DGl'n:

$$f_{x_k}(t, \bar{x}_i, \dot{\bar{x}}_i) - \frac{d}{dt}(f_{\dot{x}_k}(t, \bar{x}_i, \dot{\bar{x}}_i)) = 0 \quad , \quad k = 1, \ldots, n \qquad (2.50)$$

Anmerkungen:

1. Satz 3 gilt auch für Maxima.
2. Die vorhandenen absoluten Extrema werden mit erfaßt.

3. Die partielle Integration fordert die Existenz der totalen Ableitungen $d/dt(f_{\dot{x}_i})$, $i = 1, \ldots, n$, die die zweimalige Differenzierbarkeit der gesuchten Funktionen $\bar{x}_i$, $i = 1, \ldots, n$, nach sich zieht. Wir hatten bisher $\bar{x}$ aus $C^{(1)}_{(n)}$ vorausgesetzt. Es ist eine vorläufige Einschränkung auf $C^{(2)}_{(n)}$ notwendig, die jedoch wieder aufgehoben wird.

4. Für den Schluß von (2.49) auf (2.50) ist das Fundamentallemma der Variationsrechnung (wie bereits bei dem Problem (2.3)) erforderlich.

5. Ein beliebiges System von Lösungen der Euler-DGl'n heißt Extremale der Variationsaufgabe. Die Extremale ist extremwertverdächtig, falls sie den Randbedingungen

$$\bar{x}_i(t_0) = x_i^0 \quad , \quad \bar{x}_i(t_1) = y_i^0 \tag{2.51}$$

genügt. Es ist also für die Eulerschen Differentialgleichungen (System von n Gleichungen 2. Ordnung) eine Randwertaufgabe zu lösen, auf die hier allgemein nicht eingegangen wird. Der Leser möge an dieser Situation erkennen, wie relativ kompliziert die Lösung einer Variationsaufgabe sein kann.

2.1.3 Notwendige Bedingungen für Extrema bei Funktionalen, die die Ableitung der gesuchten Funktion bis zur Ordnung n > 1 enthalten

Wir suchen in diesem Abschnitt Extrema für das Funktional (2.53) und treffen in Analogie zum Typ (2.3) die folgenden Voraussetzungen:

(V1"): f sei auf dem Bereich $B := \{(t, x, \dot{x}, \ldots, x^{(n)}) \in \mathbf{R}^{n+2} \,|\, (t,x) \in \mathbf{D} \subset \mathbf{R}^2, -\infty < x^{(i)} < +\infty, i = 1, \ldots, n\}$ definiert und gehöre der Klasse $\mathbf{C}^2$ an. $\mathbf{D}$ sei ein gegebener Bereich des $\mathbf{R}^2$ und $\mathbf{D}$ ein offenes Gebiet des $\mathbf{R}^2$.

(V2"): k sei eine auf $[t_0, t_1]$ definierte $\mathbf{C}^n$-Kurve, d.h. $k := \{(t, x(t)) \,|\, x \,|\, [t_0, t_1] \to \mathbf{R}, x \in \mathbf{C}^n([t_0, t_1])\}$, die ganz in $\mathbf{D}$ liegt.

(V3"): $P_0 = (t_0, x_0)$ und $P_1 = (t_1, x_1)$ seien fest gewählte Punkte aus $\mathbf{D}$. ζ sei die Menge der Kurven k mit den Eigenschaften:

1. k genüge der Voraussetzung (V2"),
2. k verbinde die Punkte P_0 und P_1, so daß $x(t_0) = x_0$, $x(t_1) = x_1$ gelten. Außerdem sind die Werte der ersten bis $(n-1)$-ten Ableitung von x an den Stellen t_0 und t_1 durch

$$\left.\frac{d^j x}{dt^j}\right|_{t=t_0} = x^{(j)}(t_0) = x_0^j, \quad \left.\frac{d^j x}{dt^j}\right|_{t=t_1} = x^{(j)}(t_1) = x_1^j \quad , \tag{2.52}$$

(mit $j = 1, \ldots, n-1$) vorgegeben.

3. Die Abbildung $x \mid [t_0, t_1] \to \mathbf{R}$ sei eindeutig. (Es sind die Bilder 2.2 und 2.3 gültig, nur daß die Kurven jetzt der Klasse $\mathbf{C}^n$ angehören.)

Das Funktional (2.53) wird auf der Menge ζ betrachtet. $\{J_k\} := \{J_k \mid k \in \zeta\}$ ist die Menge der Zahlenwerte des J_k in (2.53), wenn k die Menge ζ durchläuft. Absolute, relative (auch eigentliche und uneigentliche) Extrema werden wie bei der Aufgabe (2.3) erklärt. Somit ist die folgende Formulierung

$$J_k := \int_{t_0}^{t_1} f(t, x, \dot{x}, \ldots, x^{(n)})\, dt \to \mathit{Extremum} \quad , \quad k \in \zeta \tag{2.53}$$

sinnvoll.

Annahme: $\bar{k} := \{(t, \bar{x}(t)) \mid \bar{x} \mid [t_0, t_1] \to \mathbf{R}, \, \bar{x} \in \mathbf{C}^n([t_0, t_1]), \, \bar{x} \in \zeta\}$ erteile dem Funktional (2.53) ein relatives Minimum. Für beliebiges $k \in \zeta$ mit $(t, x(t))$ aus S_ρ (vgl. (2.7)) gilt dann

$$J_k - J_{\bar{k}} = \int_{t_0}^{t_1} [f(t, x, \dot{x}, \ldots, x^{(n)}) - f(t, \bar{x}, \dot{\bar{x}}, \ldots, \bar{x}^{(n)})]\, dt \geq 0 \quad . \tag{2.54}$$

Es werden die speziellen Variationen

$$x = \bar{x} + \epsilon v \tag{2.55}$$

gewählt. Mit $v \in \mathbf{C}^n([t_0, t_1])$ und $|\underline{\epsilon}| < \underline{\epsilon}_0 = \underline{\rho}(\max_{t \in [t_0, t_1]} |v(t)|)^{-1}$ liegen die Punkte $(t, x(t))$ in $S_{\underline{\rho}}$. Aus (2.55) ergeben sich

$$\begin{aligned} \underline{\epsilon}^{(j)}\, v(t_0) &= x^{(j)}(t_0) - \bar{x}^{(j)}(t_0) = x_0^j - \bar{x}_0^j = 0 \quad , \\ \underline{\epsilon}^{(j)}\, v(t_1) &= x^{(j)}(t_1) - \bar{x}^{(j)}(t_1) = x_1^j - \bar{x}_1^j = 0 \quad , \\ j &= 0, \ldots, n-1 \quad . \end{aligned} \tag{2.56}$$

Die Funktionen $v, \dot{v}, \ldots, v^{(n-1)}$ nehmen also an den Stellen t_0 und t_1 den Wert Null an. Mit den Variationen (2.55) können J_k und $J_{\bar{k}}$ wie folgt geschrieben werden:

$$J_k := \int_{t_0}^{t_1} f(t, \bar{x} + \underline{\epsilon} v, \dot{\bar{x}} + \underline{\epsilon}\dot{v}, \ldots, \bar{x}^{(n)} + \underline{\epsilon} v^{(n)})\, dt := J(\underline{\epsilon}) \quad , \tag{2.57}$$

$$J_{\bar{k}} := \int_{t_0}^{t_1} f(t, \bar{x}, \dot{\bar{x}}, \ldots, \bar{x}^{(n)})\, dt = J(0) \quad . \tag{2.58}$$

Aus (2.54) folgt mit (2.58) für alle $\underline{\epsilon} \in (-\underline{\epsilon}_0, +\underline{\epsilon}_0)$

$$\Delta J = J(\underline{\epsilon}) - J(0) \geq 0 \quad , \tag{2.59}$$

Die Funktion J nimmt auf $(-\underline{\epsilon}_0, +\underline{\epsilon}_0)$ an der Stelle $\underline{\epsilon} = 0$ ein (absolutes) Minimum an. Es gilt deshalb notwendig $dJ(\underline{\epsilon})/dt\,|_{\underline{\epsilon}=0} = J'(0) = 0$. Die Ableitung nach $\underline{\epsilon}$ darf unter dem Integral (Kettenregel) ausgeführt werden. Für $J'(0)$ ergibt sich die Bedingung

$$\begin{aligned} J'(0) &= \int_{t_0}^{t_1} [f_x(t, \bar{x}, \dot{\bar{x}}, \ldots, \bar{x}^{(n)})\, v + f_{\dot{x}}(t, \bar{x}, \dot{\bar{x}}, \ldots, \bar{x}^{(n)})\, \dot{v} + \ldots + \\ &\quad + f_{x^{(n)}}(t, \bar{x}, \dot{\bar{x}}, \ldots, \bar{x}^{(n)})\, v^{(n)}]\, dt = 0 \quad . \end{aligned} \tag{2.60}$$

(2.60) stellt die Form der notwendigen Bedingung dar, die der Aussage des Satzes 1 für das Problem (2.3) entspricht. Durch eine einfache partielle Integration des Summanden $f_{x^{(l)}}(t, x, \dot{\bar{x}}, \ldots, \bar{x}^{(n)})\, v^{(l)}$, $l = 1, \ldots, n$ unter Beachtung der Eigenschaft (2.57) der Funktionen $v, \dot{v}, \ldots, v^{(n-1)}$ können $\dot{v}, \ldots, v^{(n-1)}$ in (2.60) eliminiert werden. Mit den Umformungen

$$\int_{t_0}^{t_1} f_{x^{(l)}} v^{(l)}\, dt = (-1)^l \int_{t_0}^{t_1} \frac{d^l}{dt^l} [f_{x^{(l)}}]\, v\, dt \quad , \quad l = 1, \ldots, n \quad . \tag{2.61}$$

bekommt die notwendige Bedingung (2.60) die Form

$$\int_{t_0}^{t_1} \left[f_x - \frac{d}{dt}(f_{\dot{x}}) + \frac{d^2}{dt^2}(f_{\ddot{x}}) - \ldots + \ldots + (-1)^n \frac{d^n}{dt^n}(f_{x^{(n)}}) \right] v(t)\, dt = 0 \quad . \tag{2.62}$$

(2.62) ist eine Bedingung an $\bar{x}$, die für alle v aus $\mathbf{C}^n([t_0, t_1])$ mit $v_0^{(j)}(t_0) = v_1^{(j)}(t_1) = 0$, $j = 0, \ldots, n-1$ erfüllt sein muß. Das bereits erwähnte Fundamentallemma der Variationsrechnung kann auf (2.62) angewandt werden. Damit ist der Schluß von (2.62) auf das Nullwerden des Faktors vor dem $v(t)$ im Integranden berechtigt. Es gilt

Satz 4: Erteilt $\bar{k} := \{(t, \bar{x}(t)) \mid \bar{x} \in \mathbf{C}^n\, t \in [t_0, t_1]\}$ dem Funktional ein relatives Minimum (Maximum), so genügt die Funktion $\bar{x}$ der Eulerschen Differentialgleichung

$$f_x(t, \bar{x}, \bar{x}^{(j)}) - \frac{d}{dt}[f_{\dot{x}}(t, \bar{x}, \bar{x}^{(j)})] + - \ldots + (-1)^n \frac{d^n}{dt^n}[f_{x^{(n)}}(t, \bar{x}, \bar{x}^{(j)})] = 0 \quad . \tag{2.63}$$

(Das Symbol $\bar{x}^{(j)}$ steht für die Argumente $\dot{\bar{x}}, \ldots, \bar{x}^{(n)}$.)

Anmerkungen:

1. Satz 4 ist auch für relative Maxima richtig, denn die verwendete Aussage $J'(0) = 0$ gilt ebenso bei einem Maximum an der Stelle $\epsilon = 0$.
2. Die absoluten Extrema werden mit erfaßt.
3. Die partiellen Integrationen benötigen die Existenz der Ableitungen $d^l/dt^l(f_{x^{(l)}})$, $l = 1, \ldots, n$. Durch die ergänzende Voraussetzung, daß $\bar{x}$ $2n$-mal stetig differenzierbar auf $[t_0, t_1]$ sein soll, kann die Existenz der obigen totalen Ableitungen nach t gesichert werden. (Die Erfordernis dieser zusätzlichen Voraussetzung an $\bar{x}$, die bei den Aufgaben (2.3) und (2.32) entsprechend getroffen wurde, werden wir im folgenden Abschnitt noch diskutieren.)

4. Eine beliebige Lösung der Eulerschen Differentialgleichung heißt Extemale. Eine Extremale ist extremwertverdächtig, falls sie den Randbedingungen (2.52) und $\bar{x}(t_0) = x_0$, $\bar{x}(t_1) = x_1$ genügt. Für eine Lösung der Variations- (auch Extremalaufgabe) gilt also notwendig, daß sie Lösung der durch die DGl (2.63) und die obigen Randbedingungen erklärten Randwertaufgabe ist. $2n$ Bedingungsgleichungen stehen für die Bestimmung von $2n$ Integrationskonstanten in der allgemeinen Lösung der Euler-DGl zur Verfügung. (Die DGl ist in der Regel von der Ordnung $2n$. Die Möglichkeit einer Ordnungserniedrigung zu untersuchen, sei eine Aufgabe für den Leser - zunächst für den Fall $n = 1$.)

5. Das Problem vom Typ (2.53) kann auf $m > 1$ gesuchte Funktionen, von denen jeweils die 0., 1. bis n-te Ableitung im Argument von f des Integranden vorkommen, erweitert werden. Es ergeben sich dann m DGl'n von der Gestalt (2.63), die ein System von m DGl'n (in der Regel der Ordnung $2n$) zur Bestimmung der m gesuchten Funktionen darstellen. Hinzu kommen noch entsprechende Randbedingungen. Wird bei dem System (1.4) von der Dissipationsfunktion und weiteren nichtkonservativen Kräften abgesehen, dann besitzt (1.4) die Gestalt eines Systems von Euler-DGl'n, wie es bei dieser Verallgemeinerung der Aufgabe (2.53) auftritt.

2.1.4 Fundamentallemma der Variationsrechnung und das Lemma von Du Bois-Reymond

Lemma 1: (Fundamentallemma)

1. M sei eine auf $[t_0, t_1]$ definierte stetige Funktion: $M \in \mathrm{C}^0([t_0, t_1])$.

2. v sei eine auf $[t_0, t_1]$ definierte, n mal stetig differenzierbare Funktion: $v \in \mathrm{C}^n([t_0, t_1])$. Es gelten $v(t_0) = v(t_1) = 0$.

3. Für beliebiges v mit den Eigenschaften 2) sei

$$\int_{t_0}^{t_1} M(t)\, v(t)\, dt = 0 \quad . \tag{2.64}$$

Es folgt: Die Funktion M ist auf dem Intervall $[t_0, t_1]$ identisch gleich Null.

Beweis: Wir nehmen an, es existiert ein $t' \in (t_0, t_1)$ mit $M(t') \neq 0$. Ohne Beschränkung der Annahme kann $M(t') > 0$ gewählt werden. Aufgrund der Stetigkeit von M gibt es ein (offenes) Intervall (t_0', t_1'), das t' enthält und selbst in (t_0, t_1) liegt, so daß für jedes t aus (t_0', t_1') $M(t) > 0$ gilt.

Fall 1: <u>n ungerade</u>. Wir erklären eine Funktion v:

$$v(t) = \begin{cases} 0 & \text{für} \quad t_0 \le t \le t_0' \,\text{und}\, t_1' \le t \le t_1 \quad , \\ (t - t_0')^{n+1}\, (t - t_1')^{n+1} & \text{für} \quad t_0' \le t \le t_1' \quad . \end{cases} \tag{2.65}$$

Für alle t, die in $[t_0, t_1]$, jedoch nicht in (t'_0, t'_1) liegen, gilt $v(t) = 0$. Für jedes (t'_0, t'_1) folgt mit (2.65) $v(t) > 0$. Das Polynom $p(t) := (t - t'_0)^{n+1}(t - t'_1)^{n+1}$ ist beliebig oft differenzierbar und besitzt bei t'_0 sowie t'_1 je eine Nullstelle der Vielfachheit $n + 1$. Damit nehmen auch die 1. bis zur n-ten Ableitung von p an den Stellen t'_0 und T'_1 den Wert Null an. Die in (2.65) erklärte Funktion v erfüllt also die Voraussetzung 2). Für das Integral (2.64) ergibt sich folglich (mit v aus (2.65))

$$0 = \int_{t_0}^{t_1} M(t)\,v(t)\,dt = \int_{t'_0}^{t'_1} M(t)\,v(t)\,dt > 0 \quad . \tag{2.66}$$

(2.66) bedeutet einen Widerspruch zur Voraussetzung 3). Für alle t aus (t_0, t_1) gilt folglich $M(t) = 0$. $M(t_0) = 0$, $M(t_1) = 0$ ergeben sich dann aus der Stetigkeit von M.

Fall 2: n gerade. Es wird bei gleicher Schlußweise mit einer Funktion v wie im Fall 1, nur daß $n + 1$ durch $n + 2$ ersetzt wird, gearbeitet.

Mit dem Lemma 1 kann bei den beschriebenen Aufgabenklassen der Schluß von der mit v behafteten notwendigen Bedingung ((2.21), (2.49), (2.62)) auf die Eulerschen Differentialgleichungen exakt begründet werden. (Für die Aufgaben (2.3) und (2.32) wird im Lemma $n = 1$ gewählt, beim Typ (2.53) ist n aus dem Integranden zu entnehmen.) Die Kritik am letzten Schluß der Kette zur Generierung der Eulerschen Differentialgleichungen kann damit zurückgenommen werden.

Die zweite Kritik bezog sich auf die Zusatzvoraussetzung der zweimaligen Differenzierbarkeit des $\bar{x}$ bei den Aufgaben (2.3) und (2.32) (bei den Funktionalen (2.53) wurde die $2n$-malige Differenzierbarkeit gefordert). Diese Annahme ist hinreichend für die Existenz der totalen Ableitungen $d/dt(f_{\dot{x}})$ und $d/dt(f_{\dot{x}_i})$, $i = 1, \ldots, n$ und somit auch hinreichend für die Anwendung der partiellen Integration(en), die in der Reihenfolge noch vor der Anwendung des Fundamentallemmas steht (stehen). Mit dem im Folgenden zitierten Lemma von Du Bois-Reymond können die Anwendung des Lemmas 1 und die Zusatzvoraussetzung vermieden werden.

Lemma 2:

1. M sei eine auf $[t_0, t_1]$ definierte stetige Funktion: $M \in \mathrm{C}^0([t_0, t_1])$.
2. v sei eine auf $[t_0, t_1]$ definierte, einmal stetig differenzierbare Funktion $v \in \mathrm{C}^1([t_0, t_1])$. Es gelten $v(t_0) = v(t_1) = 0$.
3. Für alle v nach Voraussetzung 2) sei

$$\int_{t_0}^{t_1} M(t)\,\dot{v}(t)\,dt = 0 \quad . \tag{2.67}$$

Es folgt: Die Funktion M ist auf $[t_0, t_1]$ konstant.

(Zum Beweis verweisen wir auf die Lehrbuchliteratur. In "Vorlesungen über Variationsrechnung" von O. Bolza, Koehler und Amelung, Leipzig 1957, findet sich ein einfacher Originalbeweis von D. Hilbert.) [6]

Zur Anwendung dieses Lemmas wird der Term mit Faktor v in (2.19) mittels partieller Integration umgeformt:

$$\begin{aligned} \int_{t_0}^{t_1} (f_x \cdot v)\, dt &= \left[\int_{t_0}^{t_1} f_x\, ds\, v(t) \right]_{t_0}^{t_1} - \int_{t_0}^{t_1} \left(\int_{t_0}^{t_1} f_x\, ds\, \dot{v}(t) \right) dt \\ &= - \int_{t_0}^{t_1} \left(\int_{t_0}^{t_1} f_x\, ds\, \dot{v}(t) \right) dt \quad . \end{aligned} \tag{2.68}$$

Diese Integration ist erlaubt, da $f_x(\cdot, \bar{x}(\cdot), \dot{\bar{x}}(\cdot))$ auf $[t_0, t_1]$ stetig ist, v zur Klasse $\mathbf{C}^1$ gehört und $v(t_0) = v(t_1) = 0$ gelten. Die Bedingung (2.19) erhält mit (2.68) die Gestalt

$$\int_{t_0}^{t_1} \left(- \int_{t_0}^{t_1} f_x\, ds + f_{\dot{x}} \right) \dot{v}(t)\, dt = 0 \quad . \tag{2.69}$$

(2.69) gilt für alle v, die die Voraussetzung 2) des Lemmas 2 erfüllen. In der Klammer von (2.69) steht eine auf $[t_0, t_1]$ stetige Funktion, die folglich nach Lemma 2 konstant ist:

$$- \int_{t_0}^{t_1} f_x\, ds + f_{\dot{x}} = const. \tag{2.70}$$

In (2.70) ist das Integral eine stetig differenzierbare Funktion der oberen Grenze. Damit existiert die totale Ableitung von $f_{\dot{x}}$, ist stetig und es gilt

$$f_x - \frac{d}{dt}(f_{\dot{x}}) = 0 \quad . \tag{2.71}$$

Die Eulersche Differentialgleichung besteht also auch ohne die Zusatzvoraussetzung, daß $\bar{x}$ der Klasse $\mathbf{C}^2$ angehört. (Damit ist jedoch nicht notwendig die zweimalige Differenzierbarkeit einer Extremalen $\bar{x}$ gesichert. Ein Satz von Hilbert sagt aus: Für alle t aus $[t_0, t_1]$ mit $f_{\dot{x}\dot{x}}(t, \bar{x}(t), \dot{\bar{x}}(t)) \neq 0$ existiert $\ddot{\bar{x}}(t)$. Auf diese Fragestellung gehen wir nicht näher ein, da in den Modellannahmen für unsere technischen Systeme in der Regel die zweimalige Differenzierbarkeit der Zustandsvariablen enthalten ist.)

Für den Typ (2.32) kann jede der Gleichungen (2.47) analog umgeformt werden. Es folgen die Existenzen der totalen Ableitungen $d/dt(f_{\dot{x}_i})$, $i = 1, \ldots, n$ und das Bestehen der Eulerschen Differentialgleichungen.

(Bei dem Typ (2.53) ist die Anwendung des Lemmas 2 nicht ohne weiteres möglich. Durch Einführung der $\dot{x}, \ldots, x^{(n)}$ als n neue gesuchte Funktionen und Überführung des

[6] David Hilbert ($\star$ 1862 Königsberg, †1943 Göttingen). Fundamentale Arbeiten zur Zahlentheorie, über Integralgleichungen und Mathematische Physik sowie über die Grundlagen der Geometrie.

Problems in eine Variationsaufgabe mit Differentialgleichungen für die gesuchten Funktionen als Nebenbedingungen kann auf die Forderung der zweifachen Differenzierbarkeit der Extremalen verzichtet werden.)

2.2 Vektoren und Tensoren

Die Idee, die Dynamik von Naturvorgängen durch Extremalprinzipien zu beschreiben, hat sich in der Mechanik glänzend bewährt und ist später auch auf die Elektrodynamik übertragen worden. Die in Abschnitt 2.1 entwickelte Theorie der Variationsrechnung leistet dabei gute Dienste.

Ein Ziel des Buches ist es, die Grundideen der Elektrodynamik darzustellen. Dabei ist die Geometrie des Raumes vorgegeben und physikalische Vorgänge werden beschrieben. Dagegen bestimmen in allgemeinen Raum-Zeit-Theorien wie der allgemeinen Relativitätstheorie physikalische Vorgänge zumindest teilweise die Geometrie des Raumes.

Für uns ist es jedoch ausreichend, Tensoren und Tensorfelder über einem festen Gebiet im $\mathbf{E}^n$ zu betrachten. Das erleichtert das Verständnis der Theorie der Elektrodynamik und ihrer Interpretation wesentlich. Die rein rechnerische Seite dieser Angelegenheit ist eine mehr oder weniger virtuose Anwendung der Kettenregel der Differentialrechnung.

Die mathematischen Grundlagen werden auf jenes Minimum reduziert, das zum Verständnis der nachfolgenden Kapitel erforderlich ist. Weitere Anwendungen der Tensorrechnung in der Elektrotechnik und weiterführende Bücher über die Tensorrechnung finden sich im Literaturverzeichnis.

2.2.1 Tensoren nullter und erster Stufe - Skalare und Vektoren

Skalare Größen (z.B. elektrische Ladung, skalares Potential, Raumtemperatur, Druck) sind Tensoren nullter Stufe. Durch einen Zahlenwert sind sie eindeutig charakterisiert. Vektoren - sie sind durch Angabe ihres Betrages (nichtnegative Zahl), ihrer Richtung (Richtungscosinus), und gegebenenfalls ihrer Anfangspunkte eindeutig beschrieben - werden auch als Tensoren erster Stufe bezeichnet. Physikalische Beispiele für Vektoren sind die elektrische und die magnetische Feldstärke, die Kraft und die Geschwindigkeit.

Ist ein Skalar eine Funktion des Ortes (z.B. die Temperatur in einem Zimmer), so sind seine Werte offensichtlich unabhängig von der Wahl des Koordinatensystems, das den Ort (Raumpunkt) beschreibt.

Bei einem Vektor und auch einem Vektorfeld (vektorwertige Funktion des Ortes) sind Betrag und Richtung der Vektoren natürlich ebenfalls unabhängig von der Wahl des den

Raum beschreibenden Koordinatensystems. Die Maßzahlen (Koordinaten) [7] des Vektors, mit denen sein Betrag und seine Richtung eindeutig berechnet werden können, sind dagegen von der Wahl des Koordinatensystems abhängig. (Der sogenannte Ortsvektor, der den Koordinatenursprung mit einem Raumpunkt verbindet und vom Ursprung zum Raumpunkt gerichtet ist, bildet eine Ausnahme. Sein Betrag, Abstand des Punktes vom Ursprung, und Richtung sind natürlich von der Wahl des Koordinatensystems abhängig.) Gesetze (auch Wirkprinzipien) der Physik, z.B. der Impulssatz in der Mechanik oder die Maxwellschen Gleichungen in der Elektrodynamik, sind Tensorgleichungen und daher bezüglich ihrer Aussage koordinateninvariant. (Impulssatz: Die zeitliche Änderung des Impulses eines Massenpunktes ist gleich der Resultierenden aller an ihm wirkenden eingeprägten Kräfte.) Die Maßzahlen der in diesen Gleichungen auftretenden Vektoren (Tensoren) sind jedoch von der Wahl des Koordinatensystems abhängig. Ihre Transformationsgesetze bei Wechsel des Koordinatensystems werden hier dargelegt.

2.2.1.1 Basissysteme im E^n und E^3

Als Grundbegriffe dienen uns für die weiteren Untersuchungen der Punkt und der Vektor. Für sie nehmen wir die folgenden *Axiome* an:

1. Es gibt wenigstens einen Punkt.

2. Jedem geordneten Paar von Punkten$A$, B ist genau ein Vektor zugeordnet. (Dieser Vektor wird mit $\vec{AB}$ bezeichnet, jedoch werden wir die Bezeichnung $\vec{e}$, $\vec{g}$, ... vorziehen.)

3. Zu jedem Punkt A und zu jedem Vektor $\vec{x}$ gibt es genau einen Punkt B, so daß $\vec{AB} = \vec{x}$ ist. (Das Gleichheitszeichen bedeutet hier, daß $\vec{AB}$ und $\vec{x}$ ein und derselbe Vektor sind.)

4. Das Parallelenaxiom: Ist $\vec{AB} = \vec{CD}$, so ist auch $\vec{AC} = \vec{BD}$. (Anschaulich formuliert: Bei Gleichheit und Parallelität eines Paares gegenüberliegender Seiten eines Vierecks hat auch das andere Paar diese Eigenschaft.)

[7] *Koordinaten* eines Vektors und *Maßzahlen* eines Vektors werden synonym verwendet, wobei der Begriff der Maßzahlen zu bevorzugen ist. Gelegentlich werden Koordinaten eines Vektors mit Komponenten verwechselt bzw. gleichgesetzt. Koordinaten (Maßzahlen) sind stets Zahlen, während Komponenten immer Vektoren sind. Zum Beispiel sind bei Verwendung eines kartesischen Koordinatensystems die mit den Maßzahlen multiplizierten Einsvektoren in den Koordinatenrichtungen die Komponenten des Vektors, in die er (additiv) zerlegt werden kann.

Die übrigen Axiome, die sich auf die Multiplikation eines Vektors mit einer Zahl und die Addition von Vektoren beziehen, werden als bekannt vorausgesetzt. Dies führt letztlich zum affinen Vektorraum. Diese Punkt-Vektor-Axiomatik kennzeichnet einen affinen Raum.

Es wird ab sofort ein n-dimensionaler affiner Raum betrachtet. Zu ihm gibt es stets n linear unabhängige Vektoren, aber je $n+1$ Vektoren sind linear abhängig (Dimensionsaxiom).

Im weiteren werden Koordinatensysteme betrachtet, die geometrisch mit den Eigenschaften des Raumes zusammenhängen. Die nach dem Dimensionsaxiom existierenden n linear unabhängigen Vektoren werden mit $\vec{e}_1, \ldots, \vec{e}_n$ bezeichnet.

Unter einem *affinen n-Bein* versteht man einen beliebigen Punkt O (den Ursprung des n-Beins) zusammen mit n durchnumerierten linear unabhängigen Vektoren $\vec{e}_1, \ldots, \vec{e}_n$, die man sich anschaulich im Ursprung O angetragen vorstellen kann.

Jeder Vektor läßt sich dann nach den Vektoren des n-Beins zerlegen:

$$\vec{A} = \sum_{i=1}^{n} x^i \, \vec{e}_i \quad . \tag{2.72}$$

Die Koeffizienten $x^1, \ldots, x^n$ der Zerlegung heißen *affine Koordinaten* des Vektors $\vec{A}$ in Bezug auf das gegebene n-Bein. Sie sind eindeutig bestimmt.

Der Übergang von der affinen Geometrie zur euklidischen Geometrie wird durch Einführung eines Skalarproduktes von Vektoren des affinen Raumes vollzogen. Aus dem Skalarprodukt folgen metrische Eigenschaften, und der affine Raum wird zum euklidischen Raum. Darauf wird in Abschnitt 2.2.3.1 eingegangen.

Zunächst werden einige einfache Überlegungen im dreidimensionalen euklidischen Vektorraum $\mathbf{E}^3$ durchgeführt. Als Skalarprodukt dient dafür die klassische elementargeometrische Verknüpfung zweier Vektoren.

Drei beliebige linear unabhängige Vektoren des $\mathbf{E}^3$ bilden eine Basis (auch Basissystem) im $\mathbf{E}^3$. Dem Leser ist der Begriff der *kartesischen Basis* geläufig: Sie besteht aus drei paarweise aufeinander senkrecht stehenden Einsvektoren (Vektoren der Länge Eins). Die drei Vektoren bilden ein *Orthonormalsystem* oder eine sogenannte *orthonormierte Basis.* Neben der kartesischen Basis werden beliebige Basen betrachtet, also solche, deren Vektoren nicht notwendig paarweise orthogonal und/oder normiert sind. Bei der Darstellung eines Vektors mit Hilfe der kartesischen Basis stehen als Faktoren in der Linearkombination der Einsvektoren die kartesischen Maßzahlen (oder Koordinaten) des Vektors. Die kartesische Basis führt auf ein kartesisches Koordinatensystem. Eine beliebige Basis erzeugt ein ihr zugeordnetes Koordinatensystem. Wir suchen das Transformationsgesetz für die Koordinaten bei vorgegebener Basistransformation.

Es werden im Folgenden die kartesische Basis $(\vec{e}_i) = (\vec{e}_1, \vec{e}_2, \vec{e}_3)$ und eine beliebige Basis $(\vec{g}_i) = (\vec{g}_1, \vec{g}_2, \vec{g}_3)$ eingeführt. Die $(\vec{e}_i)$ mögen außerdem ein Rechtssystem bilden: $\vec{e}_3 = \vec{e}_1 \times \vec{e}_2$. Die Basisvektoren $\vec{g}_i$ werden über der kartesischen Basis in

$$\begin{aligned} \vec{g}_1 &= a_1^1\,\vec{e}_1 + a_1^2\,\vec{e}_2 + a_1^3\,\vec{e}_3 \\ \vec{g}_2 &= a_2^1\,\vec{e}_1 + a_2^2\,\vec{e}_2 + a_2^3\,\vec{e}_3 \\ \vec{g}_3 &= a_3^1\,\vec{e}_1 + a_3^2\,\vec{e}_2 + a_3^3\,\vec{e}_3 \end{aligned} \tag{2.73}$$

zerlegt. Dies erlaubt die Interpretation: Die "neue" Basis errechnet sich aus der "alten" mittels der regulären Matrix $A := (a_i^j)$ nach dem Transformationsgesetz (2.73). (Der untere Index zählt die Zeilen, der obere die Spalten der Matrix.) Die Umkehrtransformation zu (2.73) hat die Gestalt:

$$\begin{aligned} \vec{e}_1 &= b_1^1\,\vec{g}_1 + b_1^2\,\vec{g}_2 + b_1^3\,\vec{g}_3 \\ \vec{e}_2 &= b_2^1\,\vec{g}_1 + b_2^2\,\vec{g}_2 + b_2^3\,\vec{g}_3 \\ \vec{e}_3 &= b_3^1\,\vec{g}_1 + b_3^2\,\vec{g}_2 + b_3^3\,\vec{g}_3 \end{aligned} \tag{2.74}$$

Dabei gilt für die Transformationsmatrix $B := (b_i^j) = A^{-1}$. (B ist die zu A inverse Matrix.)

Beispiel: Die Basis $\vec{g}_i$ möge wie folgt gegeben sein:

$$\vec{g}_1 = \vec{e}_1 \quad , \quad \vec{g}_2 = \vec{e}_1 + \vec{e}_2 \quad , \quad \vec{g}_3 = \vec{e}_1 + \vec{e}_2 + \vec{e}_3 \quad . \tag{2.75}$$

Durch Auflösen von (2.75) nach der Basis $(\vec{e}_i)$ entsteht die Umkehrtransformation (inverse) zu (2.76)

$$\vec{e}_1 = \vec{g}_1 \quad , \quad \vec{e}_2 = -\vec{g}_1 + \vec{g}_2 \quad , \quad \vec{e}_3 = -\vec{g}_2 + \vec{g}_3 \quad . \tag{2.76}$$

Für die Skalarprodukte der neuen Basisvektoren gilt

$$\begin{aligned} &\vec{g}_1 \cdot \vec{g}_1 = 1 \quad , \quad \vec{g}_2 \cdot \vec{g}_2 = 2 \quad , \quad \vec{g}_3 \cdot \vec{g}_3 = 3 \quad , \\ &\vec{g}_1 \cdot \vec{g}_2 = 1 \quad , \quad \vec{g}_2 \cdot \vec{g}_3 = 2 \quad , \quad \vec{g}_3 \cdot \vec{g}_1 = 1 \quad . \end{aligned} \tag{2.77}$$

Die Basisvektoren $\vec{g}_2$ und $\vec{g}_3$ sind keine Einsvektoren, und kein Paar steht senkrecht aufeinander. Die Vektorproduktregel für die kartesische Basis $\vec{e}_1 \times \vec{e}_2 = \vec{e}_3$, $\vec{e}_2 \times \vec{e}_3 = \vec{e}_1$, $\vec{e}_3 \times \vec{e}_1 = \vec{e}_2$ muß nicht mehr gültig sein:

$$\begin{aligned} \vec{g}_1 \times \vec{g}_2 &= \vec{e}_1 \times (\vec{e}_1 + \vec{e}_2) &&= -\vec{g}_2 + \vec{g}_3 , \\ \vec{g}_2 \times \vec{g}_3 &= (\vec{e}_1 + \vec{e}_2) \times (\vec{e}_1 + \vec{e}_2 + \vec{e}_3) &&= 2\vec{g}_1 - \vec{g}_2 , \\ \vec{g}_3 \times \vec{g}_1 &= (\vec{e}_1 + \vec{e}_2 + \vec{e}_3) \times \vec{e}_1 &&= -\vec{g}_1 + 2\vec{g}_2 - \vec{g}_3 . \end{aligned} \tag{2.78}$$

Für das Spatprodukt dreier Vektoren gilt:

$$(\vec{g}_1, \vec{g}_2, \vec{g}_3) := \vec{g}_1 \cdot (\vec{g}_2 \times \vec{g}_3) = (\vec{g}_1 \times \vec{g}_2) \cdot \vec{g}_3 \tag{2.79}$$

Das von den $\vec{g}_1, \vec{g}_2, \vec{g}_3$ aufgespannte Parallelepiped (Spat) besitzt in diesem Fall das gleiche Volumen, wie der von den kartesischen Einsvektoren bestimmte Würfel (spezieller Spat!).

Wir werden es oft mit Ausdrücken der Form

$$\vec{A} = \sum_{i=1}^{n} x^i \, \vec{g}_i \tag{2.80}$$

zu tun haben. Deshalb vereinbaren wir nach Einstein die folgenden Konventionen:

1. Kleine lateinische Buchstaben werden als untere und obere Indizes verwendet. Sie durchlaufen die Zahlen 1, 2, 3 oder von 0 bis 3 oder von 1 bis n, $n \geq 3$. Die drei Aussagen (Gleichungen) in (2.73) werden jetzt in der Form

$$\vec{g}_k = a^1_k \, \vec{e}_1 + a^2_k \, \vec{e}_2 + a^3_k \, \vec{e}_3 \quad , \quad k = 1, 2, 3 \tag{2.81}$$

   geschrieben, wobei die Erklärung $k = 1, 2, 3$ in der Regel wegfällt. "k" in (2.81) ist ein sogenannter freier Index.

2. Summationsvereinbarung: Über jeden in einer Formel genau einmal als oberer und genau einmal als unterer vorkommender Index wird von 1 bis 3 (oder von 0 bis 3 oder von 1 bis n, $n \geq 3$) summiert. Damit erhält (2.81) die Form

$$\vec{g}_k = a^i_k \, \vec{e}_i \quad . \tag{2.82}$$

3. δ^i_k sei das Kronecker-Symbol:

$$\begin{aligned} \delta^i_k &= 0 \quad , \quad i \neq k \quad , \\ \delta^i_k &= 1 \quad , \quad i = k \quad . \end{aligned} \tag{2.83}$$

Zum Beispiel kann jetzt die Aussage $A \cdot B = A \cdot A^{-1} = E$ (A und $B = A^{-1}$ sind die Matrizen aus (2.73) und (2.74); E ist die Einheitsmatrix) als

$$a^s_k \, b^i_s = \delta^i_k \tag{2.84}$$

geschrieben werden (Regel: k-te Zeile multipliziert mit i-ter Spalte). In (2.84) sind i und k freie Indizes, und s ist Summationsindex.

Beispiele:

(a) $$z = x^i y_i = x^1 y_1 + x^2 y_2 + x^3 y_3 \tag{2.85}$$

(b) $$z = x^{ij} y_i y_j = \sum_{i=1}^{3} \sum_{j=1}^{3} x^{ij} y_i y_j = x^{11} y_1 y_1 + x^{12} y_1 y_2 + \ldots + x^{32} y_3 y_2 + x^{33} y_3 y_3 \tag{2.86}$$

(c) $$z^i = x^{ij} y_j = x^{i1} y_1 + x^{i2} y_2 + x^{i3} y_3 \tag{2.87}$$

2.2.1.2 Zerlegung von Vektoren über beliebigen Basen

Es sei $\vec{A}$ ein beliebiger Vektor, $\vec{A} \neq 0$, und $(\vec{g}_i)$ eine beliebige Basis im $\mathbf{E}^3$, die in der Form (2.82) mit der kartesischen Basis zusammenhängt. $\vec{A}$ besitzt dann die (eindeutig bestimmte) Darstellung

$$\vec{A} = A^1\vec{g}_1 + A^2\vec{g}_2 + A^3\vec{g}_3 = A^i\vec{g}_i \quad . \tag{2.88}$$

Die A^i werden oben indiziert und heißen *kontravariante Koordinaten* des Vektors $\vec{A}$. Darauf wird in Abschnitt 2.2.1.4 ausführlich eingegangen.
Zur Bestimmung der Koordinaten A^i wird (2.88) skalar mit dem Vektor $\vec{g}_2 \times \vec{g}_3$ multipliziert, und man erhält

$$\begin{aligned} \vec{A}(\vec{g}_2 \times \vec{g}_3) &= (\vec{A}, \vec{g}_2, \vec{g}_3) = (A^k\vec{g}_k, \vec{g}_2, \vec{g}_3) \\ &= (A^1\vec{g}_1 + A^2\vec{g}_2 + A^3\vec{g}_3) \cdot (\vec{g}_2 \times \vec{g}_3) \\ &= A^1(\vec{g}_1, \vec{g}_2, \vec{g}_3) + A^2(\vec{g}_2, \vec{g}_2, \vec{g}_3) + A^3(\vec{g}_3, \vec{g}_2, \vec{g}_3) \quad . \end{aligned} \tag{2.89}$$

Von den drei Spatprodukten in (2.89) ist nur das erste von Null verschieden, weil in den anderen je zwei Grundvektoren gleich sind. Dadurch kann

$$A^1 = \frac{(\vec{A}, \vec{g}_2, \vec{g}_3)}{(\vec{g}_1, \vec{g}_2, \vec{g}_3)} \tag{2.90}$$

bezüglich der Basis $(\vec{g}_i)$ berechnet werden. Auf analoge Art und Weise folgen für die beiden anderen Komponenten des Vektors $\vec{A}$ die Ergebnisse

$$A^2 = \frac{(\vec{A}, \vec{g}_3, \vec{g}_1)}{(\vec{g}_1, \vec{g}_2, \vec{g}_3)} \quad , \quad A^3 = \frac{(\vec{A}, \vec{g}_1, \vec{g}_2)}{(\vec{g}_1, \vec{g}_2, \vec{g}_3)} \quad . \tag{2.91}$$

Beispiel: Gesucht sind die Koordinaten A^1, A^2, A^3 des Vektors $\vec{A} = 2\vec{e}_1 + 3\vec{e}_2 + \vec{e}_3$ bezüglich der Basis in (2.75). Für sie gilt $(\vec{g}_1, \vec{g}_2, \vec{g}_3) = 1$. Damit folgt nach (2.90)

$$A^1 = (\vec{A}, \vec{g}_2, \vec{g}_3) = \vec{A} \cdot (\vec{g}_2 \times \vec{g}_3) = \vec{A}(2\vec{g}_1 - \vec{g}_2) = \vec{A}(e_1 - e_2) = -1 \quad . \tag{2.92}$$

Analog ergeben sich

$$A^2 = 2 \quad \text{und} \quad A^3 = 1 \quad . \tag{2.93}$$

2.2.1.3 Invarianz von Vektoren gegenüber Transformationen der Basis

In der Theorie des elektromagnetischen Feldes spielen Invarianzen bezüglich der Basistransformation eine wichtige Rolle. Betrag und Richtung eines Vektors sind von der Wahl des Koordinatensystems abhängig, also gegenüber Basistransformationen invariant.

Ein beliebiger Vektor $\vec{A}$ soll nach zwei verschiedenen Basissystemen $\vec{g}_1, \vec{g}_2, \vec{g}_3$ und $\vec{b}_1, \vec{b}_2, \vec{b}_3$ zerlegt werden, so daß

$$\vec{A} = A^k \vec{g}_k \quad \text{und} \quad \vec{A} = \bar{A}^k \vec{b}_k \tag{2.94}$$

gelten, also

$$A^k \vec{g}_k = \bar{A}^k \vec{b}_k \quad . \tag{2.95}$$

Die Gleichung (2.95) bringt die Invarianz des Vektors $\vec{A}$ gegenüber dem Wechsel des Basissystems zum Ausdruck. Die Koordinaten (oder auch Maßzahlen) eines Vektors für sich allein sind keine invarianten Größen. Sie ändern sich beim Basiswechsel. Am Beispiel aus Abschnitt 2.2.1.2 zeigen das die verschiedenen Koordinaten.

2.2.1.4 Kovariante und kontravariante Basissysteme

Zu dem Basissystem $\vec{g}_1, \vec{g}_2, \vec{g}_3$ wird eine zweite Basis $\vec{g}^1, \vec{g}^2, \vec{g}^3$ eingeführt. Das Basissystem mit den unteren Indizes heißt *kovariante Basis*, das mit den oberen Indizes *kontravariante Basis.*

Die kontravarianten Basisvektoren $\vec{g}^i$ werden mittels der gegebenen kovarianten Basisvektoren $\vec{g}_i$ wie folgt definiert:

$$\vec{g}^1 := \frac{\vec{g}_2 \times \vec{g}_3}{(\vec{g}_1, \vec{g}_2, \vec{g}_3)} \quad , \quad \vec{g}^2 := \frac{\vec{g}_3 \times \vec{g}_1}{(\vec{g}_1, \vec{g}_2, \vec{g}_3)} \quad , \quad \vec{g}^3 := \frac{\vec{g}_1 \times \vec{g}_2}{(\vec{g}_1, \vec{g}_2, \vec{g}_3)} \tag{2.96}$$

In Indexschreibweise gilt

$$\vec{g}^k := \frac{\vec{g}_l \times \vec{g}_m}{[\vec{g}_1, \vec{g}_2, \vec{g}_3]} \qquad (klm) \overset{zykl.}{=} (1, 2, 3) \quad . \tag{2.97}$$

Die $\vec{g}^k$ sind linear unabhängig und können deshalb als Basisvektoren (kontravariant) verwendet werden. Mit der so eingeführten Basis gilt

$$\vec{g}^k \cdot \vec{g}_l = \delta_l^k \quad . \tag{2.98}$$

Dieses Ergebnis sagt aus: Die Vektoren beider Basissysteme sind so gerichtet, daß jeweils zwei Vektoren der einen Basis auf einem Vektor der anderen Basis senkrecht stehen. Zum Beispiel steht der Vektor $\vec{g}_1$ senkrecht auf $\vec{g}^2$ und $\vec{g}^3$. Folglich muß $\vec{g}_1$ die Richtung des Vektorproduktes von $\vec{g}^2 \times \vec{g}^3$ besitzen. Somit gilt

$$\alpha \vec{g}_1 = \vec{g}^2 \times \vec{g}^3 \qquad \text{mit} \qquad \alpha \neq 0 \quad . \tag{2.99}$$

Unter Verwendung von (2.98) folgt aus (2.99):

$$\alpha \vec{g}_1 \vec{g}^1 = \alpha = (\vec{g}^2 \times \vec{g}^3) \cdot \vec{g}^1 = [\vec{g}^1, \vec{g}^2, \vec{g}^3] \quad . \tag{2.100}$$

Die Gleichung (2.99) nach $\vec{g}_1$ aufgelöst, lautet nun

$$\vec{g}_1 = \frac{\vec{g}^2 \times \vec{g}^3}{[\vec{g}^1, \vec{g}^2, \vec{g}^3]} \quad . \tag{2.101}$$

Analog ergibt sich

$$\vec{g}_2 = \frac{\vec{g}^3 \times \vec{g}^1}{[\vec{g}^1, \vec{g}^2, \vec{g}^3]} \quad , \quad \vec{g}_3 = \frac{\vec{g}^1 \times \vec{g}^2}{[\vec{g}^1, \vec{g}^2, \vec{g}^3]} \quad . \tag{2.102}$$

Weiter folgt aus

$$1 = \vec{g}_1 \vec{g}^1 = \frac{(\vec{g}^2 \times \vec{g}^3) \cdot (\vec{g}_2 \times \vec{g}_3)}{[\vec{g}^1, \vec{g}^2, \vec{g}^3][\vec{g}_1, \vec{g}_2, \vec{g}_3]} = \frac{1}{[\ldots][\ldots]} \tag{2.103}$$

und daraus

$$[\vec{g}^1, \vec{g}^2, \vec{g}^3][\vec{g}_1, \vec{g}_2, \vec{g}_3] = 1 \quad . \tag{2.104}$$

Geometrische Interpretation von (2.104): Das Produkt der Volumen der von den kontravarianten Basisvektoren $\vec{g}^1$, $\vec{g}^2$, $\vec{g}^3$ einerseits und den kovarianten Vektoren $\vec{g}_1$, $\vec{g}_2$, $\vec{g}_3$ andererseits aufgespannten Parallelepiped ist gleich Eins.
Beim kartesischen Koordinatensystem fallen das kovariante und das kontravariante Basissystem zusammen. Es gilt:

$$\vec{e}_1 = \vec{e}^1 \quad , \quad \vec{e}_2 = \vec{e}^2 \quad , \quad \vec{e}_3 = \vec{e}^3 \quad \text{bzw.} \quad \vec{e}_i = \vec{e}^i \quad . \tag{2.105}$$

2.2.1.5 Die metrischen Koeffizienten

Im vorangegangenen Abschnitt enthalten Beziehungen zwischen der kovarianten und der kontravarianten Basis das unhandliche Vektorprodukt. Sie sind deshalb auf den dreidimensionalen Raum beschränkt.
Von dieser Einschränkung soll jetzt abgegangen werden. Man zerlegt die kontravarianten Basisvektoren $\vec{g}^k$ über der kovarianten Basis $\vec{g}_1$, $\vec{g}_2$, $\vec{g}_3$:

$$\begin{aligned} \vec{g}^1 &= g^{11}\vec{g}_1 + g^{12}\vec{g}_2 + g^{13}\vec{g}_3 \\ \vec{g}^2 &= g^{21}\vec{g}_1 + g^{22}\vec{g}_2 + g^{23}\vec{g}_3 \\ \vec{g}^3 &= g^{31}\vec{g}_1 + g^{32}\vec{g}_2 + g^{33}\vec{g}_3 \end{aligned} \tag{2.106}$$

oder in Indexschreibweise dargestellt:

$$\vec{g}^k = g^{kl}\,\vec{g}_l \quad . \tag{2.107}$$

Die Koeffizienten g^{kl} werden als *kontravariante metrische Koeffizienten* bezeichnet. Aus der Multiplikation jeder Gleichung von (2.107) mit den Grundvektoren $\vec{g}^k$ geht mit (2.98) hervor:

$$\begin{aligned} g^{11} &= \vec{g}^1 \cdot \vec{g}^1 & g^{12} &= \vec{g}^1 \cdot \vec{g}^2 & g^{13} &= \vec{g}^1 \cdot \vec{g}^3 \\ g^{21} &= \vec{g}^2 \cdot \vec{g}^1 & g^{22} &= \vec{g}^2 \cdot \vec{g}^2 & g^{23} &= \vec{g}^2 \cdot \vec{g}^3 \\ g^{31} &= \vec{g}^3 \cdot \vec{g}^1 & g^{32} &= \vec{g}^3 \cdot \vec{g}^2 & g^{33} &= \vec{g}^3 \cdot \vec{g}^3 \end{aligned} \tag{2.108}$$

bzw.

$$g^{kl} = \vec{g}^k \cdot \vec{g}^l \quad . \tag{2.109}$$

Aufgrund der Kommutativität des Skalarproduktes für Vektoren gelten für die metrischen Koeffizienten die Symmetriebedingungen

$$g^{12} = g^{21} \quad , \quad g^{13} = g^{31} \quad , \quad g^{23} = g^{32} \quad . \tag{2.110}$$

In Indexschreibweise gilt

$$g^{kl} = g^{lk} \quad . \tag{2.111}$$

Damit verringert sich die Anzahl der unabhängigen metrischen Koeffizienten von neun auf sechs.
Für die Umkehrbeziehung zwischen den kovarianten und den kontravarianten Grundsystemen gelten die Relationen

$$\begin{aligned} \vec{g}_1 &= g_{11}\vec{g}^1 + g_{12}\vec{g}^2 + g_{13}\vec{g}^3 \\ \vec{g}_2 &= g_{21}\vec{g}^1 + g_{22}\vec{g}^2 + g_{23}\vec{g}^3 \\ \vec{g}_3 &= g_{31}\vec{g}^1 + g_{32}\vec{g}^2 + g_{33}\vec{g}^3 \end{aligned} \tag{2.112}$$

beziehungsweise

$$\vec{g}_k = g_{kl}\,\vec{g}^l \qquad \text{mit} \qquad g_{kl} = \vec{g}_k \cdot \vec{g}_l \tag{2.113}$$

und der Symmetrieeigenschaft

$$g_{kl} = g_{lk} \quad . \tag{2.114}$$

Setzt man (2.113) in (2.107) ein, so ist

$$\vec{g}^k = g^{kl}\,\vec{g}_l = g^{kl}\,g_{lm}\,\vec{g}^m \tag{2.115}$$

und somit

$$g^{kl} g_{lm} = \delta^k_m \quad . \tag{2.116}$$

Diese Beziehung lautet in Matrixschreibweise:

$$\begin{pmatrix} g^{11} & g^{12} & g^{13} \\ g^{21} & g^{22} & g^{23} \\ g^{31} & g^{32} & g^{33} \end{pmatrix} \begin{pmatrix} g_{11} & g_{12} & g_{13} \\ g_{21} & g_{22} & g_{23} \\ g_{31} & g_{32} & g_{33} \end{pmatrix} = \begin{pmatrix} 1 & 0 & 0 \\ 0 & 1 & 0 \\ 0 & 0 & 1 \end{pmatrix} \quad . \tag{2.117}$$

Die Matrix (g^{ij}) ist also die Inverse zur Matrix (g_{ij}). Man kann danach die kontravarianten Metrikkoeffizienten durch Matrixinversion aus den kovarianten berechnen. Aus (2.107) ergibt sich dann die kontravariante Basis.

2.2.1.6 Kontravariante und kovariante Koordinaten eines Vektors

Die Zerlegung eines Vektors $\vec{A}$ über der kovarianten beziehungsweise kontravarianten Basis lautet:

$$\vec{A} = A^1\,\vec{g}_1 + A^2\,\vec{g}_2 + A^3\,\vec{g}_3 = A^k\,\vec{g}_k \tag{2.118}$$

beziehungsweise

$$\vec{A} = A_1\,\vec{g}^{\,1} + A_2\,\vec{g}^{\,2} + A_3\,\vec{g}^{\,3} = A_k\,\vec{g}^{\,k} \quad . \tag{2.119}$$

Darin bedeuten A^k die *kontravarianten Koordinaten* und A_k die *kovarianten Koordinaten* des Vektors $\vec{A}$. Mit Hilfe der kontravarianten Basis $\vec{g}^{\,k}$ sind die kontravarianten Koordinaten A^k in einfacher Weise zu bestimmen. Dazu multiplizieren wir den Vektor $\vec{A}$ skalar mit den entsprechenden kontravarianten Basisvektoren $\vec{g}^{\,k}$:

$$A^1 = \vec{A}\cdot\vec{g}^{\,1} \quad , \quad A^2 = \vec{A}\cdot\vec{g}^{\,2} \quad , \quad A^3 = \vec{A}\cdot\vec{g}^{\,3} \tag{2.120}$$

oder in Indexschreibweise

$$A^k = \vec{A}\cdot\vec{g}^{\,k} \quad . \tag{2.121}$$

Analog berechnen sich die kovarianten Koordinaten des Vektors $\vec{A}$ zu

$$A_1 = \vec{A}\cdot\vec{g}_1 \quad , \quad A_2 = \vec{A}\cdot\vec{g}_2 \quad , \quad A_3 = \vec{A}\cdot\vec{g}_3 \quad , \tag{2.122}$$

oder in Indexschreibweise

$$A_k = \vec{A}\cdot\vec{g}_k \quad . \tag{2.123}$$

Wir untersuchen jetzt die Frage, welche Beziehungen zwischen den A^k und A_k bestehen. Dazu multipliziert man die Beziehung

$$\vec{A} = A^k\,\vec{g}_k = A_k\,\vec{g}^{\,k} \tag{2.124}$$

skalar mit $\vec{g}^{\,l}$ und erhält

$$A^k\,\vec{g}_k\,\vec{g}^{\,l} = A_k\,\vec{g}^{\,k}\,\vec{g}^{\,l} \tag{2.125}$$

und daraus

$$A^k\,\delta_k^l = A_k\,g^{kl} \tag{2.126}$$

oder

$$A^l = A_k\,g^{kl} = g^{kl}\,A_k \quad . \tag{2.127}$$

Entsprechend ergibt die skalare Multiplikation mit $\vec{g}_l$:

$$A_l = g_{kl}\,A^k \quad . \tag{2.128}$$

Vergleicht man die Beziehungen (2.127) und (2.128) für die Koordinaten mit den Beziehungen (2.107) und (2.113) für die Grundvektoren $\vec{g}^{\,k}$ und $\vec{g}_k$, dann stellt man fest: Die A_l entsprechen den kovarianten und die A^l den kontravarianten Grundvektoren. Deshalb werden folgende Bezeichnungen eingeführt:

A_l: kovariante Koordinaten des Vektors $\vec{A}$

A^l: kontravariante Koordinaten des Vektors $\vec{A}$

Hieraus ergeben sich folgende Rechenregeln:

1. Heraufziehen des Index:

   Durch Multiplikation mit den kontravarianten Metrikkoeffizienten wird ein unterer Index heraufgezogen.

   Beispiel: $A^k = g^{kl} A_l$ oder $\vec{g}^k = g^{kl} \vec{g}_l$

   Es wird jeweils der Index von A_l bzw. $\vec{g}_l$ heraufgezogen und es entsteht A^k bzw $\vec{g}^k$.

2. Herunterziehen des Index:

   Durch Multiplikation mit den kovarianten Metrikkoeffizienten wird ein oberer Index heruntergezogen.

   Beispiel: $A_k = g_{kl} A^l$ oder $\vec{g}_k = g_{kl} \vec{g}^l$.

   Der Index von A^l bzw. $\vec{g}^l$ wird heruntergezogen.

Analog der Definitionen der Metrikkoeffizienten (2.109) bzw. (2.110) lassen sich auch gemischte Metrikkoeffizienten definieren:

$$g_l^k = \vec{g}^k \cdot \vec{g}_l \quad . \tag{2.129}$$

Nach (2.98) ist

$$g_l^k = \delta_l^k \quad . \tag{2.130}$$

Durch Multiplikation mit den gemischten Metrikkoeffizienten (Kronecker-Symbol) wird ein Index ausgetauscht.

Beispiel 1: $A^k = \delta_l^k A^l$

Austauschregel: l wird gegen k ausgetauscht.

Beispiel 2: Gegeben sei wieder die kovariante Basis (2.75): $\vec{g}_1 = \vec{e}_1$, $\vec{g}_2 = \vec{e}_1 + \vec{e}_2$, $\vec{g}_3 = \vec{e}_1 + \vec{e}_2 + \vec{e}_3$, und in dieser Basis der Vektor $\vec{A} = \vec{g}_1 + 2\vec{g}_2 + \vec{g}_3$. Er soll auf die kontravariante Basis $\vec{g}^k$ umgerechnet werden. Die kontravarianten Koordinaten von $\vec{A}$ lauten: $A^1 = 1$, $A^2 = 2$, $A^3 = 1$. Die kovarianten Koordinaten A_l berechnen sich aus (2.128). Dazu benötigt man g_{kl} . Die kovarianten Metrikkoeffizienten berechnen sich aus $g_{kl} = \vec{g}_k \cdot \vec{g}_l$, also

$$(g_{kl}) = \begin{pmatrix} 1 & 1 & 1 \\ 1 & 2 & 2 \\ 1 & 2 & 3 \end{pmatrix} \quad . \tag{2.131}$$

Danach wird

$$\begin{aligned} A_1 &= g_{11} A^1 + g_{12} A^2 + g_{13} A^3 = g_{1k} A^k \qquad (2.132) \\ &= 1 \cdot 1 + 1 \cdot 2 + 1 \cdot 1 = 4 \,, \\ A_2 &= 1 \cdot 1 + 2 \cdot 2 + 2 \cdot 1 = 7 \,, \\ A_3 &= 1 \cdot 1 + 2 \cdot 2 + 3 \cdot 1 = 8 \,. \end{aligned}$$

(2.133)

$\vec{A}$ lautet also: $\vec{A} = 4\vec{g}^1 + 7\vec{g}^2 + 8\vec{g}^3$.
(Der Leser möge zur Kontrolle den Weg über die kartesische Basis $\vec{e}_i$ gehen. Hierzu benötigt man die kontravariante Basis $\vec{g}^i$, die sich aus den Formeln in (2.96) berechnet. Wegen

$$(\vec{g}_2, \vec{g}_2, \vec{g}_3) = \begin{vmatrix} 1 & 0 & 0 \\ 1 & 1 & 0 \\ 1 & 1 & 1 \end{vmatrix} = 1 \tag{2.134}$$

ist

$$\vec{g}^1 = \vec{g}_2 \times \vec{g}_3 = \begin{vmatrix} \vec{e}_1 & \vec{e}_2 & \vec{e}_3 \\ 1 & 1 & 0 \\ 1 & 1 & 1 \end{vmatrix} = \vec{e}_1 - \vec{e}_2 \quad , \tag{2.135}$$

entsprechend

$\vec{g}^2 = \vec{g}^3 \times \vec{g}^1 = \vec{e}^2 - \vec{e}^3$ und $\vec{g}^3 = \vec{g}^1 \times \vec{g}^2 = \vec{e}^3$,

oder in der Basis $\vec{e}_i$:

$\vec{e}_1 = \vec{g}^1 + \vec{g}^2 + \vec{g}^3 \quad , \quad \vec{e}_2 = \vec{g}^2 + \vec{g}^3 \quad , \quad \vec{e}_3 = \vec{g}^3 \quad .$

Hieraus folgt $A = 4\vec{e}_1 + 3\vec{e}_2 + \vec{e}_3$ und der Leser hat in allen drei Basissystemen die Darstellung des Vektors $\vec{A}$.)

2.2.1.7 Transformation der Koordinaten bei Basiswechsel

Die Basissysteme $\{\vec{g}_k\}$ und $\{\vec{g}^k\}$ werden zum Vektorsystem $G := \{\vec{g}_k\, , \, \vec{g}^k\}$ zusammengefaßt. Zur Bestimmung der Transformation der Koordinaten eines Vektors $\vec{A}$ beim Übergang eines Vektorsystems G zu einem anderen Vektorsystem $H := \{\vec{h}_k\, , \, \vec{h}^k\}$ wird der Vektor zunächst formal über den kovarianten Basisvektoren beider Systeme zerlegt:

$$\vec{A} = A^k\, \vec{g}_k = \bar{A}^k\, \vec{h}_k \quad . \tag{2.136}$$

Kennt man die Transformationsbeziehungen zwischen G und H, dann lassen sich die Transformationsgleichungen zwischen den Koordinaten A^k, $\bar{A}^k$ bestimmen.
Die Zerlegung der kovarianten Basisvektoren $\vec{h}_k$ ist durch

$$\begin{aligned} \vec{g}_1 &= \bar{a}_1^1\, \vec{h}_1 + \bar{a}_1^2\, \vec{h}_2 + \bar{a}_1^3\, \vec{h}_3 \, , \\ \vec{g}_2 &= \bar{a}_2^1\, \vec{h}_1 + \bar{a}_2^2\, \vec{h}_2 + \bar{a}_2^3\, \vec{h}_3 \, , \\ \vec{g}_3 &= \bar{a}_3^1\, \vec{h}_1 + \bar{a}_3^2\, \vec{h}_2 + \bar{a}_3^3\, \vec{h}_3 \end{aligned} \tag{2.137}$$

gegeben, oder lautet abgekürzt

$$\vec{g}_k = \bar{a}_k^l\, \vec{h}_l \quad . \tag{2.138}$$

Die umgekehrte Transformationsrichtung wird in der Form

$$\begin{aligned} \vec{h}_1 &= \underline{a}_1^1\, \vec{g}_1 + \underline{a}_1^2\, \vec{g}_2 + \underline{a}_1^3\, \vec{g}_3 \, , \\ \vec{h}_2 &= \underline{a}_2^1\, \vec{g}_1 + \underline{a}_2^2\, \vec{g}_2 + \underline{a}_2^3\, \vec{g}_3 \, , \\ \vec{h}_3 &= \underline{a}_3^1\, \vec{g}_1 + \underline{a}_3^2\, \vec{g}_2 + \underline{a}_3^3\, \vec{g}_3 \end{aligned} \tag{2.139}$$

oder

$$\vec{h}_k = \underline{a}^l_k \vec{g}_l \tag{2.140}$$

geschrieben, wobei diese $\underline{a}^l_k$ durch die gegebenen $\bar{a}^l_k$ festliegen. Setzt man die $\vec{h}_k$ aus (2.140) in (2.138) ein, so folgt

$$\vec{g}_k = \bar{a}^l_k \underline{a}^m_l \vec{g}_m \quad . \tag{2.141}$$

Skalare Multiplikation mit der zur Basis $\vec{g}_k$ kontravarianten Basis $\vec{g}^n$ liefert die Abhängigkeit der $\bar{a}^l_k$ zu den $\underline{a}^k_l$:

$$\delta^n_k = \vec{g}_k \cdot \vec{g}^n = \bar{a}^l_k \underline{a}^m_l \vec{g}_m \vec{g}^n = \bar{a}^l_k \underline{a}^m_l \delta^n_m = \bar{a}^l_k \underline{a}^n_l \quad . \tag{2.142}$$

Die $\bar{a}^l_k$ und $\underline{a}^k_l$ sind zueinander inverse Matrizen.
Setzt man umgekehrt die $\vec{g}_k$ aus (2.138) in (2.140) ein, so entsteht zunächst

$$\vec{h}_k = \underline{a}^l_k \bar{a}^m_l \vec{h}_m \quad , \tag{2.143}$$

und nach skalarer Multiplikation mit $\vec{h}^n$ folgt

$$\delta^n_k = \underline{a}^l_k \bar{a}^n_l \quad . \tag{2.144}$$

Im allgemeinen ist die Matrix der Transformationskoeffizienten nicht symmetrisch und somit (2.142) und (2.144) nicht identisch.
Um die Transformationsbeziehungen für die kovarianten Koordinaten aufzustellen, geht man von der Transformation für die kontravarianten Basisvektoren $\vec{g}^k$ aus.
Wir verwenden den Ansatz

$$\vec{g}^k = \underline{b}^k_l \vec{h}^l \tag{2.145}$$

und

$$\vec{h}^k = \bar{b}^k_l \vec{g}^l \quad . \tag{2.146}$$

Wie hängen die b-Koeffizienten mit den a-Koeffizienten zusammen?
Dazu setzt man in $\vec{g}_i \vec{g}^k = \delta^k_i$ die Darstellungen (2.138) und (2.145) ein (Summationsindex l in m umbenennen!):

$$\bar{a}^l_i \vec{h}_l \underline{b}^k_m \vec{h}^m = \bar{a}^l_i \underline{b}^k_m \vec{h}_l \vec{h}^m = \bar{a}^l_i \underline{b}^k_m \delta^m_l = \delta^k_i \tag{2.147}$$

Also ist

$$\bar{a}^l_i \underline{b}^k_l = \delta^k_i \quad . \tag{2.148}$$

Entsprechend ergibt sich aus $\vec{h}_i \vec{h}^k = \delta^k_i$:

$$\underline{a}^l_i \bar{b}^k_l = \delta^k_i \tag{2.149}$$

Der Vergleich von (2.148) mit (2.142) liefert (Indextausch $i = k$ und $k = n$)

$$\bar{a}^l_k \underline{b}^n_l = \bar{a}^l_k \underline{a}^n_l \quad , \tag{2.150}$$

und hieraus

$$\underline{b}^n_l = \underline{a}^n_l \quad . \tag{2.151}$$

Analog vergleicht man (2.149) mit (2.144) und erhält

$$\bar{b}^n_l = \bar{a}^n_l \quad . \tag{2.152}$$

Somit ergeben sich die Transformationsgesetze

$$\vec{g}_k = \bar{a}^n_k \vec{h}_n \quad , \quad \vec{h}_k = \underline{a}^n_k \vec{g}_n \quad , \tag{2.153}$$

$$\vec{g}^k = \underline{a}^k_n \vec{h}^n \quad , \quad \vec{h}^k = \bar{a}^k_n \vec{g}^n \quad . \tag{2.154}$$

Nun wird das Transformationsgesetz für den Vektor $\vec{A}$ hergeleitet. Er sei einerseits in der kovarianten Basis $\vec{g}_i$ und der kontravarianten Basis $\vec{g}^i$ gegeben, andererseits in den transformierten Basen $\vec{h}_i$ und $\vec{h}^i$. Es gilt also

$$\vec{A} = A^k \vec{g}_k = A_k \vec{g}^k = \bar{A}^k \vec{h}_k = \bar{A}_k \vec{h}^k \quad . \tag{2.155}$$

In die Beziehung $\bar{A}^k \vec{h}_k = A^k \vec{g}_k$ wird die Basis $\vec{h}_k$ aus (2.154) eingesetzt, so daß

$$\bar{A}^k \underline{a}^n_k \vec{g}_n = A^k \vec{g}_k = A^n \vec{g}_n \tag{2.156}$$

folgt. Daraus ergibt sich

$$A^n = \underline{a}^n_k \bar{A}^k \quad , \tag{2.157}$$

und analog

$$A_n = \bar{a}^k_n \bar{A}_k \quad , \quad \bar{A}^n = \bar{a}^n_k A^k \quad , \quad \bar{A}_n = \underline{a}^k_n A^k \quad . \tag{2.158}$$

Schlußfolgerung: Koordinaten eines Vektors transformieren sich wie die Basis, nämlich

- kovariante Koordinaten wie die kovariante Basis,
- kontravariante Koordinaten wie die kontravariante Basis.

Gleiches Transformationsverhalten heißt auch *kogredient*, entgegengesetztes Transformationsverhalten wird *kontragredient* genannt.

Die Rechenregeln (2.157) und (2.158) drücken das Transformationsgesetz für die Koordinaten eines Tensors 1. Stufe aus:

Transformiert sich einerseits eine einfache kontravariant indizierte Größe A^n nach dem Gesetz

$$\bar{A}^n = \bar{a}^n_k A^k \quad , \quad A^n = \underline{a}^n_k \bar{A}^k \quad , \tag{2.159}$$

so liegt ein *kontravarianter Tensor 1. Stufe* vor. Die A^n sind seine kontravarianten Koordinaten.

Transformiert sich andererseits eine einfach kovariant indizierte Größe A_n nach dem Gesetz

$$\bar{A}_n = \underline{a}_n^k A_k \quad , \quad A_n = \bar{a}_n^k \bar{A}_k \quad , \tag{2.160}$$

so liegt ein *kovarianter Tensor 1. Stufe* vor. Die A_n sind seine kovarianten Koordinaten. Dies stellt eine Erweiterung des Begriffes Vektor dar.

Im nachfolgenden Beispiel wird gezeigt, wie aus gegebenem Basissystem $\{g_i\}$ und der Transformationsmatrix $(\underline{a}_k^l)$ die kontravariante Basis $\{h^k\}$ und die Transformationsmatrix $(\bar{a}_k^n)$ berechnet werden können.

Beispiel: Verwendet wird wieder das Basissystem

$$\vec{g}_1 = \vec{e}_1 \quad , \quad \vec{g}_2 = \vec{e}_1 + \vec{e}_2 \quad , \quad \vec{g}_3 = \vec{e}_1 + \vec{e}_2 + \vec{e}_3 \quad , \tag{2.161}$$

und die Transformationsmatrix sei

$$(\underline{a}_k^n) = \begin{pmatrix} 1 & -1 & -1 \\ 1 & 0 & 0 \\ 1 & 0 & -1 \end{pmatrix} \quad . \tag{2.162}$$

Für die kovariante Basis $\vec{h}_k$ gilt nach (2.154):

$$\vec{h}_k = \underline{a}_k^n \vec{g}_n \tag{2.163}$$

oder

$$\begin{array}{lclllclll} \vec{h}_1 & = & \vec{g}_1 & -\vec{g}_2 & -\vec{g}_3 & = & -\vec{e}_1 & -2\vec{e}_2 & -\vec{e}_3 \\ \vec{h}_2 & = & \vec{g}_1 & & & = & \vec{e}_1 & & \\ \vec{h}_3 & = & \vec{g}_1 & & -\vec{g}_3 & = & & -\vec{e}_2 & -\vec{e}_3 \end{array} \tag{2.164}$$

Für die kovarianten Metrikkoeffizienten ergibt sich

$$(\vec{h}_i \, \vec{h}_k) = (\bar{g}_{ik}) = \begin{pmatrix} 6 & -1 & 3 \\ -1 & 1 & 0 \\ 3 & 0 & 2 \end{pmatrix} \quad . \tag{2.165}$$

Die inverse Matrix von $(\underline{a}_k^n)$ ist zu bestimmen. Dies kann auch getan werden, indem man die $\vec{g}_i$ durch die $\vec{h}_i$ ausdrückt:

$$\begin{array}{lclll} \vec{g}_1 & = & & \vec{h}_2 & \\ \vec{g}_2 & = & -\vec{h}_1 & & \vec{h}_3 \\ \vec{g}_3 & = & & \vec{h}_2 & -\vec{h}_3 \end{array} \tag{2.166}$$

Hieraus folgt

$$(\bar{a}_k^n) = \begin{pmatrix} 0 & 1 & 0 \\ -1 & 0 & 1 \\ 0 & 1 & -1 \end{pmatrix} \quad . \tag{2.167}$$

Nach (2.144) muß $\underline{a}_k^l \, \bar{a}_l^n = \delta_k^n$ gelten, was man einfach durch Matrizenmultiplikation nachrechnet. Für die kontravariante Basis $\vec{h}^k$ gilt nach (2.154) $\vec{h}^k = \bar{a}_n^k \, \vec{g}^n$. Dabei wird über den unteren Index in $(\bar{a}_n^k)$

summiert. Für die Berechnung mittels Matrizenmultiplikation muß $(\bar{a}_n^k)$ transponiert werden:

$$\begin{pmatrix} \vec{h}^1 \\ \vec{h}^2 \\ \vec{h}^3 \end{pmatrix} = \begin{pmatrix} 0 & -1 & 0 \\ 1 & 0 & 1 \\ 0 & 1 & -1 \end{pmatrix} \begin{pmatrix} \vec{g}^1 \\ \vec{g}^2 \\ \vec{g}^3 \end{pmatrix} . \tag{2.168}$$

Man erhält

$$\begin{aligned} \vec{h}^1 &= \quad -\vec{g}^2 &&= \quad -\vec{e}_2 + \vec{e}_3 , \\ \vec{h}^2 &= \vec{g}^1 \quad \vec{g}^3 &&= \vec{e}_1 - \vec{e}_2 + \vec{e}_3 , \\ \vec{h}^3 &= \quad \vec{g}^2 - \vec{g}^3 &&= \quad \vec{e}_2 - 2\vec{e}_3 , \end{aligned} \tag{2.169}$$

(wenn die $\vec{g}^i$ gemäß Beispiel in Abschnitt 2.2.1.6 durch die $\vec{e}_i$ ausgedrückt werden). Hieraus folgen die kontravarianten Metrikkoeffizienten:

$$(\bar{g}^{ik}) = \begin{pmatrix} 2 & 2 & -3 \\ 2 & 3 & -3 \\ -3 & -3 & 5 \end{pmatrix} \tag{2.170}$$

Als Kontrollrechnung kann man

$$\bar{g}_{ik} \cdot \bar{g}^{km} = \delta_i^m \tag{2.171}$$

gemäß (2.116) ausführen. Es ergibt sich tatsächlich

$$\begin{pmatrix} 6 & -1 & 3 \\ -1 & 1 & 0 \\ 3 & 0 & +2 \end{pmatrix} \begin{pmatrix} 2 & 2 & -3 \\ 2 & 3 & -3 \\ -3 & -3 & 5 \end{pmatrix} = E . \tag{2.172}$$

Dem Leser sei nun empfohlen, die kovarianten sowie die kontravarianten Koordinaten von $A = e_1 + 2e_2 + e_3$ zu berechnen, wenn vom Basissystem $(\vec{g}_k)$ zu $(\vec{h}_k)$ übergegangen wird.

2.2.1.8 Darstellungen des Skalar- und Vektorproduktes

In diesem Abschnitt werden Formeln für das Skalar- und Vektorprodukt zweier Vektoren bezüglich ko- und kontravarianter Basissysteme abgeleitet.
Für das skalare Produkt zweier Vektoren $\vec{A}$ und $\vec{B}$ gilt

$$S = \vec{A} \cdot \vec{B} \tag{2.173}$$

oder eingesetzt in kontra- bzw. kovarianter Darstellung

$$S = A^k \vec{g}_k \cdot B^l \vec{g}_l = A^k \vec{g}_k \cdot B_l \vec{g}^l = A_k \vec{g}^k \cdot B^l \vec{g}_l = A_k \vec{g}^k \cdot B_l \vec{g}^l \quad . \tag{2.174}$$

Es folgt

$$S = A^k B^l \vec{g}_k \vec{g}_l = A^k B_l \vec{g}_k \vec{g}^l = A_k B^l \vec{g}^k \vec{g}_l = A_k B_l \vec{g}^k \vec{g}^l \quad . \tag{2.175}$$

Unter Benutzung der metrischen Koeffizienten (2.109), (2.110) und der gemischten Metrikkoeffizienten ergibt sich für S:

$$S = A^k B^l g_{kl} = A^k B_l g_k^l = A_k B^l g_l^k = A_k B_l g^{kl} \tag{2.176}$$

Wegen $g^l_k = \delta^l_k$ ergeben sich in (2.176) für die beiden inneren Ausdrücke die einfache Gestalt

$$S = A^k B_k = A_k B^k \quad , \tag{2.177}$$

wenn ein Vektor über der kovarianten und der andere Vektor über der kontravarianten Basis zerlegt wird. In beiden anderen Fällen treten im Skalarprodukt die kovarianten und kontravarianten Metrikkoeffizienten auf.
Das Vektorprodukt kann mit den Koordinaten über den Basissystemen $G = \{\vec{g}_k, \vec{g}^k\}$ ausgerechnet werden.
Zuvor muß gezeigt werden, welche Vektorprodukte die Grundvektoren $\vec{g}_k$ und $\vec{g}^l$ ergeben. Da sie für die Beziehung $\vec{g}_k \cdot \vec{g}^l = \delta^l_k$ gilt, steht der Vektor $\vec{g}^1$ senkrecht auf $\vec{g}_2$ und $\vec{g}_3$. Er muß also die Richtung des Vektorproduktes $\vec{g}_2 \times \vec{g}_3$ haben.
Gemäß der Vorgehensweise in Abschnitt 2.2.1.4 führt der Ansatz $\alpha\,\vec{g}^1 = \vec{g}_2 \times \vec{g}_3$ zu $\alpha = (\vec{g}_1, \vec{g}_2, \vec{g}_3)$ (Spatprodukt) auf den Ausdruck

$$(\vec{g}_1, \vec{g}_2, \vec{g}_3)\,\vec{g}^k = \vec{g}_l \times \vec{g}_m \qquad (klm) \overset{zykl.}{=} (123) \tag{2.178}$$

(vgl. (2.97)) beziehungsweise zu

$$(\vec{g}^1, \vec{g}^2, \vec{g}^3)\,\vec{g}_k = \vec{g}^l \times \vec{g}^m \qquad (klm) \overset{zykl.}{=} (123) \tag{2.179}$$

(vgl. (2.101), (2.102)).
Multipliziert man einen kovarianten Basisvektor $\vec{g}_k$ vektoriell mit einem kontravarianten Basisvektor $\vec{g}^l$, so gilt bei Verwendung der metrischen Koeffizienten

$$\vec{g}_k \times \vec{g}^l = \vec{g}_k \times \vec{g}_m\, g^{ml} = g_{km}\,\vec{g}^m \times \vec{g}^l \quad . \tag{2.180}$$

Es seien nun $\vec{A} = A^k\,\vec{g}_k$ und $\vec{B} = B^l\,\vec{g}_l$ gegeben. Dann liefert das Vektorprodukt $\vec{A} \times \vec{B}$ die Beziehung

$$\vec{A} \times \vec{B} = A^k B^l\,(\vec{g}_k \times \vec{g}_l) \quad , \tag{2.181}$$

oder ausführlich:

$$\begin{aligned} \vec{A} \times \vec{B} = \quad & A^1B^2\,(\vec{g}_1 \times \vec{g}_2) \; + A^1B^3\,(\vec{g}_1 \times \vec{g}_3) \; + A^2B^1\,(\vec{g}_2 \times \vec{g}_1) \\ & + A^2B^3\,(\vec{g}_2 \times \vec{g}_3) \; + A^3B^1\,(\vec{g}_3 \times \vec{g}_1) \; + A^3B^2\,(\vec{g}_3 \times \vec{g}_2) \end{aligned} \tag{2.182}$$

Wegen der Schiefsymmetrie (Antisymmetrie) geht das Vektorprodukt (2.182) über in:

$$\begin{aligned} \vec{A} \times \vec{B} = \quad & (A^1B^2 - A^2B^1)(\vec{g}_1 \times \vec{g}_2) \\ & + (A^2B^3 - A^3B^2)(\vec{g}_2 \times \vec{g}_3) \\ & + (A^3B^1 - A^1B^3)(\vec{g}_3 \times \vec{g}_1) \end{aligned} \tag{2.183}$$

Unter Verwendung von (2.178) folgt für (2.183):

$$\vec{A} \times \vec{B} = (\vec{g}_1, \vec{g}_2, \vec{g}_3) \begin{bmatrix} (A^2B^3 - A^3B^2)\vec{g}^1 \\ +(A^3B^1 - A^1B^3)\vec{g}^2 \\ +(A^1B^2 - A^2B^1)\vec{g}^3 \end{bmatrix} \tag{2.184}$$

Mit $\vec{C} := \vec{A} \times \vec{B} = C_k \vec{g}^k$ liest man aus (2.184) für die C_k ab:

$$C_k = (\vec{g}_1, \vec{g}_2, \vec{g}_3)(A^l B^m - A^m B^l) \qquad (klm) \overset{zykl.}{=} (123) \tag{2.185}$$

Werden die Vektoren $\vec{A}$ und $\vec{B}$ über der kontravarianten Basis zerlegt, dann erscheint bei analogem Vorgehen das Vektorprodukt in kovarianter Darstellung mit den kontravarianten Koordinaten C^k

$$C^k = (\vec{g}^1, \vec{g}^2, \vec{g}^3)(A_l B_m - A_m B_l) \qquad (klm) \overset{zykl.}{=} (123) \quad . \tag{2.186}$$

Für die Zerlegung eines Vektors nach der kovarianten Basis und des anderen Vektors nach der kontravarianten Basis führt das Vektorprodukt zu den Formen

$$C_k = (\vec{g}_1, \vec{g}_2, \vec{g}_3)(A^l B_m g^{mn} - A^n B_m g^{ml}) \qquad (kln) \overset{zykl.}{=} (123) \tag{2.187}$$

$$C^k = (\vec{g}^1, \vec{g}^2, \vec{g}^3)(A^m g_{ml} B_n - A^m g_{mn} B_l) \qquad (kln) \overset{zykl.}{=} (123) \quad . \tag{2.188}$$

Die gemischten Darstellungen können erzeugt werden, indem die B^m bzw. A_l mit den metrischen Koeffizienten transformiert werden. Dem Leser wird als Übung empfohlen, das Produkt

$$\vec{A} \times \vec{B} = A^k B_l (\vec{g}_k \times \vec{g}^l) \tag{2.189}$$

zu berechnen. Analoge Berechnungen können für das Spatprodukt angestellt werden.

2.2.1.9 Orthogonale Basissysteme

Die bisher hergeleiteten Ergebnisse gelten für beliebige Bezugssysteme. In der Elektrotechnik, insbesondere in der Elektromagnetik, wird oft mit speziellen Basissystemen, den orthogonalen Basissystemen gearbeitet, weil sich dadurch erhebliche Vereinfachungen ergeben.

Es war gezeigt worden, daß die Vektoren der Basissysteme paarweise senkrecht aufeinander stehen und somit die Beziehungen

$$\vec{g}_k \cdot \vec{g}_l = 0 \quad \text{für} \quad k \neq l \quad , \quad \vec{g}_k \cdot \vec{g}_l \neq 0 \quad \text{für} \quad k = l \tag{2.190}$$

beziehungsweise

$$\vec{g}^k \cdot \vec{g}^l = 0 \quad \text{für} \quad k \neq l \quad , \quad \vec{g}^k \cdot \vec{g}^l \neq 0 \quad \text{für} \quad k = l \tag{2.191}$$

gelten. Für die aus den Metrikkoeffizienten aufgebauten Matrizen ergeben sich die Darstellungen

$$(g_{kl}) = \begin{pmatrix} g_{11} & 0 & 0 \\ 0 & g_{22} & 0 \\ 0 & 0 & g_{33} \end{pmatrix} \quad \text{bzw.} \quad (g^{kl}) = \begin{pmatrix} g^{11} & 0 & 0 \\ 0 & g^{22} & 0 \\ 0 & 0 & g^{33} \end{pmatrix} \quad . \tag{2.192}$$

Die in (2.192) enthaltenen Metrikkoeffizienten genügen der Bedingung

$$g_{kk}\, g^{kk} = 1 \quad , \quad k = 1,\, 2,\, 3 \quad . \tag{2.193}$$

Für das Herauf- und Herunterziehen von Indizes gilt jetzt

$$A^k = g^{(kk)} A_k \quad \text{bzw.} \quad A_k = g_{(kk)} A^k \quad , \tag{2.194}$$

bzw. für Operationen mit den Basisvektoren

$$\vec{g}^{\,k} = g^{(kk)}\, \vec{g}_k \quad , \quad \vec{g}_k = g_{(kk)}\, \vec{g}^{\,k} \quad . \tag{2.195}$$

(Klammern an den doppelten Indizes zeigen an, daß keine Summation ausgeführt wird.) Aus (2.195) folgt: Einander entsprechende Basisvektoren des kovarianten und des kontravarianten Grundsystems zeigen stets in dieselbe Richtung.

2.2.2 Tensoren höherer Stufe

2.2.2.1 Tensoren zweiter und p-ter Stufe

Ab jetzt wird zur Kennzeichnung der Basissysteme die Bezeichnung $\{\vec{g}_i\}$ und $\{\vec{g}_{i'}\}$ gewählt. Die $\vec{g}_{i'}$ entsprechen jetzt den $\vec{g}^{\,i}$, statt der Koordinatentransformation $(\bar{a}_i^k)$ wird $(A_k^{k'})$ verwendet.

Die kovarianten $\{\vec{g}_i\}$ und kontravarianten $\{\vec{g}_{i'}\}$ sind (willkürlich) vorgegebene Basen im dreidimensionalen (bzw. n-dimensionalen) Vektorraum. Die folgenden Transformationsgesetze für Tensoren lassen sich mit dieser Schreibweise besser darstellen.

Sei nun jedem geordneten Paar von Vektoren $\vec{A}$ und $\vec{B}$ eine reelle Zahl zugeordnet. Diese Abbildung werde durch ein reellwertiges *bilineares Funktional* φ als

$$(\vec{A}, \vec{B}) \quad \rightarrow \quad \varphi(\vec{A}, \vec{B}) \in \mathbf{R} \tag{2.196}$$

realisiert. Die Abbildung φ heißt bilinear falls

$$\varphi(\vec{A}_1 + \vec{A}_2,\, \vec{B}) = \varphi(\vec{A}_1,\, \vec{B}) + \varphi(\vec{A}_2,\, \vec{B}) \quad , \quad \varphi(\alpha\vec{A},\, \vec{B}) = \alpha\, \varphi(\vec{A},\, \vec{B}) \tag{2.197}$$

$$\varphi(\vec{A},\, \vec{B}_1 + \vec{B}_2) = \varphi(\vec{A},\, \vec{B}_1) + \varphi(\vec{A},\, \vec{B}_2) \quad , \quad \varphi(\vec{A},\, \beta\vec{B}) = \beta\, \varphi(\vec{A},\, \vec{B}) \tag{2.198}$$

mit $\alpha, \beta \in \mathbf{R}$ gilt.
Unter Benutzung des Basissystems $\{\vec{g}_i\}$ entsteht

$$\varphi(\vec{A}, \vec{B}) = \varphi(A^i \vec{g}_i, B^j \vec{g}_j) = A^i B^j \varphi(\vec{g}_i, \vec{g}_j) = A^i B^j \varphi_{ij} \tag{2.199}$$

mit $\varphi_{ij} := \varphi(\vec{g}_i, \vec{g}_j)$. (In der Literatur ist auch gebräuchlich: $\vec{g}_i \vec{g}_j \equiv \varphi(\vec{g}_i, \vec{g}_j)$.) Andererseits gilt unter Benutzung des Basissystems $\{\vec{g}_{i'}\}$ und der Transformationsgleichung $\vec{g}_{i'} = A^i_{i'} \vec{g}_i$, $\det(A^i_{i'}) \neq 0$

$$\varphi(\vec{A}, \vec{B}) = \varphi(A^{i'} g_{i'}, A^{j'} g_{j'}) = A^{i'} A^{j'} \varphi(g_{i'}, g_{j'}) = A^{i'} A^{j'} \varphi_{i'j'} \tag{2.200}$$

mit $\varphi_{i'j'} := \varphi(\vec{g}_{i'}, \vec{g}_{j'})$. Analog gilt auch hier: $\vec{g}_{i'} \vec{g}_{j'} \equiv \varphi(\vec{g}_{i'}, \vec{g}_{j'})$. Nun folgt

$$\varphi_{i'j'} = \varphi(A^i_{i'} \vec{g}_i, A^j_{j'} \vec{g}_j) = A^i_{i'} A^j_{j'} \varphi_{ij} \quad . \tag{2.201}$$

Gleichung (2.201) besagt: Ein bilineares Funktional definiert in jedem Koordinatensystem 3^2 Zahlen (im n-dimensionalen Vektorraum n^2 Zahlen) mit dem Transformationsgesetz (2.201).
Umgekehrt definiert jedes System von 3^2 Zahlen (im n-dimensionalen Vektorraum n^2 Zahlen) ein bilineares Funktional.
Die 3^2 (bzw. n^2) Zahlen φ_{ij} mit dem Transformationsverhalten (2.201) heißen Koordinaten eines kovarianten Tensors zweiter Stufe im Basissystem $\{\vec{g}_i\}$.
Eine Erweiterung des Begriffes des *Tensors 2. Stufe* kann mit einem linearen Funktional in p Argumenten (p-lineares Funktional)

$$\varphi(\vec{A}_1, \ldots, \vec{A}_p) = \varphi(A_1^{i_1} \vec{g}_{i_1}, \ldots, A_p^{i_p} \vec{g}_{i_p}) = A_1^{i_1} \cdot \ldots \cdot A_p^{i_p}) \varphi_{i_1 \ldots i_p} \tag{2.202}$$

mit $\varphi_{i_1 \ldots i_p} := \varphi(\vec{g}_{i_1}, \ldots, \vec{g}_{i_p})$ durchgeführt werden. Entsprechend (2.201) folgt nun

$$\varphi_{i'_1 \ldots i'_p} = \varphi(\vec{g}_{i'_1}, \ldots, \vec{g}_{i'_p}) = \varphi(A^{i_1}_{i'_1} \vec{g}_{i_1}, \ldots, A^{i_p}_{i'_p} \vec{g}_{i_p}) = A^{i_1}_{i'_1} \cdot \ldots \cdot A^{i_p}_{i'_p} \varphi_{i_1 \ldots i_p} \quad . \tag{2.203}$$

Die 3^p Zahlen $\varphi_{j_1 \ldots j_p}$ (bzw. n^p Zahlen im n-dimensionalen Vektorraum) mit dem Transformationsgesetz (2.203) heißen Koordinaten eines kovarianten Tensors der Stufe p.
Mit Hilfe der inversen Transformationsgrößen $A^{i'}_i$ ergibt sich eine analoge Darstellung und

Definition: Die 3^q (bzw. n^q) Zahlen $T^{i_1 i_2 \ldots i_q}$, die bei einer Transformation des Basissystems $\{g_{i'}\}$ in $\{g_i\}$ ($g_i = A^{i'}_i g_{i'}$ mit $A^{i'}_i$ so gewählt, daß $A^{i'}_i A^i_{j'} = \delta^{i'}_{j'}$) sich gemäß

$$T^{i'_1 \ldots i'_q} = A^{i'_1}_{i_1} \cdot \ldots \cdot A^{i'_q}_{i_q} T^{i_1 \ldots i_q} \tag{2.204}$$

transformieren, heißen Koordinaten eines *kontravarianten Tensors der Stufe q*.

Für den Sonderfall $q = 1$ ergibt sich mit $T^{i'} = A^{i'}$ das Ergebnis $A^{i'} = A_i^{i'} A^i$. Das heißt: Vektorkoordinaten transformieren sich wie Koordinaten eines einstufigen kontravarianten Tensors. Umgekehrt definieren die Koordinaten eines einstufigen kontravarianten Tensors einen Vektor.

Es wird nun eine lineare Abbildung betrachtet, die einen n-dimensionalen Vektorraum V^n in sich abbildet:

$$V^n \ni \vec{x} \quad \rightarrow \quad \Phi(\vec{x}) = \vec{y} \in V^n \quad . \tag{2.205}$$

Die Linearität von Φ wird durch die beiden Bedingungen

$$\Phi(\vec{x}_1 + \vec{x}_2) = \Phi(\vec{x}_1) + \Phi(\vec{x}_2) \quad \text{und} \quad \Phi(\alpha\,\vec{x}) = \alpha\,\Phi(\vec{x}) \quad , \quad \alpha \in \mathbf{R} \tag{2.206}$$

ausgedrückt. Betrachtungen im Basissystem $\{g_i\}$ führen zu

$$\vec{y} = y^i \vec{g}_i = \Phi(\vec{x}) = \Phi(x^j \vec{g}_j) = x^j\,\Phi(\vec{g}_j) = x^j\,\varphi_j^i\,\vec{g}_i \quad . \tag{2.207}$$

Hieraus folgt

$$y^i = \varphi_j^i\,x^j \quad . \tag{2.208}$$

Eine entsprechende Rechnung im Basissystem $\{\vec{g}_{i'}\}$ liefert

$$y^{i'} = \varphi_{j'}^{i'}\,x^{j'} \tag{2.209}$$

und

$$\vec{g}_{i'}\,\varphi_{j'}^{i'} \equiv \Phi(\vec{g}_{j'}) = \Phi(A_{j'}^j\,\vec{g}_j) = A_{j'}^j\,\Phi(\vec{g}_j)\,\vec{g}_j = A_{j'}^j\,\varphi_j^i\,\vec{g}_i \quad , \tag{2.210}$$

und weiter

$$\vec{g}_{i'}\,\varphi_{j'}^{i'} = A_{j'}^j\,\varphi_j^i\,A_i^{i'}\,\vec{g}_{i'} \quad . \tag{2.211}$$

Dies führt zu Gleichungen der Form

$$\varphi_{j'}^{i'} = A_i^{i'}\,A_{j'}^j\,\varphi_j^i \quad . \tag{2.212}$$

In (2.212) heißen die n^2 Zahlen φ_j^i ($n \in \mathbf{N}$) die dem Transformationsgesetz (2.212) genügen, Koordinaten eines einfach kontravarianten Tensors. (Bei einem festen Koordinatensystem sind die Φ den φ_j^i eineindeutig zugeordnet.)

Einen Sonderfall nimmt der identische Operator ein. Für ihn gilt $\vec{y} = \Phi(\vec{x}) = \vec{x}$ für alle $\vec{x} \in V^n$. Daraus folgt: $y^i = x^i = \delta_j^i x^j$ für jedes feste Koordinatensystem. Das heißt, es gilt $\varphi_j^i = \delta_j^i$ in jedem Koordinatensystem.

Der identische Operator definiert den "Einheitstensor", dessen Koordinaten in jedem Koordinatensystem die Werte δ_j^i haben, da

$$A_i^{i'}\,A_{j'}^j\,\delta_j^i = A_i^{i'}\,A_{j'}^i = \delta_{j'}^{i'} \quad . \tag{2.213}$$

Diese Überlegungen führen zur allgemeinen Definition eines Tensors:

Definition: Sind in jedem Koordinatensystem n^{k+l} Zahlen $T^{i_1...i_l}_{j_1...j_k}$ gegeben, die sich beim Übergang von einem Koordinatensystem zu einem anderen ($\vec{g}_{i'} = A^i_{i'}\vec{g}_i$) nach dem Gesetz

$$T^{i'_1...i'_l}_{j'_1...j'_k} = A^{i'_1}_{i_1}\dots A^{i'_l}_{i_l}A^{j_1}_{j'_1}\dots A^{j_k}_{j'_l}T^{i_1...i_l}_{j_1...j_k} \qquad (2.214)$$

transformieren, so heißt die Gesamtheit dieser Zahlen ein *Tensor der Stufe* (k,l). Die Zahlen $T^{...}_{...}$ heißen seine Koordinaten im Koordinatensystem.

Anmerkungen:

1. Die Stufenbezeichnung lautet: k-fach kovariant, l-fach kontravariant.
2. Ein Tensor der Stufe $(0,0)$, d.h. $n^{k+l} = 1$, besitzt nur eine Koordinate und hat in jedem Koordinatensystem den gleichen Zahlenwert - Skalar.
3. Tensoren der Stufe (1.0) bzw. $(0,1)$ werden gelegentlich als kovariante bzw. kontravariante Vektoren bezeichnet.
4. Im allgemeinen hängt jede Koordinate des Tensors im neuen Koordinatensystem von allen Koordinaten im alten Koordinatensystem ab.
5. Verschwinden die Koordinaten eines Tensors in einem Koordinatensystem, so verschwinden sie in allen Koordinatensystemen. Solche Tensoren heißen Nulltensoren (der Stufe (k,l)).
6. Die Gleichung $T^{i_1...i_l}_{j_1...j_k} = 0$ ist eine Tensorgleichung.
7. Die Existenzfrage für Tensoren klärt folgender

   Satz: Ein Tensor vorgeschriebener Stufe läßt sich konstruieren, indem in einem Koordinatensystem die Koordinatenwerte willkürlich vorgegeben werden.

   Das tensorielle Transformationsgesetz legt dann die Koordinatenwerte in jedem anderen Koordinatensystem eindeutig fest.

Am Ende dieses Abschnittes soll noch eine andere Einführung eines Tensors 2. Stufe (p-ter Stufe analog) erläutert werden. (siehe zum Beispiel A. Duschek und A. Hochrainer: Tensorrechnung in analytischer Darstellung, 1. Band, Springer-Verlag 1960; oder E. Klingbeil: Tensorrechnung für Ingenieure, Wissenschaftsverlag 1989, Band 197). Sie ist Darstellungen in der Elektrotechnik angepaßt.
Für zwei Vektoren $\vec{A}$ und $\vec{B}$ soll ein neues Produkt eingeführt werden. Dazu wird die Schreibweise

$$T := \vec{A}\vec{B} \qquad (2.215)$$

vereinbart. Dieses Produkt kann nach den distributiven Gesetzen

$$\vec{A}(\vec{B}+\vec{C}) = \vec{A}\vec{B}+\vec{A}\vec{C} \quad \text{bzw.} \quad (\vec{A}+\vec{B})\vec{C} = \vec{A}\vec{C}+\vec{B}\vec{C} \qquad (2.216)$$

und deren Assoziativgesetz

$$(\alpha \vec{A})\,\vec{B} = \vec{A}\,(\alpha\,\vec{B}) = \alpha\,(\vec{A}\vec{B}) \quad , \quad \alpha \quad \text{reelle Zahl} \tag{2.217}$$

umgeformt werden. Interpretiert man das Produkt $\vec{A}\vec{B}$ als lineares Funktional $\varphi\,(\vec{A},\,\vec{B}) := \vec{A}\vec{B}$, dann entsprechen die angeführten Rechengesetze genau denen, die zu Beginn dieses Kapitels eingeführt wurden.
Damit ist es möglich, die Größe T auf die Basis $\{\vec{g}_i\}$ zurückzurechnen. Konsequente Ausnutzung der Rechengesetze (siehe Rechnungen zu Beginn dieses Kapitels) führt zu

$$T = \vec{A}\vec{B} = (x^i\,\vec{g}_i)\,(y^j\,\vec{g}_j) = x^i\,y^j\,\vec{g}_i\,\vec{g}_j \quad , \tag{2.218}$$

wobei $\vec{A} = x^i\,\vec{g}_i$, $\vec{B} = y^i\,\vec{g}_j$ angesetzt sind.
Die Produkte $\varphi_{ij} := \vec{g}_i\,\vec{g}_j$ kann man als Basis für das Produkt T auffassen. Diese Basis besteht jetzt aus 9 Zahlen. Je nachdem. ob die Vektoren $\vec{A}$ und $\vec{B}$ mittels kovarianter oder kontravarianter Basis zerlegt werden, gibt es vier Möglichkeiten, um für T eine Basis zu erklären:

$\varphi_{ij} = \vec{g}_i\,\vec{g}_j$ - kovariante Basis,

$\varphi_i^{\,j} = \vec{g}_i\,\vec{g}^{\,j}$, $\varphi^i_{\,j} = \vec{g}^{\,i}\,\vec{g}_j$ - gemischte Basen, jeweils einfach ko- und kontravariant,

$\varphi^{ij} = \vec{g}^{\,i}\,\vec{g}^{\,j}$ - kontravariante Basis.

Unter den gemachten Voraussetzungen heißt das Produkt $T = \vec{A}\vec{B}$ tensorielles Produkt zweier Vektoren. Es befindet sich in einem 9-dimensionalen Raum, den man auch "Tensorraum 2. Stufe" nennt. Jedes Element im Tensorraum 2. Stufe heißt Tensor 2. Stufe. Legt man die kovariante Basis $\varphi_{ij} = \vec{g}_i\,\vec{g}_j$ zugrunde, so hat ein Element T die Form

$$T = T^{(2)} = T^{ij}\,\vec{g}_i\,\vec{g}_j \quad . \tag{2.219}$$

Hierbei müssen die T^{ij} nicht aus Produkten x^iy^j entstanden sein. Gemäß der vier verschiedenen Basen φ_{ij}, $\varphi_i^{\,j}$, $\varphi^i_{\,j}$, φ^{ij} folgen vier Darstellungsarten für einen Tensor 2. Stufe:

$$T = T^{ij}\,\vec{g}_i\,\vec{g}_j = T^i_{\,j}\,\vec{g}_i\,\vec{g}^{\,j} = T_i^{\,j}\,\vec{g}^{\,i}\,\vec{g}_j = T_{ij}\,\vec{g}^{\,i}\,\vec{g}^{\,j} \tag{2.220}$$

Um die Transformationsgesetze für einen Tensor 2. Stufe herzuleiten, geht man von

$$T = T^{k'l'}\,\vec{g}_{k'}\,\vec{g}_{l'} = T^{ij}\,\vec{g}_i\,\vec{g}_j \tag{2.221}$$

aus. Mit $\vec{g}_{k'} = A^i_{k'}\,\vec{g}_i$ und $\vec{g}_{l'} = A^j_{l'}\,\vec{g}_j$ ergibt sich

$$T^{k'l'}\,A^i_{k'}\,A^j_{l'}\,\vec{g}_i\,\vec{g}_j = T^{ij}\,\vec{g}_i\,\vec{g}_j \quad , \tag{2.222}$$

und daraus das Transformationsgesetz

$$T^{ij} = A^i_{k'} A^j_{l'} T^{k'l'} \quad . \tag{2.223}$$

Analog erhält man mit $\vec{g}_i = A^{i'}_i \vec{g}_{i'}$ und $\vec{g}_j = A^{j'}_j \vec{g}_{j'}$ das Transformationsgesetz

$$T^{k'l'} = A^{k'}_i A^{l'}_j T^{ij} \quad . \tag{2.224}$$

Die Koordinaten T^{ij} transformieren sich wie die kontravarianten Tensoren 1. Stufe. Deshalb bezeichnet man die t^{ij} als kontravariante Koordinaten des Tensors T. Entsprechende Transformationsregeln kann man für die gemischt kontravariant-kovarianten T^i_j bzw. T^j_i und die kovariante Koordinate t_{ij} des Tensors T herleiten, ebenso für für Tensoren p-ter Stufe $T = T^{(p)}$. [8]

2.2.2.2 Rechenoperationen für Tensoren

In der Menge aller Tensoren wird die Gleichheit von Tensoren definiert, sowie eine Reihe von Rechenoperationen, also von Regeln, nach denen aus gegebenen Tensoren neue erzeugt werden können. Diese Rechenoperationen werden mit den Tensorkoordinaten ausgeführt. Es sind invariante Operationen, die unabhängig davon sind, in welchem Koordinatensystem gerechnet wird. Das heißt, daß der aus gegebenen Tensoren gebildete neue Tensor unabhängig davon ist, in welchem Koordinatensystem die Rechnungen mit den Tensorkoordinaten ausgeführt werden.

Gleichheit: Zwei Tensoren heißen einander *gleich*, wenn ihre Koordinaten (in jedem Koordinatensystem) paarweise gleich sind. Daraus kann man schlußfolgern, daß zwei Tensoren genau dann gleich sind, wenn sie von gleicher Stufe sind, also gleichviele obere und gleichviele untere Indizes besitzen und in einem Koordinatensystem die gleichindizierten Koordinaten beider Tensoren gleich sind. Die freien Indizes müssen auf beiden Seiten einer Tensorgleichung dieselben sein, mit gleicher Stellung (Transformationsverhalten!) und gleichem Buchstaben (Buchstabenindizes laufen unabhängig voneinander von $1, \ldots, n$).

Addition: Werden in einem Koordinatensystem die gleichindizierten Koordinaten zweier Tensoren gleicher Stufe addiert, so entsteht ein eindeutig bestimmter neuer Tensor derselben Stufe, der die *Summe* der beiden Tensoren heißt:

$$S^{i_1 \ldots i_p}_{j_1 \ldots j_p} + T^{i_1 \ldots i_p}_{j_1 \ldots j_p} =: U^{i_1 \ldots i_p}_{j_1 \ldots j_p} \tag{2.225}$$

[8] In der Tensorrechnung bedient man sich meistens nur der Koordinatenschreibweise, in der der Tensor allein durch sein Transformationsverhalten erklärt wird. Hier sind die Tensoren mit den zugrundegelegten Basissystemen eingeführt, die für gewisse Darstellungen zweckmäßig sind.

gilt in jedem Koordinatensystem.

Anmerkungen:

1. Die Koordinaten zweier verschiedener Tensoren könnten zwar in einem Koordinatensystem addiert werden, zum Beispiel $S^{ij} + T_{ij}$, die Summe definiert aber keinen Tensor! Anders ausgedrückt: Wenn die Summe der Koordinaten als Koordinaten eines Tensors genommen würde, dann wäre dieser abhängig vom Ausgangskoordinatensystem.
2. Die Addition von Tensoren ist auf endlich viele Summanden ausdehnbar.

Multiplikation: Gegeben seien zwei Tensoren $S^{i_1 \ldots i_p}_{j_1 \ldots j_k}$, $T^{r_1 \ldots r_q}_{s_1 \ldots s_l}$ beliebiger Stufen.

In jedem Koordinatensystem wird jede Koordinate des einen mit jeder Koordinate des anderen Tensors multipliziert. Die Gesamtheit der Produkte

$$U^{i_1 \ldots i_p \, r_1 \ldots r_q}_{j_1 \ldots j_k \, s_1 \ldots s_l} = S^{i_1 \ldots i_p}_{j_1 \ldots j_k} T^{r_1 \ldots r_q}_{s_1 \ldots s_l} \tag{2.226}$$

bildet einen neuen Tensor der Stufe $(k + l,\, p + q)$, der *Produkt* der beiden Tensoren heißt.

Anmerkungen:

1. Da $C^{\cdots}_{\cdots}$ wieder ein Tensor sein soll, überlegt man sich, daß die gemäß (2.226) definierten $U^{\cdots}_{\cdots}$ einem tensoriellen Transformationsgesetz genügen.
2. Im Produkttensor stehen erst die Indizes des ersten Faktors, dann die des zweiten. Die Multiplikation von Tensoren ist nicht kommutativ.
3. Der Produkttensor ist genau dann ein Nulltensor, wenn ein Faktor der Nulltensor ist.
4. Bei der Multiplikation mit einem Tensor der Stufe $(0,0)$ (Invariante) ändert sich die Stufe nicht. Jede Tensorkoordinate wird mit der Invariante multipliziert:

$$U^{r_1 \ldots r_q}_{s_1 \ldots s_l} = a\, T^{r_1 \ldots r_q}_{s_1 \ldots s_l} \tag{2.227}$$

Die Multiplikation von Tensoren ist auf endlich viele Faktoren ausdehnbar.

Verjüngung: Die *Verjüngung* ist eine nur in der Tensorrechnung erklärte Operation. Zu ihr gibt es kein Gegenstück in der Arithmetik der linearen Vektorräume.

Gegeben sei ein Tensor $a^{i_1 \ldots i_p}_{j_1 \ldots j_q}$ mit $p \geq 1$ und $q \geq 1$. Es wird ein Paar verschiedenartiger Indizes ausgewählt. Diese Indizes werden gleichgesetzt und die Tensorkoordinaten werden über alle gemeinsamen Werte dieser beiden Indizes summiert:

$$a^{\ldots r \ldots}_{\ldots r \ldots} = a^{\ldots 1 \ldots}_{\ldots 1 \ldots} + \ldots + a^{\ldots n \ldots}_{\ldots n \ldots} = b^{\cdots}_{\cdots} \tag{2.228}$$

Die dabei entstehenden Zahlen sind Koordinaten eines Tensors der Stufe $(q-1,\, p-1)$. Der Rechenprozeß heißt Verjüngung von $a^{\cdots}_{\cdots}$ bezüglich der Indizes i_r, j_r mit $i_r = j_r$.

Beispiel: Man betrachte die Abbildung Φ mit $\vec{y} = \Phi\,\vec{x}$. In Koordinatenschreibweise (siehe Abschnitt 2.2.2.1 lautet die Gleichung: $y^i = \varphi^i_j x^j$. Gleichsetzen der Indizes in φ^i_j führt zu $\varphi = \varphi^i_i$, was man auch als Spur der Abbildung bezeichnet.

Durch p-fache Verjüngung entsteht aus einem Tensor der Stufe (p,p) eine Invariante.

Permutation von Indizes, Symmetrisierung und Alternierung: Werden in einem Tensor zwei oder mehrere gleichartige Indizes vertauscht, d.h. die Indizes an andere Stellen gesetzt, so bleibt die Gesamtheit der Koordinatenwerte zwar die gleiche, aber die Koordinaten werden anders numeriert.

Beispiel:

$$\begin{array}{lcll} S^{ij} & \to & T^{ij} & := S^{ji} \\ S^i_{rst} & \to & T^i_{rst} & := S^i_{tsr} \end{array} \tag{2.229}$$

Es entsteht wieder ein Tensor, der aus dem ersten durch eine *Permutation von Indizes* hervorgeht.

Eine weitere Operation ist die *Symmetrisierung*. Werden von den gleichartigen Indizes eines Tensors eine gewisse Anzahl N ausgewählt, das arithmetische Mittel der $N!$ Tensoren gebildet, die sich durch Permutation der N Indizes ergeben, dann ist der entstehende Tensor durch Symmetrisierung in den ausgewählten Indizes aus dem ursprünglichen Tensor hervorgegangen. Symmetrisierung wird durch runde Klammern angedeutet.

Beispiele:

$$\begin{array}{lcll} S^{ij} & \to & S^{(ij)} & := \frac{1}{2}(S^{ij}+S^{ji}) \\ S^r_{ijk} & \to & S^r_{(ijk)} & := \frac{1}{3!}(S^r_{ijk}+S^r_{jki}+S^r_{kij}+S^r_{jik}+S^r_{ikj}+S^r_{kji}) \\ S^{rs}_{ijk} & \to & S^{rs}_{\substack{ijk\\(i\ k)}} & := \frac{1}{2}(S^{rs}_{ijk}+S^{rs}_{kji}) \end{array} \tag{2.230}$$

Die *Alternierung* eines Tensors wird wie folgt durchgeführt: Von den gleichartigen Indizes eines Tensors wird eine gewisse Anzahl N ausgewählt. Es wird das arithmetische Mittel der $N!$ Tensoren gebildet, die sich durch Permutation der N Indizes und Multiplikation mit dem Vorzeichen der jeweiligen Permutation ergeben. Der entstehende Tensor heißt durch Alternierung in den gewählten Indizes aus dem ursprünglichen Tensor hervorgegangen. Die Operation Alternierung wird durch eckige Klammern angezeigt.

Beispiele:

$$\begin{array}{lcll} S^{ij} & \to & S^{[ij]} & := \frac{1}{2}(S^{ij}-S^{ji}) \\ S^r_{ijk} & \to & S^r_{[ijk]} & := \frac{1}{3!}(S^r_{ijk}+S^r_{jki}+S^r_{kij}-S^r_{jik}-S^r_{ikj}-S^r_{kji}) \\ S^{rs}_{ijk} & \to & S^{rs}_{\substack{ijk\\[i\ k]}} & := \frac{1}{2}(S^{rs}_{ijk}-S^{rs}_{kji}) \end{array} \tag{2.231}$$

Anmerkung: Das Vorzeichen einer Permutation berechnet sich aus $(-1)^{z_i}$ (z_i - Anzahl der Inversionen). Zum Beispiel benötigt man bei der Anordnung der Zahlen 23514 im Vergleich zur Grundordnung 12345 vier Inversionen, um 23514 in 12345 zu Überführen, wobei jeweils der Austausch zweier Elemente eine Vorzeichenänderung bewirkt.

Beispiel:

$$\begin{pmatrix} 1 & 2 & 3 & 4 & 5 \\ 2 & 3 & 5 & 1 & 4 \end{pmatrix} \rightarrow \begin{pmatrix} 1 & 2 & 3 & 4 & 5 \\ 3 & 2 & 5 & 1 & 4 \end{pmatrix} \rightarrow \begin{pmatrix} 1 & 2 & 3 & 4 & 5 \\ 1 & 2 & 5 & 3 & 4 \end{pmatrix} \rightarrow$$
$$\rightarrow \begin{pmatrix} 1 & 2 & 3 & 4 & 5 \\ 1 & 2 & 3 & 5 & 4 \end{pmatrix} \rightarrow \begin{pmatrix} 1 & 2 & 3 & 4 & 5 \\ 1 & 2 & 3 & 4 & 5 \end{pmatrix} .$$

Ein Tensor heißt *symmetrisch* in einer Gruppe gleichartiger Indizes, wenn er sich bei Vertauschung zweier beliebiger dieser Indizes nicht ändert. Er heißt *schiefsymmetrisch*, wenn er sich dabei mit (-1) multipliziert.

Hieraus folgt: Das Ergebnis einer Symmetrisierung (Alternierung) ist ein bezüglich der erfaßten Indizes symmetrischer (schiefsymmetrischer) Tensor.

Beispiel: Gegeben sei a^{ij}:

$$\begin{array}{lllllll} S^{(ji)} & := & \frac{1}{2}(S^{ji}+S^{ij}) & = & \frac{1}{2}(S^{ij}+S^{ji}) & = & S^{(ij)} \\ S^{[ji]} & := & \frac{1}{2}(S^{ji}-S^{ij}) & = & -\frac{1}{2}(S^{ij}-S^{ji}) & = & -S^{[ij]} \end{array} \tag{2.232}$$

Symmetrie: Ist ein Tensor *symmetrisch* (schiefsymmetrisch) in einer Gruppe gleichartiger Indizes, so ändert er sich bei Symmetrisierung (Alternierung) bezüglich dieser Gruppe nicht.

Der Leser überlege sich:

1. Jeder Tensor a_{ij} bzw. a^{ij} läßt sich als Summe eines symmetrischen und eines schiefsymmetrischen Tensors darstellen:
$$S_{ij} = S_{(ij)} + S_{[ij]} \tag{2.233}$$

2. Es gilt
$$\begin{array}{llllll} S_{(ij)}T^{[ij]} & = & 0 & S_{[ij]}T^{(ij)} & = & 0 \\ S_{ij}T^{(ij)} & = & S_{(ij)}T^{(ij)} & S_{ij}T^{[ij]} & = & S_{[ij]}T^{[ij]} \end{array} \tag{2.234}$$

Gilt die Symmetrie bzw. Antisymmetrie für die Vertauschung beliebiger Indizes, so heißt der Tensor *vollständig symmetrisch* bzw. vollständig schiefsymmetrisch.

Als **Beispiel** wird der vollständig schiefsymmetrische Tensor 3. Stufe T^{ijk} im dreidimensionalen Raum betrachtet. Er besitzt nur eine unabhängige Koordinate. Es gilt nämlich

$$T^{123} = T^{231} = T^{312} = -T^{132} = -T^{213} = -T^{321} \tag{2.235}$$

Alle anderen Koordinaten verschwinden. Zum Beispiel folgt für T^{112} bei Vertauschung der ersten beiden Indizes

$$T^{112} = -T^{112} \quad . \tag{2.236}$$

Diese Gleichung gilt nur für $T^{112} = 0$ u.s.w.

Jetzt wird für T^{123} das Transformationsgesetz aufgestellt. Aus der Beziehung (2.235) folgt

$$\begin{aligned} T^{1'2'3'} &= A_i^{1'} A_k^{2'} A_l^{3'} T^{ikl} \\ &= (A_1^{1'} A_2^{2'} A_3^{3'} + A_2^{1'} A_3^{2'} A_1^{3'} + A_3^{1'} A_1^{2'} A_2^{3'} \\ &\quad - A_1^{1'} A_3^{2'} A_2^{3'} - A_3^{1'} A_2^{2'} A_1^{3'} - A_2^{1'} A_1^{2'} A_3^{3'}) T^{123} \end{aligned} \tag{2.237}$$

Der in der Klammer stehende Ausdruck kann als Determinante aufgefaßt werden, und es folgt

$$T^{1'2'3'} = \det(A_l^{k'}) T^{123} \quad . \tag{2.238}$$

Geht man im Transformationsgesetz für den kovarianten Metriktensor

$$g_{ij} = A_i^{k'} A_j^{l'} g_{k'l'} \tag{2.239}$$

zur Determinante über, ergibt sich

$$\det(g_{ij}) = \det\left(A_i^{k'}\right) \cdot \det\left(A_j^{l'}\right) \cdot \det(g_{k'l'}) \tag{2.240}$$

oder

$$g = \left[\det\left(A_i^{k'}\right)\right]^2 \cdot g' \qquad \text{mit} \quad g := \det(g_{ij}) \quad \text{und} \quad g' := \det(g_{k'l'}) \quad . \tag{2.241}$$

Aus letzterem folgt

$$\frac{1}{\sqrt{g'}} = \det\left(A_i^{k'}\right) \cdot \frac{1}{\sqrt{g}} \quad . \tag{2.242}$$

Vergleicht man diese Beziehung mit (2.238) dann sieht man, daß ein vollständiger schiefsymmetrischer Tensor 3. Stufe entsteht, wenn man $T^{123} = \frac{1}{\sqrt{g}}$ setzt.

Dieser Tensor heißt ϵ-Tensor. Seine kovarianten Koordinaten lauten:

$$\epsilon^{klm} := \begin{cases} \frac{1}{\sqrt{g}} & \text{, für } klm \overset{zykl.}{=} 123 \\ -\frac{1}{\sqrt{g}} & \text{, für } klm \overset{zykl.}{=} 132 \\ 0 & \text{, sonst} \end{cases} \tag{2.243}$$

Durch Herunterziehen der Indizes folgt für $klm \overset{zykl.}{=} 123$:

$$\epsilon_{klm} = g_{kp}\, g_{lq}\, g_{mr}\, \epsilon^{pqr} = \det(g_{kl}) \frac{1}{\sqrt{g}} = \sqrt{g} \tag{2.244}$$

Der kovariante ϵ-Tensor hat also die Koordinaten:

$$\epsilon_{klm} := \begin{cases} \sqrt{g} & \text{, für } klm \overset{zykl.}{=} 123 \\ -\sqrt{g} & \text{, für } klm \overset{zykl.}{=} 132 \\ 0 & \text{, sonst} \end{cases} \tag{2.245}$$

Das tensorielle Produkt aus kontravariantem und kovariantem ϵ-Tensor heißt Kronecker Tensor (6. Stufe):

$$\delta_{klm}^{pqr} := \epsilon_{klm}\, \epsilon^{pqr} \quad . \tag{2.246}$$

Beide Tensoren werden benutzt, um das äußere Vektorprodukt aufzubauen. Dabei wird mit Hilfe eines Tensors 3. Stufe zwei Vektoren $(A_i) = \vec{A}$ und $(B_i) = \vec{B}$ ein dritter Vektor $(C_i) = \vec{C}$ zugeordnet, den man als (äußeres) Vektorprodukt bezeichnet. Eine solche Zuordnung dreier Vektoren tritt in der Physik zur Charakterisierung von

- Kraft - Hebelarm - Drehmoment,
- Srom - Magnetfeld - Kraft,
- Kreiselachse - Kraft - Präzession

auf. Für weitere Ausführungen sei auf das Literaturverzeichnis verwiesen.

2.2.3 Tensoren im euklidischen Raum

Im Folgenden werden im affinen Vektorraum metrische Begriffe wie die Zuordnung von Längen zu Vektoren, Abstände zu Punktepaaren und Winkelmessung eingeführt. Es erfolgt im wesentlichen nur eine kurze Darstellung der Resultate, wie sie im Rahmen dieses Buches auch ihre Anwendung finden.

2.2.3.1 Der n-dimensionale euklidische Vektorraum E^n

Ein grundlegender Begriff für die Metrisierung von Vektorräumen ist das Skalarprodukt: Je zwei Vektoren wird eine reelle Zahl zugeordnet, die gewisse Eigenschaften besitzt.
Im reellen Vektorraum E^n sei ein bilineares reelles Funktional $\varphi(\vec{A}, \vec{B})$ mit den Eigenschaften

a) $\varphi(\vec{A}, \vec{B}) = \varphi(\vec{B}, \vec{A})$ (Symmetrie),

b) Zu jedem festgewählten Vektor $\vec{A} \neq 0$ existiert ein $\vec{B}$, so daß $\varphi(\vec{A}, \vec{B}) \neq 0$ (Regularität),

erklärt. Dann heißt dieser Vektorraum E^n *euklidischer Vektorraum*, das Funktional $\varphi(\vec{A}, \vec{B}) =: \langle \vec{A}, \vec{B} \rangle$ *Skalarprodukt* von $\vec{A}$ und $\vec{B}$.
Durch Vorgabe des Skalarproduktes im E^n kann jedem Vektor $\vec{A}$ eine Länge zugeordnet werden. Die durch

$$\|\vec{A}\| := \sqrt{\langle \vec{A}, \vec{A} \rangle} \tag{2.247}$$

jedem Vektor $\vec{A}$ zugeordnete Zahl heißt *Norm* bzw. Länge des Vektors $\vec{A}$. Zwei Vektoren $\vec{A}$, $\vec{B}$ heißen orthogonal ($\vec{A} \perp \vec{B}$), falls $\langle \vec{A}, \vec{B} \rangle = 0$.
In der Literatur ist $\langle \vec{A}, \vec{A} \rangle$ gelegentlich als Länge oder Betrag eingeführt. Hier wird in der Bezeichnungsweise der Anschluß an die Funktionalanalysis hergestellt.
Die euklidischen Vektorräume zerfallen in zwei Klassen entsprechend der Voraussetzung über das Vorzeichen des Skalarproduktes $\langle \vec{A}, \vec{A} \rangle$.
Ein euklidischer Vektorraum heißt *eigentlich euklidisch*, falls aus $\vec{A} \neq 0$ stets $\langle \vec{A}, \vec{A} \rangle > 0$ folgt. Er heißt *pseudoeuklidisch*, falls $\langle \vec{A}, \vec{A} \rangle$ über $E^n \times E^n$ betrachtet, Werte verschiedenen Vorzeichens annimmt.

Die pseudoeuklidischen Vektorräume sind nur der Vollständigkeit halber erwähnt, finden jedoch hier keinen Einsatz. Ein Anwendungsgebiet ist die Einsteinsche Relativitätstheorie. Die durch (2.247) erklärte Norm erfüllt die bekannten Eigenschaften einer Norm. Mittels Normdefinition (2.247) kann die Ungleichung von Cauchy [9] und Schwarz [10] abgeleitet werden: Für alle Vektoren $\vec{A}$ und $\vec{B}$ gilt

$$|\langle \vec{A}, \vec{B} \rangle| \leq \|\vec{A}\| \cdot \|\vec{B}\| \quad . \tag{2.248}$$

Hieraus folgt für $\vec{A} \neq 0$ und $\vec{B} \neq 0$ die Ungleichung

$$-1 \leq \frac{\langle \vec{A}, \vec{B} \rangle}{\|\vec{A}\| \cdot \|\vec{B}\|} \leq 1 \quad . \tag{2.249}$$

Somit gibt es gewiß reelle α derart, daß der Quotient in (2.249) gleich $\cos\alpha$ ist. Durch die Zusatzforderung $0 \leq \alpha \leq \pi$ wird α eindeutig festgelegt.

Definition: Die den beiden Vektoren $\vec{A} \neq 0$ und $\vec{B} \neq 0$ durch

$$\cos\alpha := \frac{\langle \vec{A}, \vec{B} \rangle}{\|\vec{A}\| \cdot \|\vec{B}\|} \quad , \quad 0 \leq \alpha \leq \pi \tag{2.250}$$

eindeutig zugeordnete Zahl α heißt *Winkel* zwischen $\vec{A}$ und $\vec{B}$. Falls $\vec{A} \perp \vec{B}$, dann ist $\langle \vec{A}, \vec{B} \rangle = 0$ und $\alpha = \pi/2$.

Anmerkungen:

1. Bei gegebener Dimension ist der eigentlich euklidische Raum im wesentlichen eindeutig bestimmt. Dagegen gibt es ihren Eigenschaften nach verschiedene pseudoeuklidische Räume, worauf hier nicht eingegangen wird.

2. Ein und derselbe Vektorraum kann auf verschiedene Weisen je nach Festlegung des Skalarproduktes metrisiert werden. Alle metrischen Aussagen beziehen sich dann auf die gewählte Metrik.

3. Zur Einführung des Tensorbegriffs benötigt man lediglich einen affinen Vektorraum (ohne Skalarprodukt), da in den Transformationsformeln nur die Transformationsmatrix $A^{i}_{i'}$ der Basistransformation verwendet wird. Der Tensorbegriff kann also in gleicher Weise im euklidischen Vektorraum verwendet werden.

Nun werden die metrischen Begriffe im Tensorkalkül erklärt. Nach den Überlegungen des Abschnitts 2.2.2.1 ist jedem bilinearen Funktional $\varphi(\vec{A}, \vec{B})$ eineindeutig ein zweifach kovarianter Tensor zugeordnet.

[9] Augustin Louis Cauchy (1789-1857): Grundlagen der Analysis, Arbeiten zur Funktionentheorie und über physikalische und astronomische Probleme.

[10] Hermann Amandus Schwarz (1843-1921): Grundlegende Arbeiten über gewöhnliche und partielle Differentialgleichungen, über konforme Abbildungen und zur Variationsrechnung

Für die Basis $\{\vec{g}_i\}$ gilt:

$$\varphi(\vec{A},\vec{B}) = \varphi_{ij}\,x^i\,y^j \quad \text{mit} \quad \varphi_{ij} := \varphi(\vec{g}_i,\vec{g}_j) \quad , \quad \vec{A} = x^i\,\vec{g}_i \quad , \quad \vec{B} = y^j\,\vec{g}_j \tag{2.251}$$

Für das Skalarprodukt verwendet man die Schreibweise

$$\langle\vec{A},\vec{B}\rangle = g_{ij}\,x^i\,y^j \quad \text{mit} \quad g_{ij} := \langle\vec{g}_i,\vec{g}_j\rangle \quad . \tag{2.252}$$

Werden die Eigenschaften des Skalarproduktes ausgenutzt, so folgt aus der Symmetrie (Eigenschaft a))

$$g_{ij} = g_{ji} \tag{2.253}$$

und umgekehrt aus (2.253) die Symmetrie $\langle\vec{A},\vec{B}\rangle = \langle\vec{B},\vec{A}\rangle$. Aus der Regularität (Eigenschaft b)) folgt $\langle\vec{A},\vec{B}\rangle \neq 0$ genau dann, wenn $\det(g_{ij}) \neq 0$ gilt.
Unter einer *quadratischen Form* einer (n,n)-Matrix (g_{ij}) versteht man die auf E^n definierte Funktion

$$Q(x) := g_{ij}\,x^i\,x^j \qquad \text{mit} \quad x = (x^1,\ldots,x^n) \quad . \tag{2.254}$$

Sie heißt *positiv* bzw. *negativ definit*, wenn

$$Q(x) > 0 \quad \text{bzw.} \quad Q(x) < 0 \qquad \text{für alle} \quad x \neq 0 \tag{2.255}$$

ist. Nimmt Q sowohl positive wie auch negative Werte an, so wird Q *indefinit* genannt. Q heißt positiv (negativ) semidefinit, falls für alle x^i gilt: $g_{ij}\,x^i\,x^j \geq 0 \quad (\leq 0)$.
Beispiel:

1. Die Norm
$$\|\vec{A}\| = \langle\vec{A},\vec{A}\rangle = g_{ij}\,x^i\,x^j \tag{2.256}$$
ist eine quadratische Form in den Vektorkoordinaten x^i.
2. $Q(x^1,x^2) := (x^1)^2 + (x^2)^2$ ist positiv definit,
3. $Q(x^1,x^2) := -(x^1)^2 - (x^2)^2$ ist negativ definit,
4. $Q(x^1,x^2) := (x^1)^2$ ist positiv semidefinit,
5. $Q(x^1,x^2) := (x^1)^2 - (x^2)^2$ ist indefinit.

Die angestellten Überlegungen führen zu einer äquivalenten Definition des euklidischen Vektorraumes:

Definition: Ein Vektorraum heißt *euklidisch*, wenn in ihm ein beliebiger, aber fester, zweifach kovarianter Tensor g_{ij} gegeben ist, der die Eigenschaften

a) $g_{ij} = g_{ji}$ (symmetrisch)

b) $\det(g_{ij}) \neq 0$ (regulär)

besitzt. Der Vektorraum E^n ist genau dann *eigentlich euklidisch*, wenn außerdem

c) g_{ij} positiv definit

ist. Die Größe g_{ij} heißt Fundamentaltensor, metrischer Tensor oder Maßtensor.

Die eingeführten Begriffe Skalarprodukt und Norm drücken sich mittels Fundamentaltensor wie folgt aus: Mit $\vec{A} = x^i\,\vec{g}_i$, $\vec{B} = y^j\,\vec{g}_j$ folgt

$$\begin{aligned} \langle \vec{A}, \vec{B} \rangle &= g_{ij}\,x^i\,y^j \quad , \\ \|\vec{A}\| &= \left(g_{ij}\,x^i\,x^j\right)^{\frac{1}{2}} \quad , \\ \cos\alpha &= \frac{g_{ij}\,x^i\,y^j}{\sqrt{g_{kl}\,x^k\,x^l}\,\sqrt{g_{rs}\,y^r\,y^s}} \quad . \end{aligned} \tag{2.257}$$

Weiter gilt stets

$$g_{ii} > 0 \quad \text{und} \quad g_{ii} = \|\vec{g}_i\|^2 \quad . \tag{2.258}$$

Beispiel: Gegeben sei der euklidische Vektorraum E^n mit $\vec{A} = (x^1, \ldots, x^n)$, $\vec{B} = (y^1, \ldots, y^n)$ bzw. $\vec{A} = x^i\vec{g}_i$, $\vec{B} = y^j\vec{g}_j$ und $\vec{g}_i = (\delta_i^1, \ldots, \delta_i^n)$, $i = 1, \ldots, n$.

1. Als Skalarprodukt wird erklärt:

$$\langle \vec{A}, \vec{B} \rangle = \sum_{i=1}^{n} x^i y^i \tag{2.259}$$

Hieraus folgt $\langle \vec{A}, \vec{B} \rangle = g_{ij}\,x^i\,y^j$ mit $g_{ij} = \delta_{ij}$ im Basissystem $\{\vec{g}_i\}$. Weiter ist $g_i \perp g_j$ für $i \neq j$.

2. Als Skalarprodukt wird erklärt:

$$\langle \vec{A}, \vec{B} \rangle = x^1y^1 + \frac{1}{2}x^1y^2 + \frac{1}{2}x^2y^1 + x^2y^2 + x^3y^3 \tag{2.260}$$

mit $\{\vec{g}_i\}$ wie oben. Der Fundamentaltensor lautet:

$$g_{ij} = \begin{pmatrix} 1 & \frac{1}{2} & 0 \\ \frac{1}{2} & 1 & 0 \\ 0 & 0 & 1 \end{pmatrix} \quad . \tag{2.261}$$

Er ist positiv definit (Nachweis!). Weiter rechnet man nach: $\|\vec{g}_i\| = 1$, $\langle \vec{g}_1, \vec{g}_2 \rangle = \frac{1}{2}$. Der Winkel zwischen den Vektoren ist dann $60°$. Der Vektor $\vec{g}_3$ steht senkrecht auf $\vec{g}_1$ und $\vec{g}_2$.

2.2.3.2 Orthonormierte Basisvektoren

Im nichtmetrischen Vektorraum waren alle Basen gleichberechtigt. Im euklidischen Vektorraum ist die Auszeichnung gewisser Basen, die eine ähnliche Rolle spielen wie im kartesischen Koordinatensystem des elementargeometrischen Raumes zweckmäßig.
Man erklärt:

Definition: Eine Menge $\{\vec{g}_i\}$ normierter paarweise orthogonaler Vektoren des E^n heißt *Orthonormalsystem*, falls gilt: $\langle \vec{g}_i, \vec{g}_j \rangle = \delta_{ij}$ und $\langle \vec{g}_i, \vec{g}_i \rangle = \|\vec{g}_i\|^2 = 1$. Sie heißt *vollständiges Orthonormalsystem*, falls sie n Elemente enthält. Ein vollständiges Orthonormalsystem des E^n ist eine *Basis* im E^n.

Ein wichtiger Satz für orthonormierte Basissysteme lautet:

Satz: Eine Basis des E^n ist genau dann orthonormiert, wenn die Koordinaten des Maßtensors Kroneckersymbole sind.

Eine Folgerung hieraus ergibt, daß sich für alle $\vec{A}$ bei Zugrundelegung der Orthonormalbasis $\{\vec{g}_i\}$ und der Darstellung $\vec{A} = x^i \vec{g}_i$ die Norm für $\vec{A}$ aus $\|\vec{A}\|^2 = \sum_{i=1}^{n} (x^i)^2$ errechnet. Der Nachweis der Existenz einer Orthonormalbasis kann mit dem Orthonormalisierungsverfahren von E. Schmidt erbracht werden. Darauf wird hier nicht eingegangen.

2.2.3.3 Tensoren im E^n

Im affinen Raum wurden Tensoren verschiedener Stufen (p, q) eingeführt, die sich formal durch die Anzahl ihrer kovarianten und kontravarianten Indizes unterschieden. Zum Beispiel waren im affinen Raum die Tensoren der Stufe (0, 1) bzw. (1, 0) völlig unabhängige Dinge. Dieser prinzipielle Unterschied verschwindet im E^n, wie im Anschluß erklärt wird. Im E^n lassen sich verschiedenartige Indizes ineinander überführen. Es verschwindet dadurch der prinzipielle Unterschied zwischen Tensoren verschiedener Stufen (p, q), wenn nur die Stufen p und q für die Tensoren gleich sind.
Die durch

$$g^{ir}\, g_{rj} = \delta^i_j \tag{2.262}$$

in jedem Basissystem eindeutig definierten Zahlen g^{ij} bilden einen zweifach kontravarianten symmetrischen Tensor vom Rang n. Mit Hilfe dieser beiden Maßtensoren kann jedem einfach kontravarianten Tensor eineindeutig ein einfach kovarianter Tensor zugeordnet werden.
Gibt man sich Zahlen x^r beliebig, aber fest vor, dann kann man Zahlen $x_i := g_{ir}\, x^r$ definieren. Die so definierten Zahlen x_i werden mit dem kontravarianten Maßtensor überschoben:

$$g^{ir} x_r = g^{ir} g_{rs}\, x^s = \delta^i_s\, x^s = x^i \quad . \tag{2.263}$$

Wegen der eindeutigen Zuordnungen

$$x^i \underset{g^{ij}}{\overset{g_{ij}}{\rightleftarrows}} x_i \tag{2.264}$$

ist es legitim, die beiden Tensoren als nicht wesentlich verschieden voneinander zu betrachten. Man erkennt: Der Tensor x_i entsteht aus dem Tensor x^i durch Senken des Index: $x_i = g_{ir}\, x^r$. Analog entsteht der Tensor x^i aus dem Tensor x_i durch Heben des Index: $x^i = g^{ir}\, x_r$. Die x^i werden kontravariante, die x_i kovariante Koordinaten des Tensors erster Stufe im E^n genannt.

Diese Bezeichnung wird noch anschaulicher durch den Zusammenhang mit Vektoren des E^n. Es seien x^i die Koordinaten von $\vec{A} = x^i\, \vec{g}_i$. Dann folgt

$$x_i = g_{ij}\, x^j = \langle \vec{g}_i, \vec{g}_j \rangle\, x^j = \langle \vec{g}_i, x^j \vec{g}_j \rangle = \langle \vec{g}_i, \vec{A} \rangle \quad . \tag{2.265}$$

Die x^i heißen kontravariante, die x_i kovariante Koordinaten des Vektors $\vec{A}$.

In analoger Weise ist das Heben (bzw. Senken) eines Index (mehrerer Indizes) bei Tensoren höherer Stufe durch einmalige (mehrfache) Überschiebung mit dem Maßtensor möglich.

Um das formal zu ermöglichen, werden die Stellen der Indizes durchnumeriert. An jeder Stelle darf nur ein (oberer oder unterer) Index stehen. Die Stufe bezeichnet die Zahl der Indexstellen.

Beispiel: Es wird das Heben und Senken von Indizes demonstriert:

$$\begin{array}{ccccccc} a^{i}_{.jk} & \rightarrow & a_{ijk} & = & g_{ir}\, a^{r}_{.jk} & & \\ a^{r}_{.jl} & \rightarrow & a_{ij.}^{\;\;k} & = & g^{kl}\, a_{ijl} & = & g_{ir}\, g^{kl}\, a^{r}_{.jl} \end{array} \tag{2.266}$$

2.2.3.4 Orthonormierte Transformationen

Ein orthonormiertes Basissystem läßt sich nach dem *Schmidtschen Orthogonalisierungsverfahren* aus einer beliebigen Basis konstruieren. Demzufolge gibt es offenbar verschiedene orthonormierte Koordinatensysteme im E^n. Es soll untersucht werden, welche Transformationen orthonormierte Koordinatensysteme ineinander überführen.

Mit $g_{ij} = \langle \vec{g}_i, \vec{g}_j \rangle$ und $x_i = g_{ir}\, x^r$ gelten folgende Äquivalenzen: Das Basissystem $\{\vec{g}_i\}$ ist genau dann orthonormiert, wenn für den Fundamentaltensor $g_{ij} = \delta_{ij}$ gilt. Dies ist auch äquivalent zu $x_i = x^i$ für alle x^i.

> Daraus folgt: In orthonormierten Koordinatensystemen verschwindet der Unterschied von ko- und kontravarianten Indizes völlig.

Überlegung: Es sei $\{\vec{g}_i\}$ eine orthonormierte Basis. Somit ist $x^i = x_i$. Für die Basis $\{\vec{g}_{i'}\}$ gilt $\vec{g}_{i'} = A^{i}_{i'}\, \vec{g}_i$. Daraus folgt $x_{i'} = A^{i}_{i'}\, x_i$ bzw. $x^{i'} = A^{i'}_{i}\, x^i$. Nun gilt $x^{i'} = x_{i'}$ genau dann, wenn

$$A^{i}_{i'} = A^{i'}_{i} \tag{2.267}$$

ist. Wenn also beide Basen orthonormiert sind, dann liegt eine orthogonale Transformation vor. In Matrixschreibweise lautet (2.267) $A^T = A^{-1}$, wobei A^T die transponierte Matrix von A bezeichnet.
Da für orthonormierte Basen $\{\vec{g}_i\}$ bzw. $\{\vec{g}_{i'}\}$ stets $g_{ij} = \delta_{ij}$ bzw. $g_{i'j'} = \delta_{i'j'}$ gilt und die Transformationen $\vec{g}_{i'} = A^k_{i'} \vec{g}_k$ bzw. $\vec{g}_i = A^{k'}_i \vec{g}_{k'}$ lauten, ergibt sich $A^r_{i'} A^{j'}_r = \delta^{j'}_{i'}$. Daraus folgt

$$\sum_{r=1}^{n} A^r_{i'} A^r_{j'} = \delta_{i'j'} \quad . \tag{2.268}$$

Das heißt, das innere Produkt zweier Zeilen ist gleich Eins für gleiche Zeilen und gleich Null für verschiedene Zeilen. Analog folgt aus $A^i_{r'} A^{r'}_j = \delta^i_j$

$$\sum_{r'=1}^{n} A^i_{r'} A^j_{r'} = \delta^{ij} \quad . \tag{2.269}$$

Das heißt, das innere Produkt zweier Spalten ist gleich Eins für gleiche Spalten und gleich Null für verschiedene Spalten.
Eine Matrix, für die (2.268) oder (2.269) gelten, heißt orthogonale Matrix. Das Erfülltsein einer dieser Relationen hat die Orthonormiertheit der Matrix zur Folge. Benutzt man die Relation (2.269), dann folgt nach Überschiebung mit $A^{j'}_j$ und anschließender Summierung über j

$$\sum_{r',j=1}^{n} A^i_{r'} A^j_{r'} A^{j'}_j = \sum_{r'=1}^{n} A^i_{r'} \delta^{j'}_{r'} = A^i_{j'} = \sum_j \delta^{ij} A^{j'}_j = A^{j'}_i \quad . \tag{2.270}$$

Bildet man im Matrizenprodukt

$$\sum_r A^r_{i'} A^r_{j'} = \delta_{i'j'} \tag{2.271}$$

die Determinante, so erhält man

$$\left[\det\left(A^i_{i'}\right)\right]^2 = 1 \quad . \tag{2.272}$$

Die Determinante einer orthogonalen Matrix ist nach (2.272) gleich +1 oder −1. Dies führt zu der

Definition: Eine orthonormierte Transformation, die die orthonormierte Basis $\{\vec{g}_i\}$ in die orthonormierte Basis $\{\vec{g}_{i'}\}$ überführt, heißt *eigentliche (uneigentliche) Bewegung* (Drehung, falls beide Basen den gleichen Ursprung besitzen), falls $\det(A^i_{i'}) = +1 \quad (-1)$ ist.

Jede uneigentliche Bewegung läßt sich durch Nacheinanderausführung einer eigentlichen Bewegung und einer Spiegelung erzeugen. Denkt man sich die beiden orthonormierten Basen $\{\vec{g}_i\}$ und $\{\vec{g}_{i'}\}$ gleich und transformiert nur die Koordinaten x^i, so geht der Vektor

$\vec{A}$ durch Drehung um den Ursprung Null in den Vektor $\vec{A}'$ über. Durch orthogonale Transformation der Koordinaten bleibt eine geometrische Figur erhalten. Sie wird kongruent abgebildet.
Unterwirft man die Koordinaten einer allgemeinen linearen Transformation, so erhält man eine ähnliche oder "affin" abgebildete geometrische Figur.
Die Menge aller orthonormierten Basissysteme zerfällt in zwei Klassen, je nachdem ob $\det(A^i_{i'}) = +1$ oder -1 ist. Man spricht dann von der Orientierung der Basissysteme. Dies entspricht den Rechts- und Linkssystemen im elementargeometrischen Raum.

2.2.3.5 Die Hauptachsentransformation eines symmetrischen Tensors zweiter Stufe

Im Abschnitt 2.2.2.2 wurde der Begriff des symmetrischen Tensors erklärt. Eng verbunden mit symmetrischen Tensoren ist die *Hauptachsentransformation.* Danach kann ein beliebiger symmetrischer Tensor 2. Stufe über die Wahl des Basissystems in eine Form überführt werden, in der nur die Diagonalelemente der dazugehörigen Matrizen von Null verschieden sind. Diese Transformation heißt Hauptachsentransformation. Sie ist in dieser Art nur in orthonormierten Bezugssystemen auszuführen, weil nur in diesen gleichzeitig kovariante, kontravariante und gemischte Koordinaten eines symmetrischen Tensors 2. Stufe auf Hauptachsen zu bringen sind.
Bei einer Hauptachsentransformation gibt man die Koordinaten des symmetrischen Tensors 2. Stufe im kartesischen Koordinatensystem vor. Dadurch vollzieht die Hauptachsentransformation eine reine Drehung des kartesischen Bezugssystems.
Es sei T_{kl} ein kovarianter Tensor 2. Stufe bei vorgegebener orthonormierter Basis $\{\vec{g}_k\}$. Dann liegt eine orthogonale Transformation vor. Für orthonormierte Basen $\{\vec{g}_i\}$ bzw. $\{\vec{g}_{i'}\}$ gelten stets $g_{ij} = \delta_{ij}$ bzw. $g_{i'j'} = \delta_{i'j'}$. Nun lautet das Transformationsgesetz

$$T_{i'j'} = A^i_{i'} A^j_{j'} T_{ij} \quad , \tag{2.273}$$

wobei die $A^i_{i'}$ der Beziehung (2.268) genügen. Unter Berücksichtigung von $A^r_{i'} A^{j'}_r = \delta^{j'}_{i'}$ multipliziert man (2.273) mit $A^{i'}_m$ und erhält

$$A^{i'}_m T_{i'j'} = A^{i'}_m A^i_{i'} A^j_{j'} T_{ij} = \delta^i_m A^j_{j'} T_{ij} \quad . \tag{2.274}$$

Da die Matrix $T_{i'j'}$ nur Glieder in der Hauptdiagonalen erhalten soll, schreibt man

$$A^{i'}_m T_{(i'i')} = \delta^i_m A^j_{i'} T_{ij} = A^j_{i'} T_{mj} \quad . \tag{2.275}$$

Für orthogonale Transformationen gilt (2.267), woraus mit (2.275)

$$A^m_{i'} T_{(i'i')} = A^j_{i'} T_{mj} \tag{2.276}$$

beziehungsweise

$$A^j_{i'}\left(T_{mj} - \delta^m_j\, T_{(i'i')}\right) = 0 \qquad (2.277)$$

folgt, da

$$A^j_{i'}\,\delta^m_j\, T_{(i'i')} = A^m_{i'}\, T_{(i'i')} \quad . \qquad (2.278)$$

Das lineare homogene Gleichungssystem (2.277) zur Bestimmung der $A^j_{i'}$ besitzt nur eine vom trivialen Fall $A^j_{i'} = 0$ verschiedene Lösung, wenn die Beziehung

$$\begin{vmatrix} T_{11} - T_{(i'i')} & T_{12} & T_{13} \\ T_{12} & T_{22} - T_{(i'i')} & T_{23} \\ T_{13} & T_{23} & T_{33} - T_{(i'i')} \end{vmatrix} = 0 \qquad (2.279)$$

gilt. Diese sogenannte charakteristische Gleichung ist eine kubische Bestimmungsgleichung für die $T_{(i'i')}$. Ihre reellen Lösungen heißen Eigenwerte. (Reelle symmetrische Matrizen haben stets reelle Eigenwerte!) Danach ist für einen symmetrischen Tensor zweiter Stufe in kartesischen Koordinaten stets eine Hauptachsentransformation ausführbar. Im Ergebnis von (2.279) entstehen die Werte der kontravarianten Koordinaten des symmetrischen Tensors 2. Stufe im Basissystem $\{\vec{g}_{i'}\}$.

Beispiel: Gegeben ist im (x^1, x^2, x^3)-Raum die Gleichung des Kegelschnittes

$$2\,(x^1)^2 - 2\,x^1x^2 + 4\,x^1x^3 + 2\,(x^2)^2 - 4\,x^2x^3 + 5\,(x^3)^2 = c^2 \quad , \quad c = const. \qquad (2.280)$$

Zu seiner Klassifikation muß er auf Hauptachsenform transformiert werden. Die Koordinaten des Tensors sind

$$(T_{ij}) = \begin{pmatrix} 2 & -1 & 2 \\ -1 & 2 & -2 \\ 2 & -2 & 5 \end{pmatrix} \quad . \qquad (2.281)$$

Die charakteristische Gleichung lautet

$$\begin{vmatrix} 2-\lambda & -1 & 2 \\ -1 & 2-\lambda & -2 \\ 2 & -2 & 5-\lambda \end{vmatrix} = (\lambda - 7)(\lambda - 1)^2 = 0 \quad . \qquad (2.282)$$

Somit sind $\lambda_1 = 7$ und $\lambda_2 = \lambda_3 = 1$ die Eigenwerte der charakteristischen Gleichung. Die Eigenräume zu den Eigenwerten $\lambda_1 = 7$ bzw. $\lambda_2 = \lambda_3 = 1$ werden von den Eigenvektoren $(1, -1, 2)$ bzw. $(1, 1, 0)$ und $(-2, 0, 1)$ aufgespannt.

Der Eigenvektor zum Eigenwert ist zu den beiden anderen Eigenvektoren orthogonal, während die zu demselben Eigenwert $\lambda_2 = \lambda_3 = 1$ gehörigen Eigenvektoren nicht orthogonal sind. Deshalb wird das Vektorsystem

$$\left\{ \begin{pmatrix} 1 \\ -1 \\ 2 \end{pmatrix}, \begin{pmatrix} 1 \\ 1 \\ 0 \end{pmatrix}, \begin{pmatrix} -2 \\ 0 \\ 1 \end{pmatrix} \right\} \qquad (2.283)$$

mittels Schmidtschen Orthogonalisierungsverfahrens orthonormiert. Im Ergebnis entsteht die Orthonormalbasis

$$\left\{ \frac{1}{\sqrt{6}} \begin{pmatrix} 1 \\ -1 \\ 2 \end{pmatrix}, \frac{1}{\sqrt{2}} \begin{pmatrix} 1 \\ 1 \\ 0 \end{pmatrix}, \frac{1}{\sqrt{3}} \begin{pmatrix} -1 \\ 1 \\ 1 \end{pmatrix} \right\} \tag{2.284}$$

Somit lautet die Transformationsmatrix

$$\left(A^j_{k'}\right) = \frac{1}{\sqrt{6}} \begin{pmatrix} 1 & \sqrt{3} & -\sqrt{2} \\ -1 & \sqrt{3} & \sqrt{2} \\ 2 & 0 & \sqrt{2} \end{pmatrix} \equiv A \quad , \tag{2.285}$$

und die Koordinaten von $T_{j'k'}$ berechnen sich aus

$$T_{j'k'} = A^i_{j'} A^j_{k'} T_{ij} \quad . \tag{2.286}$$

In Form von Matrizen in der Form $A^T T A$ (A^T transponierte Matrix von A) angeordnet, lautet (2.286):

$$T_{j'k'} = \frac{1}{6} \begin{pmatrix} 1 & -1 & 2 \\ \sqrt{3} & \sqrt{3} & 0 \\ -\sqrt{2} & \sqrt{2} & \sqrt{2} \end{pmatrix} \begin{pmatrix} 2 & -1 & 2 \\ -1 & 2 & -2 \\ 2 & -2 & 5 \end{pmatrix} \begin{pmatrix} 1 & \sqrt{3} & -\sqrt{2} \\ -1 & \sqrt{3} & \sqrt{2} \\ 2 & 0 & \sqrt{2} \end{pmatrix} = \begin{pmatrix} 7 & 0 & 0 \\ 0 & 1 & 0 \\ 0 & 0 & 1 \end{pmatrix} \quad . \tag{2.287}$$

Daraus folgt

$$T_{j'k'} x^{j'} x^{k'} = 7\, x^{1'} x^{1'} + x^{2'} x^{2'} + x^{3'} x^{3'} = c^2 \quad . \tag{2.288}$$

Der Kegelschnitt

$$\frac{x^{1'} x^{1'}}{\left(\frac{c}{\sqrt{7}}\right)^2} + \frac{x^{2'} x^{2'}}{c^2} + \frac{x^{3'} x^{3'}}{c^2} = 1 \tag{2.289}$$

ist ein Ellipsoid.

2.2.3.6 Die Koordinatenarten eines Tensors

In einem vorangegangenen Abschnitt hatten wir kennengelernt: Ein Tensor k-ter Stufe ist eine invariante Größe $T^{(k)}$, der entweder in der Form

$$T^{(k)} = t^{i_1 \dots i_k} \vec{g}_{i_1} \dots \vec{g}_{i_k} \tag{2.290}$$

oder durch sein Transformationsverhalten in der Schreibweise

$$t_{i_{1'} \dots i_{k'}} = A^{i_1}_{i_{1'}} \dots A^{i_k}_{i_{k'}} t_{i_1 \dots i_k} \tag{2.291}$$

gegeben ist.

In der Gleichung (2.290) gibt der in Klammern stehende Index k die Stufe des Tensors an (k: Anzahl der Basisvektoren, die zum Aufbau der Größe $T^{(k)}$ benötigt werden). Die Basisvektoren stehen in unabhängiger Weise, jedoch in vorgeschriebener Reihenfolge nebeneinander. Dafür wird die Bezeichnung "tensorielles Produkt" verwendet.

Die kontravarianten bzw. kovarianten Koordinaten eines Tensors k-ter Stufe sind durch k freie Indizes gekennzeichnet. Jeder Index durchläuft die Zahlen von $1, \dots, k$. Die Zahl

Stufe des Tensors	0	1	2	3	4
Anzahl unabhängiger Koordinaten im dreidimensionalen Raum	1	3	9	27	81
Anzahl unabhängiger Koordinaten im vierdimensionalen Raum	1	4	16	64	256

Tabelle 2.1: Anzahl der unabhängigen Koordinaten eines Tensors

Stufe (k) des Tensors	0	1	2	3	4	5
Anzahl der Koordinatenarten $= 2^k$	1	2	4	8	16	32
Anzahl der gemischten Koordinaten $= 2^k - 2$ für $k \geq 2$	0	0	2	6	14	30

Tabelle 2.2: Anzahl der Koordinatenarten eines Tensors in Abhängigkeit von seiner Stufe

n gibt die Dimension des zugrundeliegenden Raumes an. Für $n = 3$ hat ein Tensor k-ter Stufe 3^k unabhängige Koordinaten.

Tabelle 2.1 gibt die Anzahl der unabhängigen Koordinaten eines Tensors an. Neben der Darstellung (2.290) kann derselbe Tensor $T^{(k)}$ über dem kontravarianten Basissystem zerlegt werden:

$$T^{(k)} = T_{i_1 \dots i_k} \vec{g}^{i_1} \dots \vec{g}^{i_k} \quad . \tag{2.292}$$

Neben diesen beiden Darstellungsarten existieren noch die mit den gemischten Koordinaten. Die Anzahl der Koordinatenarten eines Tensors in Abhängigkeit von seiner Stufe kann an Tabelle 2.2 abgelesen werden.

2.2.4 Tensoranalysis im Euklidischen Raum

In den anschließenden Kapiteln wird die Tensoranalysis, d.h. die Infinitesimalrechnung für Tensoren behandelt. Der wesentliche Unterschied zwischen Tensoralgebra und Tensoranalysis besteht darin, daß anstelle von einzelnen Tensoren jetzt Tensorfelder betrachtet werden. Darin liegt auch der eigentliche Sinn der Untersuchungen, da gerade für den Ingenieurbereich Tensorfelder von besonderem Interesse sind und nicht wie bisher betrachtete einzelne Tensoren.

Für diese Tensorfelder muß man natürlich vereinbaren, daß sich die algebraischen Operationen in jedem Punkt des Definitionsbereiches eines Tensorfeldes ausführen lassen.

2.2.4.1 Geradlinige Koordinaten

Der Feldbegriff bekommt in der Physik (Elektrotechnik) nur dann einen Sinn, wenn er neben der Erfassung elektrotechnischer Größen mit einem Bezugssystem in Verbindung gebracht wird. Die Beschreibung von elektromagnetischen Feldern erfordert mindestens ein Koordinatensystem.

Sind die Koordinatenlinien Geraden, dann spricht man von *geradlinigen Koordinaten* bzw. Koordinatensystemen. Die kartesischen oder schiefwinkligen Koordinaten erfüllen diese Bedingung. Weichen die Koordinatenlinien von der Geradenform ab, nennt man sie *krummlinige Koordinaten* (Beispiele: Polar-, Zylinder- oder Kugelkoordinaten).

Sei $\vec{x}$ der Ortsvektor eines Punktes P im Euklidischen Raum:

$$\vec{x} = x^i \vec{g}_i \quad . \tag{2.293}$$

Die Koordinaten x^i sind n-Tupel reeller Zahlen, die den Punkten P des Euklidischen Raumes eineindeutig zugeordnet sind.

In der Elektrotechnik werden sowohl Skalarfelder (Funktionen mit reellwertigem Wertebereich) als auch Vektorfelder (Funktionen mit vektorwertigem Wertebereich) betrachtet. Für diese Abbildungen werden nun die bekannten Differentialoperationen **grad**, **div** und **rot** erklärt. Wir beginnen mit der skalaren Funktion

$$f \mid \mathbf{D} \subset \mathbf{E}^n \to \mathbf{E} \quad , \tag{2.294}$$

die auf einer offenen und zusammenhängenden Menge ($\mathbf{D}$ heißt dann Gebiet) erklärt ist. Zu jedem n-Tupel reeller Zahlen (x^i) gehört eine reelle Zahl $u = f(x_i)$. Für $n = 2$ kann der Graph von f geometrisch als Fläche über der (x^1, x^2)-Ebene veranschaulicht werden. Für die partiellen Ableitungen von f nach x^i verwenden wir die Bezeichnung

$$u_{,i} = \frac{\partial f}{\partial x^i} \quad , \quad i = 1, \ldots, n \tag{2.295}$$

und vereinbaren: Steht bei einer partiellen Ableitung der Index im Nenner oben (unten), dann schreibt man nach dem Differentiationskomma den Index unten (oben).

Dadurch läßt sich das vollständige Differential von f in der Form

$$du = \frac{\partial f}{\partial x^1} dx^1 + \ldots + \frac{\partial f}{\partial x^n} dx^n = u_{,i}\, dx^i \tag{2.296}$$

schreiben. Für die mittelbare Funktion

$$u = f(y^1, \ldots, y^n) \quad \text{mit} \quad y^i = h^i(x^1, \ldots, x^n) \tag{2.297}$$

folgt mittels Kettenregel

$$\frac{\partial u}{\partial x^j} = u_{,j} = \frac{\partial f}{\partial y^i} \frac{\partial h^i}{\partial x^j} \quad . \tag{2.298}$$

Höhere Ableitungen werden analog erklärt. Unter einem Vektorfeld versteht man eine Abbildung

$$f \mid \mathbf{D} \subset \mathbf{E}^n \to \mathbf{E}^n \quad . \tag{2.299}$$

Man verwendet die Schreibweise

$$\vec{v} = \vec{v}(x^i) \equiv f(x^i) \quad \text{mit} \quad \vec{v}(x^i) = v^k(x^i)\,\vec{g}_k \qquad \left(v^k(x^i) \equiv f^k(x^i)\right) \quad . \tag{2.300}$$

Hängt die Basis nicht von den Koordinaten (x^i) ab, dann liefert die Differentiation nach x^i

$$\frac{\partial \vec{v}}{\partial x^i} = \frac{\partial v^k}{\partial x^i}\vec{g}_k \qquad \text{bzw.} \qquad \vec{v}_{,i} = v^k_{,i}\vec{g}_k \quad . \tag{2.301}$$

Für das Tensorfeld 2. Stufe

$$T = T^{ij}\left(x^k\right)\vec{g}_i\,\vec{g}_j \tag{2.302}$$

lautet die Ableitung (nach der k-ten Koordinate)

$$\frac{\partial T}{\partial x^k} = T_{,k} = T^{ij}_{,k}\,\vec{g}_i\,\vec{g}_j \quad . \tag{2.303}$$

Nun soll untersucht werden, ob die $v^k_{,i}$ in (2.301) einen Tensor 2. Stufe bilden. Dazu muß das Transformationsgesetz für einen Tensor 2. Stufe nachgewiesen werden.
Nutzt man die Kettenregel (angewendet auf $v^{i'} = v^{i'}(x^i(x^{i'}))$)

$$v^{i'}_{,k'} = \frac{\partial v^{i'}}{\partial x^{k'}} = \frac{\partial v^{i'}}{\partial x^r}\,\frac{\partial x^r}{\partial x^{k'}} \quad , \tag{2.304}$$

die Transformation

$$v^{i'} = A^{i'}_i v^i \tag{2.305}$$

und beachtet, daß die $A^{i'}_i$ Konstanten sind ($\partial A^{i'}_i/\partial x^k = 0$), dann ergibt sich zunächst aus (2.305)

$$\frac{\partial v^{i'}}{\partial x^r} = A^{i'}_i\,\frac{\partial v^i}{\partial x^r} \quad . \tag{2.306}$$

Dieses Ergebnis wird in (2.304) eingesetzt:

$$v^{i'}_{,k'} = A^{i'}_i\,\frac{\partial v^i}{\partial x^r}\,\frac{\partial x^r}{\partial x^{k'}} \quad . \tag{2.307}$$

Wegen $x^r = A^r_{r'}x^{r'}$ folgt

$$\frac{\partial x^r}{\partial x^{k'}} = A^r_{r'}\,\frac{\partial x^{r'}}{\partial x^{k'}} = A^r_{k'} \quad , \tag{2.308}$$

und somit ist

$$v^{i'}_{,k'} = A^{i'}_i\,\frac{\partial v^i}{\partial x^r}\,A^r_{k'} = A^{i'}_i\,A^r_{k'}\,v^i_{,r} \quad . \tag{2.309}$$

Ergebnis: Die partiellen Ableitungen $v^i_{,r}$ des Vektors v^i bilden einen Tensor 2. Stufe. Führen wir diese Rechnung für einen Tensor p-ter Stufe durch, dann ergibt die

Verallgemeinerung: Die partielle Ableitung eines Tensors p-ter Stufe ist ein Tensor $(p+1)$-ter Stufe.

Insbesondere bilden die Ableitungen einer skalaren Ortsfunktion nach den Koordinaten x^i einen Tensor 1. Stufe. Sie können als kovariante Koordinaten eines Vektors $\vec{v}$ aufgefaßt werden:

$$\vec{v} = u_{,i} \cdot \vec{g}^i \quad . \tag{2.310}$$

Dieser Vektor wird *Gradient* genannt. Für den dreidimensionalen Raum heißt das:

$$\vec{v} = \operatorname{grad} u(x^i) = u_{,1}\,\vec{g}^1 + u_{,2}\,\vec{g}^2 + u_{,3}\,\vec{g}^3 = u_{,i}\,\vec{g}^i \quad . \tag{2.311}$$

Die *Divergenz* und *Rotation* können ebenfalls in Tensorschreibweise angegeben werden:

$$\operatorname{div}\vec{v} = \frac{\partial v^1}{\partial x^1} + \frac{\partial v^2}{\partial x^2} + \frac{\partial v^3}{\partial x^3} = v^k_{,k} \quad , \tag{2.312}$$

$$\operatorname{rot}\vec{v} = \begin{vmatrix} \vec{g}_1 & \vec{g}_2 & \vec{g}_3 \\ \frac{\partial}{\partial x^1} & \frac{\partial}{\partial x^2} & \frac{\partial}{\partial x^3} \\ v_1 & v_2 & v_3 \end{vmatrix} = \epsilon^{klm}\, v_{l,k}\, \vec{g}_m \tag{2.313}$$

ϵ^{klm} ist der ϵ-Tensor aus Abschnitt 2.2.2.2.

In der Vektoranalysis ist der *Nablaoperator* eine gebräuchliche Schreibweise für die Operationen Gradient, Divergenz und Rotation. Mit dem Nablaoperator

$$\nabla(*) := \vec{g}^1\,\frac{\partial(*)}{\partial x^1} + \vec{g}^2\,\frac{\partial(*)}{\partial x^2} + \vec{g}^3\,\frac{\partial(*)}{\partial x^3} = \vec{g}^i\,\frac{\partial(*)}{\partial x^i} = \vec{g}^i\nabla_i(*) \tag{2.314}$$

schreiben sich:

$$\begin{array}{lllllllll} \operatorname{grad} u & = & \nabla u & = & \vec{g}^i\nabla_i u & = & \frac{\partial u}{\partial x^i}\,\vec{g}^i & = & u_{,i}\,\vec{g}^i \\ \operatorname{div}\vec{v} & = & \nabla\cdot\vec{v} & = & \vec{g}^i\nabla_i(v^j\,\vec{g}_j) & = & \delta^i_j\nabla_i v^j & = & v^i_{,i} \\ \operatorname{rot}\vec{v} & = & \nabla\times\vec{v} & = & \epsilon^{klm}\nabla_k v_l\,\vec{g}_m & = & \epsilon^{klm}\,v_{l,k}\,\vec{g}_m & & \end{array} \tag{2.315}$$

2.2.4.2 Krummlinige Koordinaten

In vielen Fällen ist es zweckmäßig, zur Beschreibung von allgemeinen Vektor- oder Tensorfeldern Koordinatensysteme zu verwenden, deren Basisvektoren ihre Richtung von Ort zu Ort stetig bzw. stetig differenzierbar ändern. Dabei wird das Bezugssystem den geometrischen Verhältnissen des zu behandelnden elektrotechnischen bzw. elektromechanischen Problems angepaßt.

Bisher wurde die Beschreibung der Punkte des affinen Vektorraumes durch affine Punktkoordinaten beschrieben. Ein Punkt P konnte einmal durch das affine Dreibein $\{O;\, \vec{g}_i\}$ (Ursprung O) in der Form $\vec{x} = \vec{OP} = x^i\,\vec{g}_i$ bzw. durch das affine Dreibein $\{O';\, \vec{g}_{i'}\}$

(Ursprung O') in der Form $\vec{x} = \vec{O'P} = x^{i'} \vec{g}_{i'}$ dargestellt werden. Durch die Transformationsmatrix $A^{i'}_i$ ($\det A^{i'}_i \neq 0$) bzw. die inverse Transformationsmatrix $A^i_{i'}$ wurde die eineindeutige Beziehung zwischen den affinen Koordinaten x^i und $x^{i'}$ hergestellt:

$$x^{i'} = A^{i'}_i x^i + A^{i'} \qquad \text{bzw.} \qquad x^i = A^i_{i'} x^{i'} + A^i \tag{2.316}$$

Seien x^i affine Koordinaten und $f^{i'}(x^1, \ldots, x^n)$ $(i' = 1', \ldots, n')$ eineindeutige Funktionen. Dann gelten mit

$$x^{i'} = f^{i'}(x^1, \ldots, x^n) \tag{2.317}$$

die eineindeutigen Zuordnungen $P \leftrightarrow x^i \leftrightarrow x^{i'}$. Da die Abbildung $f^{i'} \mid M \to M'$ eineindeutig ist, gehört zu jedem Bildpunkt $x' \in M'$ genau ein Urbild $x \in M$. Somit sind die Gleichungen (2.317) eindeutig nach den x^i auflösbar:

$$x^i = g^i(x^{1'}, \ldots, x^{n'}) \tag{2.318}$$

Damit wird definiert: Durch die Transformationen (x^i: affine Koordinaten)

$$x^{i'} = f^{i'}(x^1, \ldots, x^n) \tag{2.319}$$

$$x^i = h^i(x^{1'}, \ldots, x^{n'}) \tag{2.320}$$

($f^{i'}$ und f^i sind eineindeutig stetig partiell differenzierbar bis zur Ordnung N, $N \geq 1$) werden im Gebiet $\mathbf{D} \subset \mathbf{E}^n$ krummlinige Koordinaten $x^{i'}$ eingeführt.
Nach Definition gilt:

1. $f^{i'}\left(h^1(x'), \ldots, h^n(x')\right) \equiv x^{i'}$ und $h^i\left(f^{1'}(x), \ldots, f^{n'}(x)\right) \equiv x^i$ auf $\mathbf{D}'$ bzw. $\mathbf{D} \in \mathbf{E}^n$.

2. Affine Koordinaten sind spezielle krummlinige Koordinaten (z.B.: $f^{i'}(x) := A^{i'}_i x^i + A^{i'}$).

Es wird auch mit der ebenfalls gebräuchlichen Bezeichnung

$$x^{i'} = x^{i'}(x^1, \ldots, x^n) \qquad \text{bzw.} \qquad x^i = x^i(x^{1'}, \ldots, x^{n'}) \tag{2.321}$$

gearbeitet. Aus Darstellungsgründen werden wir von dieser Schreibweise Gebrauch machen, da die Doppelbezeichnung x^i (respektive $x^{i'}$) für Funktionen und Funktionswert hier nicht zu Verwechslungen führen kann.
Bei den Transformationen (2.321) gilt notwendig

$$\det\left(\frac{\partial x^{i'}}{\partial x^i}\right) \neq 0 \qquad \text{und} \qquad \det\left(\frac{\partial x^i}{\partial x^{i'}}\right) \neq 0 \quad . \tag{2.322}$$

Dies ist ersichtlich, wenn man von der Identität

$$\frac{\partial x^{i'}}{\partial x^{j'}} = \delta^{i'}_{j'} \tag{2.323}$$

ausgeht und die Kettenregel beachtet:

$$\delta^{i'}_{j'} = \frac{\partial x^{i'}}{\partial x^r}\frac{\partial x^r}{\partial x^{j'}} \tag{2.324}$$

Daraus folgt nach Übergang zur Determinante

$$1 = \det\left(\frac{\partial x^{i'}}{\partial x^i}\right) \cdot \det\left(\frac{\partial x^r}{\partial x^{r'}}\right) \quad , \tag{2.325}$$

was (2.322) beweist.

Anmerkungen:

1. Die Regularität der Funktionalmatrizen ist nicht hinreichend für die Eineindeutigkeit der Transformation im Gebiet **D**. Der allgemeine Satz über die Auflösbarkeit von Gleichungen (implizites Funktionentheorem) garantiert wegen (2.322) die eindeutige Auflösbarkeit nur in einer hinrichend kleinen Umgebung eines jeden Punktes in **D** (lokale eindeutige Auflösbarkeit, keine globale Auflösbarkeit).

2. Der Übergang zu anderen krummlinigen Koordinaten $x^{i''}$ erfolgt in analoger Weise durch

$$x^{i''} = f^{i''}\left(x^{1'}, \ldots, x^{n'}\right) \qquad \text{bzw.} \qquad x^{i'} = h^{i'}\left(x^{1''}, \ldots, x^{n''}\right) \tag{2.326}$$

wobei die Schreibweise (2.321) wieder bevorzugt wird.

Beispiel: Seien $n = 3$, $x^i = (x, y, z)$ und $x^{i'} = (r, \vartheta, \varphi)$. Gegeben ist die Transformation $x^i = x^i\left(x^{1'}, x^{2'}, x^{3'}\right)$ in der Darstellung

$$\begin{aligned} x &= r\cos\vartheta\cos\varphi \\ y &= r\cos\vartheta\sin\varphi \\ z &= r\sin\vartheta \end{aligned} \tag{2.327}$$

mit dem Definitionsgebiet $r \in (0, \infty)$, $\vartheta \in (-\pi/2, \pi/2)$, $\varphi \in (0, 2\pi)$. Die Umkehrfunktion $x^{i'} = x^{i'}(x^i)$ lautet:

$$\begin{aligned} r &= \sqrt{x^2+y^2+z^2} \\ \vartheta &= \arctan\frac{z}{\sqrt{x^2+y^2}} \\ \varphi &= \arctan\frac{y}{x} \end{aligned} \tag{2.328}$$

falls $x > 0$, $y > 0$ und $z \in \mathbf{R}$. Außerdem gilt

$$\det\left(\frac{\partial x^i}{\partial x^{i'}}\right) = -r^2\cos\vartheta \tag{2.329}$$

für das zugelassene Gebiet.

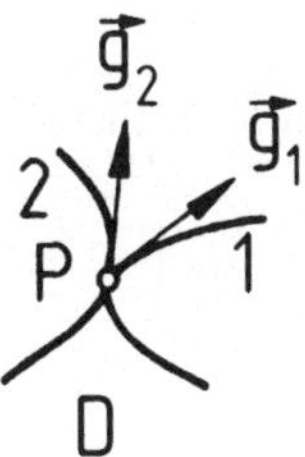

Abbildung 2.4:

2.2.4.3 Tensoren in krummlinigen Koordinaten

Jetzt soll geklärt werden, was mit den lokalen n-Beinen geschieht, wenn die krummlinigen Koordinaten einer Transformation unterworfen werden.
Mit affinen Koordinaten x^i und $x^i = x^i(x^{1'}, \ldots, x^{n'})$ schreibt sich der Ortsvektor eines Punktes P in der Form

$$\vec{OP} = \vec{R} = x^i \vec{e}_i = x^i(x^{1'}, \ldots, x^{n'}) \vec{e}_i = \vec{R}(x^{1'}, \ldots, x^{n'}) \tag{2.330}$$

(Die Transformationen werden als stetig differenzierbare Funktionen vorausgesetzt.)
Die partiellen Ableitungen $\partial\vec{R}/\partial x^{i'}$ sind in jedem Punkt n linear unabhängige Vektoren, da

$$\frac{\partial\vec{R}}{\partial x^{i'}} = \frac{\partial\vec{R}}{\partial x^i}\frac{\partial x^i}{\partial x^{i'}} = \frac{\partial x^i}{\partial x^{i'}}\vec{e}_i \qquad \text{mit} \qquad \det\left(\frac{\partial x^i}{\partial x^{i'}}\right) \neq 0 \tag{2.331}$$

gilt. Seien jetzt x^i beliebige krummlinige Koordinaten, P_0 ein fester Punkt, dem eineindeutig Koordinaten x_0^i zugeordnet sind. Hält man jeweils $n-1$ Koordinaten fest, dann geht durch jeden Punkt $P \in \mathbf{D}$ genau eine Koordinatenlinie. Damit verlaufen durch jeden Punkt $P \in \mathbf{D}$ genau n Koordinatenlinien mit den Tangentialvektoren

$$\vec{g}_i := \frac{\partial}{\partial x^i} R(P) = \vec{g}_i(P) \tag{2.332}$$

Nach der vorausgehenden Überlegung (2.331) sind die $\vec{g}_i$ linear unabhängig (siehe Abbildung 2.4). Damit ergibt sich der

Satz: Die Einführung krummliniger Koordinaten x^i im Gebiet $\mathbf{D}$ erzeugt in jedem Punkt $P \in \mathbf{D}$ ein wohlbestimmtes affines n-Bein $\mathbf{G} = \{P, \vec{g}_i(P)\}$. $\mathbf{G}(P)$ heißt lokales n-Bein im Punkt P.

Liegt ein affines Koordinatensystem vor, dann folgt aus $\vec{R} = x^i \vec{e}_i$ auch $\vec{g}_i(P) = \vec{R}_{,i} = \vec{e}_i$. Somit besitzen im affinen Koordinatensystem alle lokalen n-Beine die gleichen Vektoren.

Man spricht von geradlinigen Koordinaten, wenn eine Koordinatenlinie in jedem Punkt denselben Tangentenvektor besitzt.
Beim Übergang zu neuen krummlinigen Koordinaten $x^{i'} = x^{i'}(x^i)$ gilt

$$\vec{R}_{,i'} = R_{,i}\frac{\partial x^i}{\partial x^{i'}} \quad \text{und} \quad \vec{g}_{i'} = \frac{\partial x^i}{\partial x^{i'}}\vec{g}_i \quad . \tag{2.333}$$

Somit erzeugt die Transformation $x^{i'} = x^{i'}(x^1, \ldots, x^n)$ der krummlinigen Koordinaten in jedem Punkt eine Transformation des lokalen n-Beins: Mit Hilfe der Transformation

$$\vec{g}_{i'}(P) = \frac{\partial x^i}{\partial x^{i'}}(P)\,\vec{g}_i(P) \tag{2.334}$$

geht das n-Bein $\mathbf{G}(P)$ in $\mathbf{G}'(P)$ über.
Allgemein gilt: Wählt man die Koordinaten eines Tensors $t^{i\ldots}_{j\ldots}(P)$ bezüglich des lokalen n-Beins $\mathbf{G}(P)$ aus, so erhält man gemäß (2.334) die Transformation der Tensorkoordinaten in der Form

$$t^{i'\ldots}_{j'\ldots}(P) = \frac{\partial x^{i'}}{\partial x^i}(P)\ldots\frac{\partial x^j}{\partial x^{j'}}(P)\ldots t^{i\ldots}_{j\ldots}(P) \quad . \tag{2.335}$$

Statt der konstanten Transformationsgrößen $A^i_{i'}$, $A^{i'}_i$ bei affinen Koordinatentransformationen treten jetzt die im allgemeinen von Punkt zu Punkt verschiedenen Transformationsgrößen

$$A^i_{i'}(P) := \frac{\partial x^i}{\partial x^{i'}}(P) \quad , \quad A^{i'}_i(P) := \frac{\partial x^{i'}}{\partial x^i}(P) \tag{2.336}$$

auf. Bei einer linearen affinen Transformation der Koordinaten der Form $x^{i'} = A^{i'}_i x^i + A^{i'}$ folgt $A^{i'}_i(P) = A^{i'}_i = \text{const}$. Da alle algebraischen Operationen an Tensorfeldern punktweise ausgeführt werden, übertragen sie sich von affinen auf krummlinige Koordinaten.
Ein in D gegebener Vektor $\vec{A}(P)$ wird ebenfalls auf das lokale n-Bein $\mathbf{G}(P)$ bezogen:

$$\vec{A}(P) = a^i\,\vec{g}_i(P) \quad . \tag{2.337}$$

Danach ist a^i ein kontravarianter Tensor im Punkt P, da

$$a^{i'} = \frac{\partial x^{i'}}{\partial x^i}(P)\,a^i \tag{2.338}$$

gilt. Es besteht wieder die eineindeutige Zuordnung zwischen Vektorfeld $\vec{A}(P)$ (mit $P \in \mathbf{D}$) und Tensorfeld $a^i(P)$ (mit $P \in \mathbf{D}$).

Anmerkung: Wegen der Veränderlichkeit der Transformationsgrößen $\partial x^{i'}/\partial x^i\,(P)$ ist die Konstanz der Koordinaten eines Tensorfeldes über der Trägermenge keine invariante Eigenschaft. Formal liegen stets Tensorfelder mit variablen Koordinaten vor.

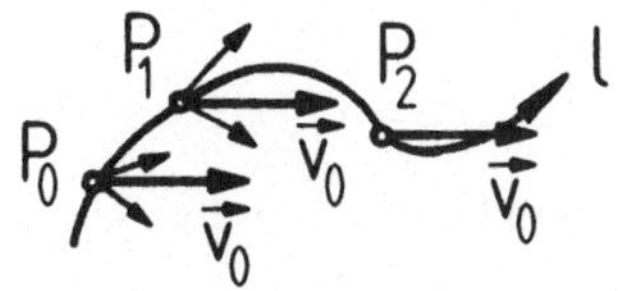

Abbildung 2.5:

2.2.4.4 Parallelverschiebung, absolutes Differential, kovariante Ableitung

Im folgenden werden Ableitungen in Tensorfeldern untersucht. Es sei längs der Kurve ℓ mit der Darstellung $\vec{x} \,|\, [a,b] \to \mathbf{E}^n$, $t \to \vec{x}(t) = (x^1(t), \ldots, x^n(t)) \in \mathbf{E}^n$ ein homogenes Vektorfeld gegeben. In jedem Kurvenpunkt sei derselbe feste Vektor $\vec{v}$ angeheftet.
Wir nehmen an, daß der Vektor $\vec{v}_0$ im Punkt $P_0 \in \ell$ angeheftet sei. Man kann nun den gleichen Vektor $\vec{v}_0$ nicht im Punkt P_1 mit den gleichen Koordinaten v_0^i antragen, da die lokalen n-Beine in P_0 und P_1 verschieden sind. Es besteht nun die Aufgabe zu untersuchen, wie die v_0^i abzuändern sind, damit die neuen Koordinaten im lokalen n-Bein an P_1 den ursprünglichen Vektor $\vec{v}_0$ definieren (siehe Abbildung 2.5).
Interessant ist dabei die stetige Überführung von $\vec{v}_0$ längs der Kurve P_0, P_1. Statt $\vec{v}_0$ wird der Vektor $\vec{v}$ benutzt.
Mit der lokalen Zerlegung $\vec{v} = v^i \vec{g}_i$, $\vec{g}_i = \vec{g}_i(\vec{x}(t))$ wird $v^i = v^i(t)$.
Wie hängt nun v^i vom Kurvenparameter t ab? Da $\vec{v}$ unabhängig von der Zeit t ist, gilt

$$0 = d\vec{v} = \frac{d\vec{v}}{dt}\, dt = dv^i \vec{g}_i + v^i d\vec{g}_i \quad . \tag{2.339}$$

Weiter lautet das totale Differential von $\vec{g}_i$

$$d\vec{g}_i = \vec{g}_{i,j}\, dx^j \quad \text{mit} \quad dx^j = \dot{x}^j\, dt \quad . \tag{2.340}$$

Die $\vec{g}_{i,j}$ gestatten eine eindeutige lokale Zerlegung nach den Vektoren des lokalen n-Beins $\{\vec{g}_i\}$, nämlich

$$\vec{g}_{i,j} = \Gamma_{ij}^k\, \vec{g}_k \quad . \tag{2.341}$$

Wegen

$$\vec{g}_{ij} = (\vec{R}_{,i})_{,j} = \vec{R}_{,ij} = \vec{R}_{,ji} \tag{2.342}$$

folgt durch analoge Rechnung

$$\Gamma_{ij}^k = \Gamma_{ji}^k \quad , \tag{2.343}$$

wiederum wegen der Eindeutigkeit der Zerlegung nach Vektoren des n-Beins.

Die Γ^k_{ij} hängen natürlich von dem Punkt ab, für den die Zerlegung (2.341) durchgeführt wurde:

$$\Gamma^k_{ij}(P) = \Gamma^k_{ij}(x^1, \ldots, x^n) \quad . \tag{2.344}$$

Die so in einem gegebenen krummlinigen Koordinatensystem eindeutig definierten Größen Γ^k_{ij} heißen *Zusammenhangsgrößen* (auch Zusammenhangskoeffizienten). Es gilt stets (2.343).

Nun wird die Zerlegung (2.341) in (2.340) eingesetzt. Es entsteht

$$d\vec{g}_i = \Gamma^k_{ij}\,\vec{g}_k\,dx^j \quad . \tag{2.345}$$

Damit geht (2.339) über in

$$0 = dv^k\,\vec{g}_k + v^i\,\Gamma^k_{ij}\,\vec{g}_k\,dx^j \quad . \tag{2.346}$$

(Im 1. Term von (2.346) wurde die Bezeichnung des Summationsindex in k geändert.) Da die Vektoren $\vec{g}_k$ linear unabhängig sind und ihre Linearkombination verschwindet, muß jeder der Koeffizienten einzeln verschwinden:

$$dv^k + \Gamma^k_{ij} v^k\,dx^j = 0 \tag{2.347}$$

oder gleichbedeutend

$$dv^k = -\Gamma^k_{ij}\,v^i\,dx^j \quad . \tag{2.348}$$

Dies ist die Formel für eine infinitesimale Parallelverschiebung eines Vektors. Man definiert nun:

Definition: Der $(0,1)$-Tensor

$$Dv^k := dv^k + \Gamma^k_{ij}\,v^i\,dx^j \tag{2.349}$$

heißt *absolutes Differential* des Tensors v^k.

Seine zeitliche Ableitung

$$\frac{Dv^k}{dt} := \frac{dv^k}{dt} + \Gamma^k_{ij}\,v^i\,\frac{dx^j}{dt} \tag{2.350}$$

heißt *absolute* (oder innere) *Ableitung* von v^k längs der Kurve ℓ mit der Darstellung $x = x(t)$.

Damit ist das entlang ℓ erklärte Vektorfeld $\vec{v} = v^i\,\vec{g}_i$ genau dann homogen ($\vec{v}$ parallelverschoben), wenn Dv^i längs ℓ verschwindet ($Dv^i = 0$). Das heißt, daß sich beim Übergang vom Kurvenpunkt $x(t)$ zu $x(t+dt)$ die Vektorkoordinaten v^k um $dv^k = -\Gamma^k_{ij}(x(t))\,v^i(t)\,dx^j$ ($dx^j = \dot{x}^j(t)\,dt$) ändern. Die $v^k(t)$ genügen dem linearen Differentialgleichungssystem

$$\frac{Dv^k}{dt} = \frac{dv^k}{dt} + \Gamma^k_{ij}\,\dot{x}^j\,v^i = 0 \quad . \tag{2.351}$$

Die Differentialgleichung (2.351) wird auch als *Differentialgleichung der Parallelverschiebung* bezeichnet.

Liegt ℓ in $\mathbf{D}$ und ist $\vec{v}$ im ganzen Gebiet $\mathbf{D}$ erklärt und differenzierbar, so ist

$$dv^k = v^k_{,j}\, dx^j \quad \text{und} \quad Dv^k = (v^k_{,j} + \Gamma^k_{ij}\, v^i)\, dx^j \tag{2.352}$$

für alle dx^j. Man bezeichnet den $(1,1)$-Tensor

$$\nabla_j v^k := v^k_{,j} + \Gamma^k_{ij}\, v^i \tag{2.353}$$

als *kovariante Ableitung* des Tensors v^k.

Das Vektorfeld $\vec{v}$ ist homogen im Gebiet $\mathbf{D}$ genau dann, wenn

$$\nabla_j v^k = 0 \qquad \text{in} \qquad \mathbf{D} \tag{2.354}$$

gilt.

Es folgen die Eigenschaften der Zusammenhangsgrößen. Die Γ^k_{ij} sind gemäß (2.341) in jedem Koordinatensystem erklärt. Das Koordinatensystem ist genau dann affin, wenn die $\Gamma^k_{ij} = 0$ sind. Dies sieht man so: Es seien die x^i affine Koordinaten. Dann hat der Ortsvektor $\vec{R}$ die Darstellung $\vec{R}(x) = x^j\, e_j$. Daraus folgt für die $\vec{g}_i = \vec{R}_{,i} = \vec{e}_i$ und daraus $\vec{g}_{i,j} = 0$. Aus (2.341) folgt dann $\Gamma^k_{ij} = 0$.

Sind umgekehrt die $\Gamma^k_{ij} = 0$, dann folgt wiederum aus (2.341) $\vec{g}_{i,j} = 0$ und daraus $\vec{g}_i = const. =: \vec{e}_i$. Wegen $\vec{g}_i = \vec{R}_{,i}$ folgt nun $\vec{R} = x^i\, \vec{e}_i + \vec{R}_0$, das heißt, die x^i sind affin.

Nun soll das Transformationsverhalten der Γ^k_{ij} untersucht werden. In den alten und entsprechend in den neuen Koordinaten haben wir

$$\vec{R}_{,ij} = \Gamma^k_{ij}\, \vec{g}_k \qquad \text{und} \qquad \vec{R}_{,i'j'} = \Gamma^{k'}_{i'j'}\, \vec{g}_{k'} \quad . \tag{2.355}$$

Unter Benutzung der ersten Zerlegung werden die Koeffizienten der zweiten Zerlegung berechnet, womit dann das gesuchte Gesetz gefunden ist. Man beachte bei der Herleitung, daß bei der Differentiation nach x^i der Vektor $\vec{R} = \vec{R}\,(x^1, \ldots, x^n)$ als mittelbare Funktion von den $x^{i'}$ angesehen werden muß.

Nun folgt (unter Nutzung von (2.333), (2.341) und der Kettenregel):

$$\begin{aligned}
\vec{R}_{,i'j'} &= (\vec{R}_{,i'})_{,j'} = (\vec{g}_{i'})_{,j'} = \left(\frac{\partial x^i}{\partial x^{i'}}\, \vec{g}_i\right)_{,j'} \\
&= \frac{\partial^2 x^k}{\partial x^{i'}\, \partial x^{j'}}\, \vec{g}_k + \frac{\partial x^i}{\partial x^{i'}}\, \vec{g}_{i,j}\, \frac{\partial x^j}{\partial x^{j'}} \\
&= \frac{\partial^2 x^k}{\partial x^{i'}\, \partial x^{j'}}\, \vec{g}_k + \frac{\partial x^i}{\partial x^{i'}}\, \frac{\partial x^j}{\partial x^{j'}}\, \Gamma^k_{ij}\, \vec{g}_k \\
&= \left[\frac{\partial^2 x^k}{\partial x^{i'}\, \partial x^{j'}} + \frac{\partial x^i}{\partial x^{i'}}\, \frac{\partial x^j}{\partial x^{j'}}\, \Gamma^k_{ij}\right] \frac{\partial x^{k'}}{\partial x^k}\, \vec{g}_{k'} \quad .
\end{aligned} \tag{2.356}$$

Nach dieser Rechnung ergibt sich nach (2.355) das Transformationsverhalten der Zusammenhangsgrößen

$$\Gamma^{k'}_{i'j'} = \frac{\partial x^i}{\partial x^{i'}} \frac{\partial x^j}{\partial x^{j'}} \frac{\partial x^{k'}}{\partial x^k} \Gamma^k_{ij} + \frac{\partial x^{k'}}{\partial x^k} \frac{\partial^2 x^k}{\partial x^{i'} \partial x^{j'}} \quad . \tag{2.357}$$

Die Zusammenhangsgrößen bilden keinen Tensor! Das Gesetz wäre tensoriell, wenn der zweite Summand in (2.357) verschwinden würde.
Die wichtigste Bedeutung der Γ^k_{ij} im affinen Raum besteht darin, daß sie die gesamte Geometrie des affinen Raumes bestimmen.

2.2.4.5 Krummlinige Koordinaten im euklidischen Raum

Da der $\mathbf{E}^n$ durch Einführung einer Metrik (in Form eines Skalarproduktes) aus dem affinen Raum entsteht, übertragen sich alle bisherigen Betrachtungen auf den $\mathbf{E}^n$. Das Vorhandensein einer Metrik bewirkt zusätzliche Eigenschaften im Zusammenhang mit dem (metrischen) Maßtensor. Er ist in affinen Koordinaten x^i durch $g_{ij} = \langle e_i, e_j \rangle$ definiert. Vereinbarungsgemäß ist der Maßtensor (wie jeder Tensor) auf das lokale n-Bein $\mathbf{G}(P) = \{P, \vec{g}_i(P)\}$ zu beziehen. Seine Koordinaten sind dann gleich den Skalarprodukten

$$g_{ij}(P) = \langle \vec{g}_i(P), \vec{g}_j(P) \rangle \quad . \tag{2.358}$$

Bei dieser Behandlung muß man den metrischen Tensor als ein Tensorfeld behandeln. Seine Koordinaten sind Funktionen eines Punktes

$$g_{ij}(P) = g_{ij}\left(x^1, \ldots, x^n\right) \quad . \tag{2.359}$$

Beim Übergang zu neuen krummlinigen Koordinaten transformieren sich die g_{ij} nach der Formel

$$g_{i'j'} = \frac{\partial x^i}{\partial x^{i'}} \frac{\partial x^j}{\partial x^{j'}} g_{ij} \quad . \tag{2.360}$$

Die Angabe des metrischen Tensors g_{ij} besitzt für den euklidischen Raum die gleiche Bedeutung wie die Angabe der Zusammenhangsgrößen Γ^k_{ij} für den affinen Raum. Der metrische Tensor bestimmt bereits die Geometrie völlig.
Wir betrachten zunächst die Parameterdarstellung einer gegebenen Kurve $x^i = x^i(t)$, $t_0 \leq t \leq t_1$. Die x^i seien stetig differenzierbare Funktionen von $t \in [t_0, t_1]$. Der Ortsvektor $\vec{R}$ eines Punktes ist die Funktion seiner krummlinigen Koordinaten

$$\vec{R} = \vec{R}(x^1, \ldots, x^n) \quad , \tag{2.361}$$

wobei die $x^1, \ldots, x^n$ längs der Kurve von t abhängen (siehe Abbildung 2.6).
Der Tangentialvektor lautet

$$\frac{d}{dt} \vec{R}(x(t)) = \frac{dx^i}{dt} \vec{g}_i \quad . \tag{2.362}$$

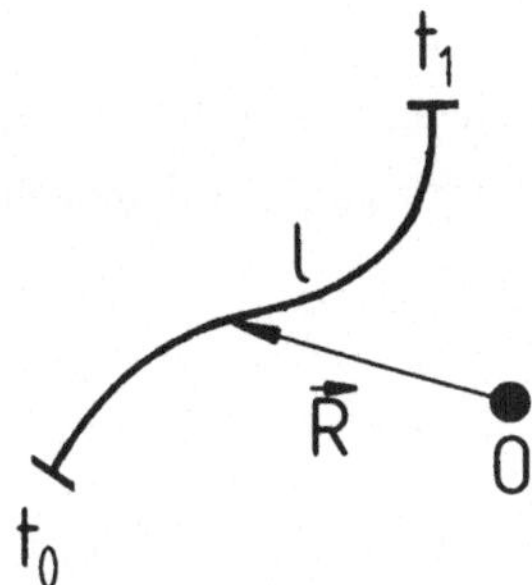

Abbildung 2.6:

Das skalare Quadrat des Vektors $d\vec{R}/dt$ ergibt sich aus

$$\left(\frac{d\vec{R}}{dt}\right)^2 = \left\langle \frac{d\vec{R}}{dt}, \frac{d\vec{R}}{dt} \right\rangle = \left\langle \frac{dx^i}{dt}\vec{g}_i, \frac{dx^j}{dt}\vec{g}_j \right\rangle = \frac{dx^i}{dt} \cdot \frac{dx^j}{dt} g_{ij} \quad . \tag{2.363}$$

Das Normquadrat des Linienelementes $d\vec{R}$ ist

$$ds^2 := \|d\vec{R}\|^2 = g_{ij}\, dx^i\, dx^j \quad ; \tag{2.364}$$

die Bogenlänge des Kurvenstückes

$$s = \int_L ds = \int_{t_0}^{t} \sqrt{g_{ij}(x(t))\, \dot{x}^i\, \dot{x}^j}\, dt \quad . \tag{2.365}$$

Da $g_{ij} = g_{ij}(x)$ positiv definit ist, gilt $g_{ij}\,\dot{x}^i\,\dot{x}^j \geq c\,\dot{x}^i\,\dot{x}^i$ mit $c > 0$. Somit ist (2.365) sinnvoll. Wir setzen $\dot{x}^i\,\dot{x}^i > 0$ voraus.

Anmerkung: Kurven minimaler Länge s im Sinne von (2.365), die durch zwei Punkte A und B in einem Gebiet D laufen, heißen metrische Geodäten. Das ist ein Variationsproblem mit der Lagrangefunktion $L(t, x^i, \dot{x}^i) = \sqrt{g_{ij}\,\dot{x}^i\,\dot{x}^j}$ (siehe Abschnitt 2.1). Man kann somit nach Kurven minimaler Länge fragen, die in einer gegebenen Fläche verlaufen und zwei gegebene Punkte verbinden (z.B. Weg von Lichtstrahlen in vierdimensionalen gekrümmten Raum-Zeiten im Rahmen der allgemeinen Relativitätstheorie).

Wenn der metrische Tensor $g_{ij}\,(x^1, \ldots, x^n)$ in krummlinigen Koordinaten x^i gegeben ist, so läßt sich die Länge jeder Kurve gemäß Formel (2.365) berechnen.

Anstatt die Kurvenlänge durch ein Integral anzugeben, kann man sie auch aus dem Differential herleiten, das mit dem Ausdruck unter dem Integral zusammenfällt. Man nennt deshalb die quadratische Form

$$ds^2 = g_{ij}\,(x^1, \ldots, x^n)\, dx^i\, dx^j \tag{2.366}$$

die *metrische Fundamentalform* der Koordinatendifferentiale. Sie ist invariant bezüglich Transformationen der krummlinigen Koordinaten x^i.

2.2.4.6 Die Christoffelsymbole

Wir zeigen, daß man die Zusammenhangsgrößen Γ^k_{ij} des euklidischen Raumes berechnen kann, wenn man den metrischen Tensor $g_{ij}(x)$ in irgendeinem krummlinigen Koordinatensystem kennt.

Man verfährt wie folgt:

Ausgangspunkt ist Formel (2.341), die skalar mit $\vec{g}_l$ multipliziert wird:

$$\langle \vec{g}_l\,,\ \vec{g}_{i,j}\rangle = \langle \vec{g}_l\,,\ \Gamma^k_{ij}\,\vec{g}_k\rangle = \Gamma^k_{ij}\,g_{kl} =: \Gamma_{ijl} \tag{2.367}$$

Aus $g_{il,j} = \langle \vec{g}_i,\ \vec{g}_l\rangle_{,j}$ ergibt sich

$$g_{il,j} = \langle \vec{g}_{i,j}\,,\ \vec{g}_l\rangle + \langle \vec{g}_i\,,\ \vec{g}_{l,j}\rangle = \Gamma_{ijl} + \Gamma_{lji} \quad . \tag{2.368}$$

Jetzt betrachtet man die Gleichung

$$\Gamma_{rjs} + \Gamma_{sjr} = g_{rs,j} \quad . \tag{2.369}$$

Durch zyklische Vertauschung erhält man

$$\Gamma_{srj} + \Gamma_{jrs} = g_{sj,r} \quad , \tag{2.370}$$

und

$$\Gamma_{jsr} + \Gamma_{rsj} = g_{jr,s} \quad . \tag{2.371}$$

Wird (2.369) mit (-1) multipliziert und anschließend die letzten drei Gleichungen addiert, dann entsteht unter Beachtung der Symmetrie $\Gamma_{rsj} = \Gamma_{srj}$

$$2\,\Gamma_{rsj} = g_{sj,r} + g_{jr,s} - g_{rs,j} \quad , \tag{2.372}$$

und schließlich

$$\Gamma_{rsj} = g_{kj}\,\Gamma^k_{rs} = \frac{1}{2}\left[g_{sj,r} + g_{jr,s} - g_{rs,j}\right] \quad . \tag{2.373}$$

Die Überschiebung mit dem kontravarianten Maßtensor g^{ij} liefert

$$g^{ij}\,\Gamma_{rsj} = g^{ij}\,g_{kj}\,\Gamma^k_{rs} = \delta^i_k\,\Gamma^k_{rs} = \Gamma^i_{rs} = \frac{1}{2}\,g^{ij}\left[g_{sj,r} + g_{jr,s} - g_{rs,j}\right] \quad . \tag{2.374}$$

Die Formel (2.374) stellt die Lösung unserer Aufgabe dar. Die Ausdrücke für Γ_{rsj} und Γ^i_{rs} heißen die Christoffelschen Symbole erster beziehungsweise zweiter Art. Im E^n sind die Zusammenhangsgrößen gerade die Christoffelschen Symbole 2. Art. Das Koordinatensystem ist wieder affin genau dann, wenn die $g_{ij}(x) = const$ sind.

Beispiel: Für die Transformation von kartesischen Koordinaten $x^{i'} = (x,\ y,\ z)$ auf Kugelkoordinaten (krummlinige Koordinaten) $x^i = (r,\ \vartheta,\ \varphi)$ gilt

$$\begin{aligned} x &= r\cos\vartheta\cos\varphi \\ y &= r\cos\vartheta\sin\varphi \\ z &= r\sin\vartheta \end{aligned} \tag{2.375}$$

mit

$$r \in (0,\infty) \quad , \quad \vartheta \in (-\frac{\pi}{2},\frac{\pi}{2}) \quad \text{und} \quad \varphi \in (0,2\pi) \quad . \tag{2.376}$$

Die Aufgabe besteht darin, die kovarianten und kontravarianten Koordinaten des Metriktensors g_{ij} und die Christoffelsymbole für krummlinige Koordinaten zu berechnen. Zunächst ergeben sich für die $\vec{g}_i = \vec{R}_{,i} = (\partial x^{i'}/\partial x^i)\, e_{i'}$ die Formeln:

$$\begin{aligned} \vec{g}_1 &= \frac{\partial x}{\partial r}\vec{e}_{1'} + \frac{\partial y}{\partial r}\vec{e}_{2'} + \frac{\partial z}{\partial r}\vec{e}_{3'} = \cos\vartheta\cos\varphi\,\vec{e}_{1'} + \cos\vartheta\sin\varphi\,\vec{e}_{2'} + \sin\vartheta\,\vec{e}_{3'} \\ \vec{g}_2 &= \frac{\partial x}{\partial \vartheta}\vec{e}_{1'} + \frac{\partial y}{\partial \vartheta}\vec{e}_{2'} + \frac{\partial z}{\partial \vartheta}\vec{e}_{3'} = -r\sin\vartheta\cos\varphi\,\vec{e}_{1'} - r\sin\vartheta\sin\varphi\,\vec{e}_{2'} + r\cos\vartheta\,\vec{e}_{3'} \\ \vec{g}_3 &= \frac{\partial x}{\partial \varphi}\vec{e}_{1'} + \frac{\partial y}{\partial \varphi}\vec{e}_{2'} + \frac{\partial z}{\partial \varphi}\vec{e}_{3'} = -r\cos\vartheta\sin\varphi\,\vec{e}_{1'} + r\cos\vartheta\cos\varphi\,\vec{e}_{2'} \end{aligned} \tag{2.377}$$

Der Metriktensor g_{ij} errechnet sich aus

$$g_{ij} = \frac{\partial x^{i'}}{\partial x^i}\frac{\partial x^{j'}}{\partial x^j}\, g_{i'j'} \quad . \tag{2.378}$$

Nach dieser Formel ergibt sich zum Beispiel:

$$\begin{aligned} g_{11} &= \langle \vec{g}_1, \vec{g}_1 \rangle = \cos^2\vartheta\cos^2\varphi + \cos^2\vartheta\sin^2\varphi + \sin^2\vartheta = 1 \\ g_{12} &= \langle \vec{g}_1, \vec{g}_2 \rangle = 0 = g_{21} = g_{13} = g_{31} \qquad \text{usw.} \end{aligned} \tag{2.379}$$

In Matrixform lautet der kovariante Maßtensor:

$$(g_{ij}) = \begin{pmatrix} 1 & 0 & 0 \\ 0 & r^2 & 0 \\ 0 & 0 & r^2\cos^2\vartheta \end{pmatrix} \qquad \text{mit} \qquad g := \det(g_{ij}) = r^4\cos^2\vartheta \tag{2.380}$$

Die Inverse zur Matrix (g_{ij}) liefert die kontravarianten Koordinaten des Metriktensors:

$$(g^{ij}) = \begin{pmatrix} 1 & 0 & 0 \\ 0 & \frac{1}{r^2} & 0 \\ 0 & 0 & \frac{1}{r^2\cos^2\vartheta} \end{pmatrix} \tag{2.381}$$

Für das Bogenelement einer gegebenen Kurve ergibt sich:

$$ds^2 = g_{ij}\,dx^i\,dx^j = dr^2 + r^2\,d\vartheta^2 + r^2\cos^2\vartheta\,d\varphi^2 \tag{2.382}$$

Gemäß (2.365) lautet die Formel für die Bogenlänge:

$$S = \int_{t_0}^{t_1} \sqrt{\dot{r}^2 + r^2\dot{\vartheta}^2 + r^2\cos^2\vartheta\dot{\varphi}^2}\,dt \tag{2.383}$$

Es folgt die Berechnung der Christoffelsymbole. Zum Beispiel ist

$$\Gamma^1_{22} = \frac{1}{2}g^{11}(g_{21,2} + g_{12,2} - g_{22,1}) = -r \quad , \tag{2.384}$$

oder

$$\Gamma^3_{23} = \frac{1}{2}g^{33}(g_{33,2} + g_{32,3} - g_{23,3}) = \frac{1}{2}\frac{1}{r^2\cos^2\vartheta}(-2r^2\cos\vartheta\sin\vartheta) = -\tan\vartheta \quad . \tag{2.385}$$

Auf diese Weise erhält man alle Christoffelsymbole:

$$(\Gamma^1_{ij}) = \begin{pmatrix} 0 & 0 & 0 \\ 0 & -r & 0 \\ 0 & 0 & -r\cos^2\vartheta \end{pmatrix}$$

$$(\Gamma^2_{ij}) = \begin{pmatrix} 0 & \frac{1}{r} & 0 \\ \frac{1}{r} & 0 & 0 \\ 0 & 0 & \sin\vartheta\cos\vartheta \end{pmatrix} \tag{2.386}$$

$$(\Gamma^3_{ij}) = \begin{pmatrix} 0 & 0 & \frac{1}{r} \\ 0 & 0 & -\tan\vartheta \\ \frac{1}{r} & -\tan\vartheta & 0 \end{pmatrix} \tag{2.387}$$

2.2.4.7 Der Nabla-Operator in krummlinigen Koordinaten

In diesem Abschnitt geht es um die Definition tensorieller Differentialoperationen in Verallgemeinerung der bekannten Operationen der Vektoranalysis im $\mathbf{E}^3$.
Der "Nabla-Vektor" (auch Nabla-Operator) soll jetzt in krummlinigen Koordinaten ausgedrückt werden. Für geradlinige Koordinaten galt (siehe Abschnitt 2.2.4.1)

$$\nabla(*) = \vec{e}^{\,i}\,\frac{\partial}{\partial x^i} \quad . \tag{2.388}$$

Mit der Kettenregel kann man $\nabla_i(*)$ auf krummlinige Koordinaten beziehen:

$$\frac{\partial}{\partial x^i} = \frac{\partial x^{j'}}{\partial x^i}\cdot\frac{\partial}{\partial x^{j'}} \tag{2.389}$$

Für die kontravariante Basis gilt

$$\vec{e}^{\,i} = \frac{\partial x^i}{\partial x^{i'}}\,\vec{g}^{\,i'} \quad . \tag{2.390}$$

Setzt man (2.389) und (2.390) in (2.388) ein, so ergibt sich für den "Nabla-Vektor"

$$\nabla(*) = \frac{\partial x^i}{\partial x^{i'}}\,\vec{g}^{\,i'}\,\frac{\partial x^{j'}}{\partial x^i}\,\frac{\partial}{\partial x^{j'}} = \delta^{j'}_{i'}\,\vec{g}^{\,i'}\,\frac{\partial}{\partial x^{j'}} = \vec{g}^{\,j'}\,\frac{\partial}{\partial x^{j'}} \quad . \tag{2.391}$$

Ist nun u eine skalare Ortsfunktion, dann gilt für den Gradienten eines Skalars u in krummlinigen Koordinaten

$$\nabla u = \vec{g}^{\,j'}\,\frac{\partial u}{\partial x^{j'}} \qquad \text{oder} \qquad \operatorname{grad} u = \nabla u = u_{,j'}\,\vec{g}^{\,j'} \quad . \tag{2.392}$$

Die partielle Ableitung $u_{,j'}$ der skalaren Funktion ist ein kovarianter Tensor 1. Stufe oder eine kovariante Ableitung.

Nun wird die Divergenz eines Vektors $\vec{A}$ gebildet. Dazu gehen wir von (2.118) aus und erhalten

$$\operatorname{div}\vec{A} = \nabla\vec{A} = \left(\vec{g}^i \frac{\partial}{\partial x^i}\right)(A^j\,\vec{g}_j) \quad . \tag{2.393}$$

Die Basis $\vec{g}_j$ ist von den Koordinaten x^j abhängig. Unter Berücksichtigung der Ableitungen der Basisvektoren (vgl. (2.341)) folgt

$$\operatorname{div}\vec{A} = \vec{g}^i(A^j_{,i}\,\vec{g}_j + A^j\,\vec{g}_{j,i}) = \vec{g}^i(A^j_{,i}\,\vec{g}_j + A^j\,\Gamma^k_{ji}\,\vec{g}_k) \quad . \tag{2.394}$$

Dies läßt sich umformen zu

$$\operatorname{div}\vec{A} = \vec{g}^i\,\vec{g}_j\,(A^j_{,j} + A^k\,\Gamma^j_{ki}) = (A^i_{,i} + A^k\,\Gamma^i_{ki}) \quad . \tag{2.395}$$

Gemäß der Definition der kovarianten Ableitung (siehe Abschnitt 2.2.4.1) lautet die Divergenz des Vektorfeldes $\vec{A}$:

$$\operatorname{div}\vec{A} = \nabla_i A^i = A^i_{,i} + \Gamma^i_{ik}\,A^k \tag{2.396}$$

Für die Rotation des Vektors $\vec{A}$ gilt entsprechend

$$\operatorname{rot}\vec{A} = \nabla\times\vec{A} = \left(\vec{g}^j\,\frac{\partial(*)}{\partial x^j}\right)\times(A_l\,\vec{g}^l) \tag{2.397}$$

oder

$$\operatorname{rot}\vec{A} = (\vec{g}^j\times\vec{g}^l)\,A_{l,j} + A_l\,(\vec{g}^j\times\vec{g}^l_{,j}) \quad . \tag{2.398}$$

Für die Ableitung der Basisvektoren hat man einerseits die Beziehung (2.341). Andererseits führen wir für die partiellen Ableitungen der kontravarianten Basis die Größen $\tilde{\Gamma}^i_{jn}$ ein, mit denen gelten soll

$$\vec{g}^i_{,j} = \tilde{\Gamma}^i_{jk}\,\vec{g}^k \quad . \tag{2.399}$$

Aus

$$\langle\vec{g}^i,\,\vec{g}_j\rangle_{,k} = (\delta^i_j)_{,k} = 0 = \langle\vec{g}^i_{,k}\,,\,\vec{g}_j\rangle + \langle\vec{g}_{j,k}\,,\,\vec{g}^i\rangle \tag{2.400}$$

folgt mit (2.399)

$$\tilde{\Gamma}^i_{kl}\,\vec{g}^l\cdot\vec{g}_j + \Gamma^l_{jk}\,\vec{g}_l\cdot\vec{g}^i = 0 \quad , \tag{2.401}$$

und daraus

$$\tilde{\Gamma}^i_{jk} = -\Gamma^i_{jk} \quad . \tag{2.402}$$

Dies liefert die grundlegenden Formeln für die Ableitungen der Basisvektoren:

$$\begin{aligned} \vec{g}_{k,l} &= \Gamma^m_{kl}\,\vec{g}_m \\ g^k_{,l} &= -\Gamma^k_{lm}\,\vec{g}^m \end{aligned} \tag{2.403}$$

Mit (2.403) läßt sich der 2. Summand in (2.398) umformen:

$$\vec{g}^j \times \vec{g}^l_{,j} = -\Gamma^l_{km} \left(\vec{g}^k \times \vec{g}^m\right) \tag{2.404}$$

Nutzt man die Antisymmetrie des Kreuzproduktes und die Symmetrie der Christoffelsymbole in den unteren Indizes, dann folgt aus (2.404)

$$\vec{g}^j \times \vec{g}^l_{,j} = -\Gamma^l_{mk} \vec{g}^m \times \vec{g}^k = -\vec{g}^j \times \vec{g}^l_{,j} \quad . \tag{2.405}$$

Aus der letzten Beziehung folgt sofort $\vec{g}^j \times \vec{g}^l_{,j} = 0$. Damit geht (2.398) in

$$\operatorname{rot} \vec{A} = \left(\vec{g}^j \times \vec{g}^l\right) A_{l,j} \tag{2.406}$$

über. Mit Hilfe des ϵ-Tensors ergibt sich

$$\operatorname{rot} \vec{A} = \epsilon^{jlm} A_{l,j} \vec{g}_m \quad . \tag{2.407}$$

2.2.4.8 Umrechnung von Gradient, Divergenz und Rotation in Kugelkoordinaten

Für den Ortsvektor $\vec{R}$ gilt in Kugelkoordinaten (siehe (2.376))

$$\vec{R} = r\cos\vartheta\cos\varphi\,\vec{e}_1 + r\cos\vartheta\sin\varphi\,\vec{e}_2 + r\sin\vartheta\,\vec{e}_3 \tag{2.408}$$

mit

$$r \in (0,\infty) \quad , \quad \vartheta \in \left(-\frac{\pi}{2},\frac{\pi}{2}\right) \quad \text{und} \quad \varphi \in [0.2\pi) \quad . \tag{2.409}$$

Wir können direkt an das Beispiel des Abschnittes 2.2.4.6 anknüpfen. Dort wurden die kovariante Basis $\vec{g}_i$, die kovarianten und kontravarianten Metriktensoren und die Christoffelsymbole berechnet. Die kontravariante Basis ergibt sich aus

$$\vec{g}^i = g^{ij} \vec{g}_j \quad . \tag{2.410}$$

Da der Tensor nur Diagonalglieder hat, findet man sofort

$$\vec{g}^1 = \vec{g}_1 \quad , \quad \vec{g}^2 = \frac{1}{r^2}\vec{g}_2 \quad , \quad \vec{g}^3 = \frac{1}{r^2\cos^2\vartheta}\vec{g}_3 \quad . \tag{2.411}$$

Nach (2.392) wird zunächst der Gradient der skalaren Funktion u errechnet:

$$\operatorname{grad} u = u_{,i}\vec{g}^i = \frac{\partial u}{\partial r}\vec{g}_1 + \frac{1}{r^2}\frac{\partial u}{\partial \vartheta}\vec{g}_2 + \frac{1}{r^2\cos^2\vartheta}\frac{\partial u}{\partial \varphi}\vec{g}_3 \tag{2.412}$$

Für Anwendungen muß der Gradient auf Einheitsvektoren

$$\vec{g}_i^* = \frac{1}{\sqrt{g_{(ii)}}} g_i \tag{2.413}$$

bezogen werden. (Die runde Klammer um ii bedeutet, daß über i nicht summiert wird.) Daraus folgt

$$\vec{g}_1 = \vec{g}_1^* \quad , \quad \vec{g}_2 = r\,\vec{g}_2^* \quad , \quad \vec{g}_3 = r\,\cos\vartheta\,\vec{g}_3^* \quad . \tag{2.414}$$

Für den Gradienten ergibt sich jetzt

$$\operatorname{grad} u = \frac{\partial u}{\partial r}\,\vec{g}_1^* + \frac{1}{r}\,\frac{\partial u}{\partial \vartheta}\,\vec{g}_2^* + \frac{1}{r\cos\vartheta}\,\frac{\partial u}{\partial \varphi}\,\vec{g}_3^* \quad . \tag{2.415}$$

Seine Koordinaten lauten:

$$\operatorname{grad}_r u = \frac{\partial u}{\partial r} \quad , \quad \operatorname{grad}_\vartheta u = \frac{1}{r}\,\frac{\partial u}{\partial \vartheta} \quad , \quad \operatorname{grad}_\varphi u = \frac{1}{r\cos\vartheta}\,\frac{\partial u}{\partial \varphi} \tag{2.416}$$

Für die Divergenz eines Vektors $\vec{A}$ gilt nach (2.396)

$$\operatorname{div}\vec{A} = A^i_{,i} + \Gamma^i_{ik}\,A^k \quad . \tag{2.417}$$

Verwendet man die Christoffelsymbole aus Abschnitt 2.2.4.6, dann findet man beispielsweise

$$\nabla_1 A^1 = A^1_{,1} + \Gamma^1_{11}\,A^1 + \Gamma^1_{12}\,A^2 + \Gamma^1_{13}\,A^3 \quad . \tag{2.418}$$

Im einzelnen ergeben sich:

$$\begin{aligned} \nabla_1 A^1 &= A^1_{,1} + \Gamma^1_{1i}\,A^i = A^1_{,1} \\ \nabla_2 A^2 &= A^2_{,2} + \Gamma^2_{2i}\,A^i = A^2_{,2} + \frac{1}{r}\,A^1 \\ \nabla_3 A^3 &= A^3_{,3} + \Gamma^3_{3i}\,A^i = A^3_{,3} + \frac{1}{r}\,A^1 - \tan\vartheta\,A^2 \end{aligned} \tag{2.419}$$

Die Divergenz des Vektors $\vec{A}$ lautet nach dieser Rechnung

$$\operatorname{div}\vec{A} = \nabla_i\,A^i = \frac{\partial A_r}{\partial r} + \frac{1}{r}\,\frac{\partial A_\vartheta}{\partial \vartheta} + \frac{1}{r\cos\vartheta}\,\frac{\partial A_\varphi}{\partial \varphi} + \frac{2}{r}\,A_r - \tan\vartheta\,A_\vartheta \quad . \tag{2.420}$$

Nun wird die Rotation des Vektors $\vec{A}$ ausgerechnet. Sie lautet nach (2.406)

$$\operatorname{rot}\vec{A} = \epsilon^{jlm}\,A_{l,j}\,\vec{g}_m \quad , \tag{2.421}$$

oder ausgeschrieben

$$\operatorname{rot}\vec{A} = \frac{1}{\sqrt{g}}\,(A_{3,2} - A_{2,3})\,\vec{g}_1 + \frac{1}{\sqrt{g}}\,(A_{1,3} - A_{3,1})\,\vec{g}_2 + \frac{1}{\sqrt{g}}\,(A_{2,1} - A_{1,2})\,\vec{g}_3 \quad . \tag{2.422}$$

Für die Berechnung der Rotation von $\vec{A}$ werden die kovarianten Koordinaten von $\vec{A}$ benötigt, die durch die Überschiebung der kontravarianten Koordinaten mit dem Maßtensor g_{ij} erfolgt. Die Rechnung liefert

$$\begin{aligned} A_1 &= g_{11}\,A^1 = A^1 \quad , \\ A_2 &= g_{22}\,A^2 = r^2\,A^2 \quad , \\ A_3 &= g_{33}\,A^3 = r^2\,\cos^2\vartheta\,A^3 \quad . \end{aligned} \tag{2.423}$$

Auf die Einheitsvektoren bezogen lauten die Koordinaten, die jetzt A_r, A_ϑ und A_φ heißen

$$A^1 = A_r \quad , \quad A^2 = \frac{1}{r} A_\vartheta \quad , \quad A^3 = \frac{1}{r \cos\vartheta} A_\varphi \quad . \tag{2.424}$$

Die Determinante des Metriktensors (g_{ij}) ist

$$g = r^4 \cos^2\vartheta \qquad \text{und} \qquad \sqrt{g} = r^2 \cos\vartheta \quad . \tag{2.425}$$

Für die Einheitsvektoren g_i^* gilt

$$\vec{g}_1 = \vec{g}_1^* \quad , \quad \vec{g}_2 = r\,\vec{g}_2^* \quad , \quad \vec{g}_3 = r\,\cos\vartheta\,\vec{g}_3^* \quad . \tag{2.426}$$

Die berechneten Ausdrücke werden in (2.420) eingesetzt. Es ergibt sich

$$\begin{aligned} \operatorname{rot}\vec{A} &= \frac{1}{r^2\cos\vartheta}\left[\frac{\partial(r\cos\vartheta A_\varphi)}{\partial\vartheta} - \frac{\partial(rA_\vartheta)}{\partial\varphi}\right]\vec{g}_1^* \\ &+ \frac{1}{r^2\cos\vartheta}\left[\frac{\partial A_r}{\partial\varphi} - \frac{\partial(r\cos\vartheta A_\varphi)}{\partial r}\right] r\,\vec{g}_2^* \\ &+ \frac{1}{r^2\cos\vartheta}\left[\frac{\partial(rA_\vartheta)}{\partial r} - \frac{\partial A_r}{\partial\vartheta}\right] r\cos\vartheta\,\vec{g}_3^* \end{aligned} \tag{2.427}$$

Die Koordinaten von $\operatorname{rot}\vec{A}$ lauten nun

$$\begin{aligned} \operatorname{rot}_r\vec{A} &= \frac{1}{r}\frac{\partial A_\varphi}{\partial\vartheta} - \frac{1}{r\cos\vartheta}\frac{\partial A_\vartheta}{\partial\varphi} - \frac{\tan\vartheta}{r}A_\varphi \quad , \\ \operatorname{rot}_\vartheta\vec{A} &= \frac{1}{r\cos\vartheta}\frac{\partial A_r}{\partial\varphi} - \frac{\partial A_\varphi}{\partial r} - \frac{1}{r}A_\varphi \quad , \\ \operatorname{rot}_\varphi\vec{A} &= \frac{\partial A_\vartheta}{\partial r} - \frac{1}{r}\frac{\partial A_r}{\partial\vartheta} + \frac{1}{r}A_\vartheta \quad . \end{aligned} \tag{2.428}$$

Diese Rechnung zeigt, daß die allgemeinen Formeln (2.394), (2.396) und (2.407) durch formales Rechnen und Einsetzen auf Kugelkoordinaten spezialisiert wurden. Dies ist insofern eine schöne Anwendung der Tensorrechnung, da ohne sonstige Kenntnisse oder Zeichnungen diese Formeln gewonnen wurden.

2.2.4.9 Differentiation von Tensoren zweiter und höherer Stufe

Ausgangspunkt für die Differentiation von Tensoren höherer Stufe ist der Abschnitt 2.2.4.4. Dort wurde der Begriff der kovarianten Ableitung eingeführt (siehe auch Gleichung (2.353)).

Wir hatten festgestellt: Die partiellen Ableitungen des Tensorfeldes v^k bildeten kein Tensorfeld. Es wurden zusätzliche Terme der Form $\Gamma_{ij}^k\, v^i$ benötigt. Für ein Skalarfeld f fielen kovariante Ableitung und partielle Ableitung zusammen: $\nabla_i f = f_{,i}$. Im Fall eines kovarianten Tensorfeldes v_k lautet die kovariante Ableitung (unter Beachtung von (2.402) und (2.403))

$$\nabla_j v_k := v_{k,j} - \Gamma_{jk}^s\, v_s \quad , \tag{2.429}$$

wobei die Γ^l_{jk} wieder die Christoffelsymbole aus Abschnitt 2.2.4.6 bezeichnen.
Die Definition ist klar, wenn man auf den Summationsindex und das "Indexbild" in (2.429) sieht. Die kovariante Differentiation (siehe (2.353) und (2.429)) definiert also Tensorfelder, deren Typ durch das "Indexbild" gegeben ist.
Wie kann man sich diesen Sachverhalt überlegen?
Aus den Transformationsregeln

$$g_{i'j'} = A^i_{i'} A^j_{j'} g_{ij} \quad , \quad g^{i'j'} = A^{i'}_i A^{j'}_j g^{ij} \tag{2.430}$$

ergibt sich

$$\Gamma^{k'}_{i'j'} = A^i_{i'} A^j_{j'} A^{k'}_k \Gamma^k_{ij} + \left(\frac{\partial}{\partial x^{i'}} A^s_{j'}\right) A^{k'}_s \tag{2.431}$$

durch Differentiation. Diese zentrale Formel zeigt, daß sich die Γ^k_{ij} nicht tensoriell transformieren, da zusätzlich noch ein additiver Term auftritt.
Aus (2.431) und den Transformationsformeln für v_k und v^k ergibt sich durch einfache Rechnung (die hier nicht ausgeführt wird) das tensorielle Transformationsgesetz für (2.353) und (2.429).
Zum Beispiel ist

$$\nabla_{i'} v_{j'} = A^i_{i'} A^j_{j'} \nabla_i v_j \quad . \tag{2.432}$$

Bei der Definition der kovarianten Differentiation für allgemeine Tensorfelder geht man wie folgt vor:

1. Neben dem gegebenen Tensorfeld $v^{j_1 \ldots j_s}_{i_1 \ldots i_r}$ betrachtet man das zugehörige Produkt $(v_{i_1} \ldots v_{i_r}) \cdot (v^{j_1} \ldots v^{j_s})$.
2. Dann berechnet man die kovarianten Ableitungen des Produktes durch formale Anwendung der Produktregel und der Formeln (2.353) und (2.429).
3. Die kovariante Ableitung des gegebenen Tensorfeldes in (1.) wird analog der in (2.) definiert.

Zum Beispiel ergibt sich

$$\begin{aligned} \nabla_i v_j v^k &= (\nabla_i v_j) v^k + v_j \nabla_i v^k \\ &= \frac{\partial}{\partial x^i} (v_j v^k) - \Gamma^s_{ij} v_s v^k + \Gamma^k_{is} v_j v^s \quad . \end{aligned} \tag{2.433}$$

Folglich definiert man

$$\nabla_i v^k_j = \frac{\partial}{\partial x^i} v^k_j - \Gamma^s_{ij} v^k_s + \Gamma^k_{is} v^s_j \quad , \tag{2.434}$$

und analog

$$\nabla_k v_{ij} = \frac{\partial}{\partial x^k} v_{ij} - \Gamma^s_{ki} v_{sj} + \Gamma^s_{kj} v_{is} \quad . \tag{2.435}$$

Neben der partiellen Ableitung erhalten wir also einen Term mit Christoffelsymbolen $\Gamma^{\cdot}_{\cdot\cdot}$ entsprechend den Indizes von $v^{\cdots}_{\cdots}$, die analog den Formeln (2.353) und (2.429) aussehen. Um Gleichungen in willkürlichen Koordinatensystemen zu erhalten, braucht man sie nur als Gleichungen für Tensorfelder zu schreiben.

Falls beispielsweise f und h skalare Felder sind (also Funktionen), dann ist

$$\nabla_i \nabla_j g^{ij} f = h \tag{2.436}$$

eine Gleichung für Tensorfelder, da die linke und die rechte Seite aus skalaren Feldern besteht.

In kartesischen Koordinaten hat man die folgende spezielle Situation:

1. Die metrischen Tensoren g_{ij} und g^{ij} sind gleich dem Kronecker Symbol und für $g = \det(g_{ij})$ ergibt sich $g = 1$. Die Christoffelsymbole verschwinden identisch.

2. Die kovariante Ableitung ∇_i wird zur partiellen Ableitung $\partial/\partial x^i$.

3. Die Vektoren $\vec{g}_i$ der natürlichen Basis bilden eine positiv orientierte Orthonormalbasis. Es ist $\vec{g}_i = \vec{e}_i$.

Folglich schreibt sich (2.436) in kartesischen Koordinaten in der Form

$$\sum_{i=1}^{n} \frac{\partial^2 f}{\partial x^i \partial x^i} = h \quad . \tag{2.437}$$

Dies ist die *Poissongleichung*. Somit ist (2.436) eine Version von (2.437) in einem beliebigen Koordinatensystem.

Hieraus kann man ein allgemeines Prinzip der mathematischen Physik ableiten. Es sei eine Gleichung (zum Beispiel (2.437)) in kartesischen Koordinaten gegeben. Um die Gleichung in einem beliebigen Koordinatensystem zu erhalten, schreibt man die Gleichung als Gleichung von Tensorfeldern, Man ersetzt die partielle Ableitung $\partial/\partial x^i$ durch ∇_i und sichert, daß die freien Indizes für alle additiven Terme die gleichen sind. Zum Beispiel schreibt man anstelle von

$$\frac{\partial}{\partial x^i} A_j \pm \frac{\partial}{\partial x^j} A_i = 0 \tag{2.438}$$

nun

$$\nabla_i A_j \pm \nabla_j A_i = 0 \quad , \tag{2.439}$$

oder anstelle von

$$\operatorname{div} \vec{v} = \frac{\partial}{\partial x^i} v^i \qquad \text{mit} \qquad \vec{v} = v^i \vec{e}_i \tag{2.440}$$

nun

$$\vec{v} = v^i \vec{g}_i \tag{2.441}$$

und

$$\operatorname{div} \vec{v} = \nabla_i v^i \quad . \tag{2.442}$$

Für

$$\vec{v} = \operatorname{grad} f \qquad \text{mit} \qquad v^i = \frac{\partial}{\partial x^i} f \tag{2.443}$$

in kartesischen Koordinaten ergibt sich jetzt

$$v^i = g^{ij} \nabla_j f \quad , \tag{2.444}$$

und folglich entsteht

$$\operatorname{grad} f = (g^{ij} \nabla_j f) \vec{g}_i \quad . \tag{2.445}$$

Im Kapitel 3 werden noch weitere Anwendungen dieses Indexprinzips vorgelegt. So lassen sich die bekannten Maxwellschen Gleichungen und andere - mit Hilfe der Tensoranalysis (Vektoranalysis) beschreibbare - Grundaussagen der Elektrotechnik (zum Beispiel Kontinuitätsgleichung, Poyntingscher Satz, Wellengleichungen für die Feldstärken beziehungsweise elektrodynamischen Potentiale, u.v.a.) mathematisch elegant notieren und umformen.

2.3 Fourierreihen

In Physik und Technik spielen periodische Vorgänge eine zentrale Rolle. Sie treten in Form von mechanischen oder elektrischen Schwingungen, von Wellen , Drehbewegungen u.a. vielfach auf. Zur Beschreibung werden periodische Funktionen benutzt, unter denen die Sinus- und Cosinusfunktionen eine fundamentale Rolle spielen. Das Darstellen "beliebiger" periodischer Funktionen durch Reihen von Cosinus- und Sinusfunktionen ist dabei die mathematische Grundaufgabe.

Reihen dieser Art nennt man Fourier-Reihen - zu Ehren von Fourier [11] der auch den entsprechenden Lösungsansatz fand.

Zum Beispiel führt die Theorie der Saitenschwingung zur "harmonischen Analyse", der Entwicklung von Funktionen in trigonometrische Reihen. Dieses Problem hat die Analysis angeregt. Es besteht in seiner einfachsten Form darin, die Bewegung einer an beiden Seiten eingespannten Saite von der Auslenkung L durch eine Funktion u zu beschreiben, wobei $u = u(t, x)$ die Auslenkung zur Ruhelage zur Zeit t am Ort x beschreibt. Dabei ist angenommen, daß die Bewegung in einer Ebene abläuft.

[11] Jean Baptiste Joseph Fourier (1768 - 1830): Einer der Begründer der mathematischen Physik. Er entwickelte die Grundlagen der mathematischen Theorie der Wärmeleitung.

Nach Vorarbeiten von J. Bernoulli [12] gelang es d' Alembert [13] 1747, die Gleichung der schwingenden Saite

$$u_{tt} = a^2 u_{xx} \qquad \text{für} \qquad 0 < x < L, \quad t > 0 \tag{2.446}$$

für die Funktion u herzuleiten und die allgemeine Lösung ($a = const.$)

$$u(t, x) = g(x + at) + h(x - at) \tag{2.447}$$

anzugeben, wobei g und h ganz beliebige Funktionen (mit entsprechenden Differenzierbarkeitseigenschaften) sind.
Dazu kommen Anfangsbedingungen, die hier nicht näher erläutert werden. Besonders einfache Lösungen von (2.446) sind zum Beispiel Sinusschwingungen der Form

$$u(t, x) = \sin \alpha(x - \beta) \cdot \sin a\, \alpha(t - \delta) \quad . \tag{2.448}$$

Später stellte dann Bernoulli die Lösung u durch "mathematische Superposition" von einfachen harmonischen Schwingungen als unendliche Reihe

$$u(t, x) = \sum_{n=1}^{\infty} a_n \sin \frac{n\pi x}{L} \cos \frac{na\pi t}{L} \tag{2.449}$$

dar (geeignete Randbedingungen einbezogen).
Grundfragen über Konvergenz, gleichmäßige Konvergenz und gliedweise Differentiation stellen sich. Sie werden hier nicht erörtert, der Leser sollte aber diese Fragestellungen in seine Betrachtungen einbeziehen.

2.3.1 Periodische Funktionen

Unter einer *periodischen Funktion* verstehen wir eine Funktion f auf $\mathbf{R}$, die die Gleichung

$$f(x + T) = f(x) \quad , \quad T > 0 \quad , \quad T \quad fest \tag{2.450}$$

für alle $x \in \mathbf{R}$ erfüllt. T heißt die *Periode* von f, und f heißt kurz eine T-periodische Funktion. Geometrisch bedeutet dies, daß der Graph auf Intervallen der Form $[kT, (k+1)T]$, mit ganzzahligem k gleiches Aussehen hat.
Die Funktionen $\sin x$, $\cos x$ sind Beispiele für 2π-periodische Funktionen. Die Funktionen $\sin nx$, $\cos nx$ mit $n \in \mathrm{N}$ besitzen die Periode $2\pi/n$, insbesondere auch die Periode 2π.

[12] Johann Bernoulli (1667-1748): Ausgestaltung und Weiterentwicklung der Infinitesimalmathematik und der Theorie der Differentialgleichungen.

[13] Jean Lerond d' Alembert (1717-1783): Stellte 1743 das d' Alembertsche Prinzip der Mechanik und Bedingungen für die Integrierbarkeit eines Differentialausdruckes auf.

Die Entwicklung von periodischen Funktionen f erfolgt auf der Basis des trigonometrischen Funktionensystems, das aus den Funktionen 1, $\sin nx$, $\cos nx$ ($n \in \mathrm{N}$) gebildet wird.
Bei der Entwicklung der Theorie kann man sich auf 2π-periodische Funktionen beschränken, da eine Funktion mit der Periode T leicht in eine Funktion der Periode 2π überführt werden kann. Ist zum Beispiel $f(x)$ eine T periodische Funktion, so ist

$$\hat{f}(t) = f\left(t\,\frac{T}{2\pi}\right) \qquad \text{mit} \qquad x = \frac{t \cdot T}{2\pi} \tag{2.451}$$

eine 2π-periodische Funktion.

2.3.2 Trigonometrische Reihen, Fourier-Koeffizienten

Unter einer *trigonometrischen Reihe* versteht man einen Ausdruck der Form

$$\frac{1}{2}\,a_0 + \sum_{n=1}^{\infty} (a_n \cos nx + b_n \sin nx) \tag{2.452}$$

oder in komplexer Schreibweise

$$\sum_{n=-\infty}^{\infty} c_n\, e^{i\,nx} = \lim_{p\to\infty} \sum_{n=-p}^{p} c_n\, e^{i\,nt} \quad , \tag{2.453}$$

wobei die Koeffizienten durch die Gleichungen

$$c_0 = \frac{1}{2}\,a_0 \quad , \quad c_n = \frac{1}{2}\,(a_n - i\,b_n) \quad , \quad c_{-n} = \frac{1}{2}\,(a_n + i\,b_n) \quad , \quad n = 1, 2, 3, \ldots \tag{2.454}$$

verknüpft sind. Es ist dann

$$a_n \cos nx + b_n \sin nx = c_n\, e^{i\,nx} + c_{-n}\, e^{-i\,nx} \quad , \quad n = 1, 2, 3, \ldots \quad . \tag{2.455}$$

Die p-ten Teilsummen der beiden Reihen sind also identisch

$$s_p(x) = \frac{1}{2}\,a_0 + \sum_{n=1}^{p} (a_n \cos nx + b_n \sin nx) = \sum_{n=-p}^{p} c_n\, e^{i\,nx} \quad . \tag{2.456}$$

Die Aufgabe besteht nun darin, eine beliebig gegebene 2π-periodische Funktion unter noch anzugebenden Voraussetzungen in Form einer trigonometrischen Reihe

$$f(x) = \frac{a_0}{2} + \sum_{n=1}^{\infty} (a_n \cos nx + b_n \sin nx) \tag{2.457}$$

darzustellen.
Unter welchen Voraussetzungen ist es möglich, f so darzustellen, und wie berechnen sich gegebenenfalls die Koeffizienten $a_0, a_1, \ldots, b_1, b_2, \ldots$?

Für die Herleitung ist es üblich anzunehmen, daß die Reihendarstellung (2.457) besteht und die Reihe in (2.457) sogar gleichmäßig gegen $f(x)$ konvergiert.

Die Vorgehensweise ist nun wie folgt: Beide Seiten der Gleichung (2.457) werden mit $\sin kx,\ k \in \mathbf{N}$ multipliziert und anschließend über $[-\pi, \pi]$ integriert. Wegen der gleichmäßigen Konvergenz darf rechts gliederweise integriert werden. Man erhält

$$\begin{aligned}\int_{-\pi}^{\pi} f(x)\sin(kx)\,dx &= \frac{a_0}{2}\cdot\int_{-\pi}^{\pi}\sin(kx)\,dx \\ &+\sum_{n=1}^{\infty}\left(a_n\int_{-\pi}^{\pi}\cos(nx)\sin(kx)\,dx\right. \\ &\left.+b_n\int_{-\pi}^{\pi}\sin(nx)\sin(kx)\,dx\right) \quad . \end{aligned} \tag{2.458}$$

Bis auf das Integral

$$\int_{-\pi}^{\pi}\sin(nx)\sin(kx)\,dx \qquad \text{mit} \qquad n=k \tag{2.459}$$

verschwinden alle Integrale auf der rechten Seite. Für $n = k$ ist

$$\int_{-\pi}^{\pi}\sin^2(kx)\,dx = \pi \quad . \tag{2.460}$$

Also gilt

$$\int_{-\pi}^{\pi} f(x)\sin(kx)\,dx = b_k\int_{-\pi}^{\pi}\sin^2(kx)\,dx = b_k\,\pi \quad . \tag{2.461}$$

Entsprechend multipliziert man (2.457) mit $\cos(kx)$, integriert über $[-\pi, \pi]$ und erhält:

$$\begin{array}{llllll} \int_{-\pi}^{\pi} f(x)\cos(kx)\,dx &= a_k & \int_{-\pi}^{\pi}\cos^2(kx)\,dx &= a_k\,\pi & \text{für} & k\in\mathbf{N} \\ \int_{-\pi}^{\pi} f(x)\cos(kx)\,dx &= \frac{a_0}{2} & \int_{-\pi}^{\pi} 1\cdot dx &= a_0\,\pi & \text{für} & k=0 \end{array} \tag{2.462}$$

Löst man die Gleichungen nach b_k beziehungsweise a_k auf und schreibt man n statt k, dann ergibt sich:

$$\begin{array}{llll} a_n &= \frac{1}{\pi}\int_{-\pi}^{\pi} f(x)\cos(nx)\,dx & \text{für} & n=0,\,1,\,2,\,\ldots \\ b_n &= \frac{1}{\pi}\int_{-\pi}^{\pi} f(x)\sin(nx)\,dx & \text{für} & n=1,\,2,\,\ldots \end{array} \tag{2.463}$$

Die Existenz der a_n und b_n ist bereits gesichert, wenn nur f im Riemannschen Sinne integrierbar ist. Diese Methode der Koeffizientenberechnung geht auf Fourier zurück. Daher heißen die Ausdrücke (2.463) *Fourier-Koeffizienten* der Funktion f.

Die Voraussetzung, daß f eine gleichmäßig konvergente Entwicklung in eine trigonometrische Reihe besitzt, ist a priori nicht bekannt. Trotzdem kann man für jede integrierbare Funktion f auf $[-\pi, \pi]$ die Fourier-Koeffizienten nach (2.463) bestimmen und damit formal die Reihe

$$\frac{a_0}{2}+\sum_{n=1}^{\infty}(a_n\cos nx + b_n\sin nx) \tag{2.464}$$

bilden. Sie heißt *Fourierreihe* von f. Die zentrale Frage dabei ist:
Für welche Funktionen f konvergiert die Fourierreihe gegen f?
Die für Anwendungen in der Technik und den Naturwissenschaften befriedigende Antwort lautet: Für alle "stückweise monotonen und stetigen Funktionen". Diesen Begriff gilt es zu präzisieren:

Definition 1: Eine Funktion f heißt auf dem Intervall $[a, b]$ *stückweise monoton*, wenn es eine (endliche) Zerlegung

$$a = a_0 < a_1 < \ldots < a_m = b \tag{2.465}$$

von $[a, b]$ gibt, so daß f auf jedem offenen Intervall $(a_0, a_1), \ldots, (a_{m-1}, a_m)$ monoton ist.

Definition 2: f heißt *stückweise stetig* auf $[a, b]$, wenn es eine (endliche) Zerlegung (2.465) mit folgender Eigenschaft gibt: f ist auf jedem Teilintervall $(a_0, a_1), \ldots, (a_{m-1}, a_m)$ stetig und besitzt in den Punkten a_i alle einseitigen Grenzwerte (in a und b nur den rechts- bzw. linksseitigen Grenzwert).

Definition 3: f heißt *stückweise beschränkt differenzierbar*, wenn sie auf jedem der (endlichen) Intervalle $(a_0, a_1), \ldots, (a_{m-1}, a_m)$ eine beschränkte Ableitung besitzt.

Bei all diesen Definitionen ist es ohne Belang, ob oder wie die Funktion f in den Punkten a_i definiert ist. Deshalb kann man f immer als auf ganz $[a, b]$ erklärt betrachten. (Notfalls wird $f(a_i)$ willkürlich festgelegt.) Eine stückweise stetige Funktion ist daher notwendig beschränkt.
Nun läßt sich unsere zentrale Frage präzise beantworten:

Satz: Ist die 2π-periodische Funktion f auf dem Intervall $[-\pi, \pi]$

- stückweise monoton und stetig, oder
- stückweise beschränkt differenzierbar, oder sogar
- stückweise stetig differenzierbar,

so konvergiert ihre Fourierreihe für jedes $x \in \mathbf{R}$ gegen

$$s(x) = \frac{f(x+0) + f(x-0)}{2} \quad . \tag{2.466}$$

In jedem kompakten Teilintervall von $[-\pi, \pi]$ ohne Unstetigkeitsstellen von f ist die Konvergenz sogar gleichmäßig. ($f(x+0)$, $f(x-0)$ bezeichnen rechts- und linksseitige Grenzwerte von f im Punkt x.)
Der Beweis wird hier nicht geführt. Der Leser kann ihn an Hand der Literatur von [Heuser], oder [Burg, Haf, Wille] nachvollziehen.

2.3.3 Beispiele für Fourier-Reihen

Zunächst seien zwei Vorbemerkungen vorangestellt:

1. Ist f eine T-periodische integrierbare Funktion auf $\mathbf{R}$, so gilt

$$\int_0^T f(x)\,dx = \int_a^{a+T} f(x)\,dx \qquad \text{für jedes} \quad a \in \mathbf{R} \quad . \tag{2.467}$$

   Die Formel (2.467) besagt: Die Integration über jedes Intervall der Länge T liefert stets den gleichen Wert.

2. Eine Funktion, definiert auf einem symmetrischen Intervall I um Null, heißt eine
   - gerade Funktion, falls $f(-x) = f(x)$,
   - ungerade Funktion, falls $f(-x) = -f(x)$

   für alle $x \in I$ gilt.

Nehmen wir ohne Beschränkung der Annahme $I = [-\pi, \pi]$ an, so gilt

$$\int_{-\pi}^{\pi} f(x)\,dx \;=\; 2\int_0^{\pi} f(x)\,dx \quad , \quad \text{falls } f \text{ gerade,} \tag{2.468}$$

$$\int_{-\pi}^{\pi} f(x)\,dx \;=\; 0 \quad , \quad \text{falls } f \text{ ungerade.} \tag{2.469}$$

Diese Überlegung kann vorteilhaft auf die Berechnung der Fourierkoeffizienten einer integrierbaren Funktion $f\,|\,[-\pi, \pi] \to \mathbf{R}$ angewendet werden. Ist die Funktion f gerade, dann ist $f(x)\cos nx$ gerade, und $f(x)\sin nx$ ungerade. Ist dagegen f ungerade, dann ist $f(x)\cos nx$ ungerade und $f(x)\sin nx$ gerade. Damit folgt für die Fourierkoeffizienten von f aus (2.468) und (2.469):

$$a_n \;=\; \frac{2}{\pi}\int_0^{\pi} f(x)\cos nx\,dx \quad , \quad b_n = 0 \quad , \quad \text{falls } f \text{ gerade} \tag{2.470}$$

$$b_n \;=\; \frac{2}{\pi}\int_0^{\pi} f(x)\sin nx\,dx \quad , \quad a_n = 0 \quad , \quad \text{falls } f \text{ ungerade} \tag{2.471}$$

Aus dieser Überlegung ziehen wir die

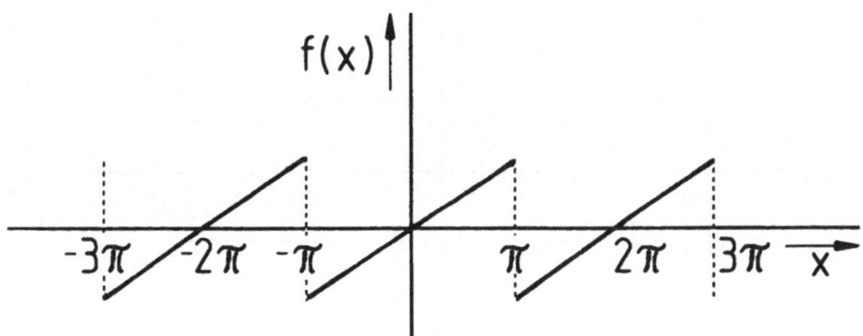

Abbildung 2.7: Sägezahnkurve

Folgerung: Die Fourierreihe einer ungeraden Funktion ist eine reine Sinusreihe; die einer geraden Funktion eine Cosinusreihe (einschließlich konstantem Glied).

Für einige ausgewählte Funktionen werden jetzt die dazugehörigen Fourierreihen berechnet.

Beispiel 1: Betrachten wir eine Sägezahnkurve. Die Funktion

$$f(x) = \begin{cases} ax & , \text{ für } \ -\pi < x < \pi \quad , \quad a > 0 \\ 0 & , \text{ für } \ x = \pi \end{cases} \tag{2.472}$$

denken wir uns zu einer 2π-periodischen Funktion auf $\mathbf{R}$ erweitert (siehe Abbildung 2.7). f ist ungerade, also ist $a_n = 0$ für alle $n = 0, 1, 2, \ldots$. Die b_n errechnen sich aus (2.471):

$$b_n = \frac{2a}{\pi}\int_0^\pi x \sin nx \, dx = \frac{2a}{\pi}\left(\left[-x\,\frac{\cos nx}{n}\right]_0^\pi + \frac{1}{n}\int_0^\pi \cos nx \, dx\right) = \frac{2a\,(-1)^{n+1}}{n} \tag{2.473}$$

Für $x \in (-\pi, \pi)$ gewinnt man die Formel

$$x = 2a\left(\frac{\sin x}{1} - \frac{\sin(2x)}{2} + \frac{\sin(3x)}{3} \mp \ldots\right) \quad , \quad -\pi < x < \pi \quad . \tag{2.474}$$

Es ist erstaunlich, daß sich die rechts stehenden Sinusfunktionen zu einer so einfachen Funktion, wie sie links steht, zusammenfügen.
Für $x = \pi/2$ und $a = 1$ ergibt sich die bekannte Leibnizsche Reihe

$$\frac{\pi}{4} = 1 - \frac{1}{3} + \frac{1}{5} - \frac{1}{7} \pm \ldots \quad . \tag{2.475}$$

Beispiel 2: Betrachten wir eine Rechteckfunktion. Auf $[-\pi, \pi]$ wird die Funktion

$$f(x) = \begin{cases} a & \text{für } \ 0 < x < \pi \\ 0 & \text{für } \ x = 0 < x = \pi \quad , \quad a \neq 0 \\ -a & \text{für } \ -\pi < x < 0 \end{cases} \tag{2.476}$$

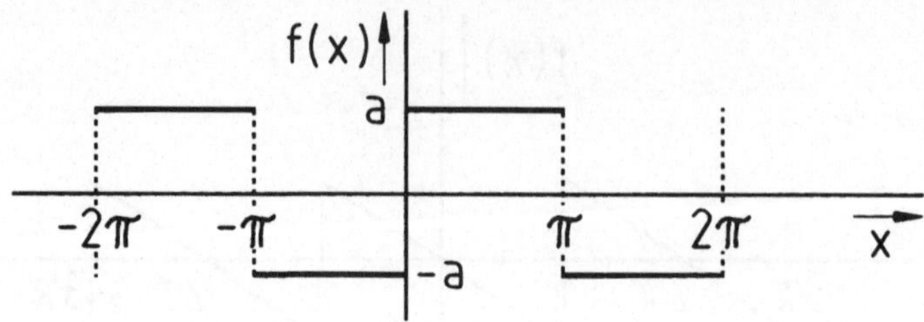

Abbildung 2.8: Rechteckfunktion

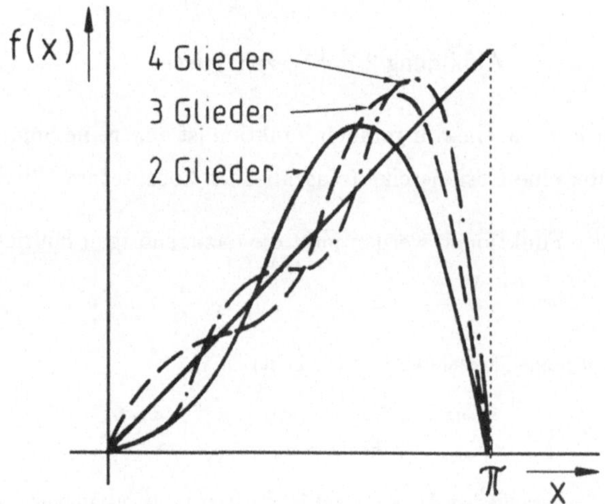

Abbildung 2.9: Partialsummen der Sägezahnfunktion

erklärt und zu einer 2π-periodischen Funktion auf ganz $\mathbf{R}$ fortgesetzt gedacht (siehe Abbildung 2.8). Die Funktion ist ungerade und mit (2.471) ergibt sich:

$$b_n = \frac{2}{\pi}\int_0^\pi a\sin(nx)\,dx = \frac{2a}{\pi}\left[-\frac{\cos nx}{n}\right]_0^\pi = \begin{cases} 0 & \text{, wenn } n \text{ gerade} \\ \frac{4a}{n\pi} & \text{, wenn } n \text{ ungerade} \end{cases} \tag{2.477}$$

Da f stückweise glatt ist, folgt die Konvergenz der Fourierreihen gegen f, also

$$f(x) = \frac{4a}{\pi}\left(\frac{\sin x}{1} + \frac{\sin 3x}{3} + \frac{\sin 5x}{5} + \ldots\right) \quad . \tag{2.478}$$

Physikalisch kann man die Gleichungen (2.474) und (2.478) als Überlagerung von Sinusschwingungen deuten. Abbildung 2.9 zeigt die ersten Partialsummen der Sägezahn- bzw. Rechteckfunktion.

Der Leser möge die folgenden Fourierreihen überprüfen, wobei bei der Berechnung der Fourierkoeffizienten partielle Integration und Substitution angewendet werden.

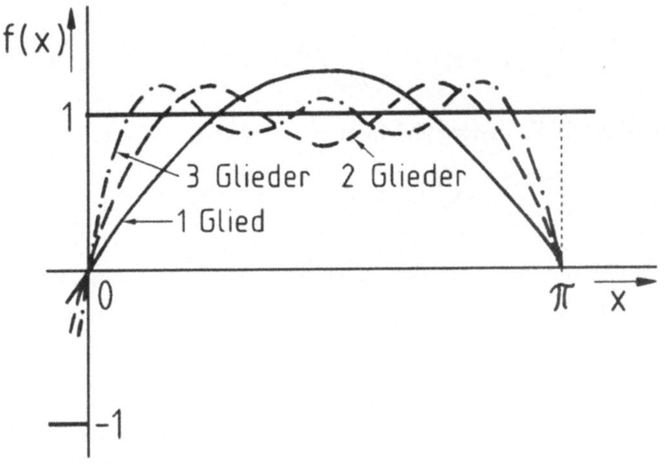

Abbildung 2.10: Partialsummen der Rechteckfunktion

Beispiel 3: Für $x \in [-\pi, \pi]$ gilt

$$x^2 = \frac{\pi^2}{3} - 4\left(\frac{\cos x}{1^2} - \frac{\cos 2x}{2^2} + \frac{\cos 3x}{3^2} \mp \ldots\right) \quad . \tag{2.479}$$

Für $x = \pi$ und $x = 0$ erhält man die Formeln

$$\frac{\pi^2}{6} = \sum_{n=1}^{\infty} \frac{1}{n^2} \quad , \quad \frac{\pi^2}{12} = \sum_{n=1}^{\infty} \frac{(-1)^{n+1}}{n^2} \quad . \tag{2.480}$$

Beispiel 4: Für $x \in [-\pi, \pi]$ gilt

$$|x| = \frac{\pi}{2} - \frac{4}{\pi}\left(\cos x + \frac{\cos 3x}{3^2} + \frac{\cos 5x}{5^2} + \ldots\right) \quad . \tag{2.481}$$

Hier liefert $x = 0$:

$$\frac{\pi^2}{8} = 1 + \frac{1}{3^2} + \frac{1}{5^2} + \ldots \tag{2.482}$$

Beispiel 5: Es gilt (man überprüfe die Voraussetzungen des Satzes aus Abschnitt 2.3.2)

$$|\sin x| = \frac{4}{\pi}\left[\frac{1}{2} - \sum_{m=1}^{\infty} \frac{\cos 2mx}{4m^2 - 1}\right] \quad . \tag{2.483}$$

Auch diese Funktionen denke man sich 2π-periodisch auf **R** erweitert.

2.3.4 Die Besselsche Ungleichung

Zwischen der Funktion f und den Fourierkoeffizienten von f besteht ein interessanter Zusammenhang, der in Form der Besselschen [14] Ungleichung formuliert wird.

[14] Friedrich Wilhelm Bessel (1784-1846): Grundlegende Arbeiten über astronomische und geodätische Fundamentalgrößen, Beiträge zur Potentialtheorie ("Besselfunktionen").

Für alle integrierbaren Funktionen auf $[-\pi, \pi]$ gilt die Besselsche Ungleichung

$$\frac{a_0^2}{2} + \sum_{k=1}^{n} (a_k^2 + b_k^2) \leq \frac{1}{\pi} \int_{-\pi}^{\pi} f^2(x)\, dx \qquad \text{für alle } n \in \mathbf{N} \quad . \tag{2.484}$$

Die a_k und b_k sind die Fourierkoeffizienten von f. Aus (2.484) ergibt sich für $n \to \infty$

$$\frac{a_0^2}{2} + \sum_{k=1}^{\infty} (a_k^2 + b_k^2) \leq \frac{1}{\pi} \int_{-\pi}^{\pi} f^2(x)\, dx \quad . \tag{2.485}$$

Dies bedeutet, daß die Reihe auf der linken Seite der Ungleichung konvergiert. Hieraus folgt weiter, daß die Fourierkoeffizienten einer integrierbaren Funktion gegen Null streben:

$$\lim_{k\to\infty} a_k = 0 \quad , \quad \lim_{k\to\infty} b_k = 0 \tag{2.486}$$

Weiter kann gezeigt werden, daß die Fourierreihe einer 2π-periodischen stückweise stetig differenzierbaren Funktion f gleichmäßig und absolut gegen f konvergiert. Die Reihen $\sum_{k=1}^{\infty} a_k$ und $\sum_{k=1}^{\infty} b_k$, gebildet aus den Fourierkoeffizienten von f, konvergieren sogar absolut.

Die Eindeutigkeit der Darstellung einer gegebenen Funktion in eine Fourierreihe ist gesichert, falls folgendes gilt:

> Ist eine 2π-periodische Funktion durch eine trigonometrische Reihe darstellbar, die punktweise gegen f strebt, so sind die Koeffizienten der Reihe eindeutig durch f bestimmt.

2.3.5 Zur komplexen Schreibweise von Fourier-Reihen

Die komplexe Schreibweise bei Schwingungsvorgängen erweist sich in der Technik als sehr brauchbar. Insbesondere in der Elektrotechnik ist die komplexe Schreibweise bei Schwingungen üblich.

Im Abschnitt 2.3.2 geben die Formeln (2.454) die Zusammenhänge zwischen den reellen und komplexen Fourierkoeffizienten an. Die Koeffizienten c_n in (2.453) lassen sich direkt durch eine Integralformel angeben.

Man geht dabei wieder so vor, daß man annimmt, daß die Reihe

$$f(x) = \sum_{n=-\infty}^{\infty} c_n\, e^{i\,nx} \tag{2.487}$$

gleichmäßig konvergiert. Man multipliziert dann (2.487) mit $e^{-i\,kx}$ (k ganzzahlig), integriert von $-\pi$ bis π und vertauscht Integration und Summation. Es entsteht

$$\int_{-\pi}^{\pi} f(x)\, e^{-i\,kx}\, dx = \sum_{n=-\infty}^{\infty} c_n \int_{-\pi}^{\pi} e^{i\,(n-k)x}\, dx \quad . \tag{2.488}$$

Das in der Gleichung (2.488) rechts stehende Integral wird integriert, indem einzeln über Real- und Imaginärteil integriert und danach summiert wird.
Es ist

$$\int_{-\pi}^{\pi} e^{i(n-k)x}\,dx = \begin{cases} 2\pi & \text{, falls } n = k \\ 0 & \text{, falls } n \neq k \quad . \end{cases} \tag{2.489}$$

Löst man nun (2.488) nach c_n (es wird für k wieder n gesetzt) auf, dann folgt

$$c_n = \frac{1}{2\pi}\int_{-\pi}^{\pi} f(x)e^{-inx}\,dx \quad , \quad n = \ldots -1, 0, 1, \ldots \quad . \tag{2.490}$$

Aus den Beziehungen (2.454) kann man auf

$$a_n = c_{-n} + c_n \qquad \text{und} \qquad b_n = i(c_n - c_{-n}) \quad (n = 0, 1, 2, \ldots) \tag{2.491}$$

schließen. Die Konvergenzsätze gelten für komplex geschriebene Fourierreihen entsprechend.
Zur Beschreibung von Schwingungen verwenden Techniker und Physiker häufig gleich den Reihenansatz der Form

$$f(t) = \sum_{n=-\infty}^{\infty} c_n\, e^{in\omega t} \tag{2.492}$$

mit $\omega > 0$ als Kreisfrequenz.
Mit dieser Reihe arbeitet es sich leichter als mit Sinus- und Kosinusreihen, da die Exponentialfunktion die Gleichung $e^{z+w} = e^z e^w$ erfüllt. Will man zum Beispiel die phasenverschobene Schwingung $g(t) = f(t - t_0)$ durch eine Fourierreihe beschreiben, so folgt aus (2.492)

$$g(t) = f(t - t_0) = \sum_{n=-\infty}^{\infty} c_n\, e^{in\omega(t-t_0)} = \sum_{n=-\infty}^{\infty} \left(c_n\, e^{-in\omega t_0}\right) e^{in\omega t} \tag{2.493}$$

mit

$$c_n\, e^{-in\omega t_0} =: \tilde{c}_n \quad , \tag{2.494}$$

womit die Fourierreihe von g schon ermittelt ist.
Anwendungen finden sich bei der Schwingungsdifferentialgleichung des Federpendels (mit Reibung) und einer äußeren Kraft $K(t)$, die durch ein Magnetfeld erzeugt werden kann. Man erhält die Differentialgleichung

$$m\,\ddot{x}(t) + r\,\dot{x}(t) + c\,x(t) = K(t) \quad , \quad t \in \mathbf{R} \quad . \tag{2.495}$$

Für die Praxis von Bedeutung ist der Fall, daß K eine periodische stetige, stückweise differenzierbare Funktion ist. Man kann als eine mögliche Form der Anwendung von Fourierreihen die Frage untersuchen, welche zweimal stetig differenzierbare Funktion $x \,|\, \mathbf{R} \to \mathbf{R}$ die Differentialgleichung (2.495) erfüllt, auf die jedoch hier nicht eingegangen werden soll. Für diese und weitere Anwendungen sei unter anderem auf die Literatur [Burg, Haf, Wille] und [Heuser] verwiesen.

2.4 Distributionen - Verallgemeinerung des klassischen Funktionsbegriffes

2.4.1 Motivation, Beispiel und Definition

Bei vielen technischen Anwendungen (Ein- und Ausschaltvorgänge in elektrischen Netzwerken, Wirkung einer elektrischen Punktladung in einem elektrischen Feld, Wärmeausbreitung in festen Medien) vollziehen sich die entscheidenden physikalischen Vorgänge in sehr kurzen Zeitabläufen, viele fast plötzlich. Der theoretische Idealfall erfordert keine Zeitdauer. Die Aufgabe des Mathematikers besteht nun darin, in Übereinstimmung mit den gewonnenen Erfahrungen der Physiker und Ingenieure eine mathematische Formulierung einer solchen Aufgabenstellung anzustreben. Dies macht eine Erweiterung des klassischen Funktionsbegriffes erforderlich. In diesem Abschnitt wird deshalb der klassische Funktionsbegriff auf Distributionen erweitert und gezeigt, wie diese mit den stetigen Funktionen zusammenhängen.

Anhand eines Beispieles aus den Anwendungen soll zuerst erklärt werden, warum der klassische Funktionsbegriff im allgemeinen nicht ausreicht, um ein mathematisches Modell aufzustellen, welches mit ausreichender Genauigkeit den physikalischen oder technischen Vorgang wiedergibt.

Die Wärmeausbreitung in einem unendlich langen Stab wird bei vorgegebener Anfangsverteilung in idealisierter Form durch die eindimensionale Wärmeleitungsgleichung

$$u_{xx}(x,t) = u_t(x,t) \quad , \quad t > 0 \quad , \quad -\infty < x < \infty \quad , \tag{2.496}$$

mit

$$u(x,0) = g(x) \tag{2.497}$$

beschrieben. Als Lösung ergibt sich

$$u(x,t) = \frac{1}{2\sqrt{\pi t}} \int_{-\infty}^{\infty} g(y) \exp\left(-\frac{(x-y)^2}{4t}\right) dy \quad , \tag{2.498}$$

oder mit

$$u_0(x,t;y) := \frac{1}{2\sqrt{\pi t}} \exp\left(-\frac{(x-y)^2}{4t}\right) \tag{2.499}$$

folgt

$$u(x,t) = \int_{-\infty}^{\infty} g(y)\, u_0(x,t;y)\, dy \quad . \tag{2.500}$$

Für $t > 0$ erfüllt (2.499) bei konstantem y die Wärmeleitungsgleichung (2.496). Man nennt u_0 Grundlösung von (2.496).

Weiter gilt für $t \to +0$:

$$u_0(x,\, t;\, y) \to \begin{cases} 0 & , \quad \text{für}\, x \neq y \\ \infty & , \quad \text{für}\, x = y \end{cases} \tag{2.501}$$

u_0 verhält sich für $t \to +0$ singulär. Offensichtlich kann u_0 für $t = 0$ nicht als gewöhnliche Funktion aufgefaßt werden. Jedoch läßt sich u_0 durch Grenzübergang aus klassischen Lösungen von (2.496) bestimmen.

Dazu wählen wir die Anfangstemperaturverteilung

$$q_\epsilon(x) := \begin{cases} \frac{1}{2\epsilon} & , \quad \text{für}\, |x - y| < \epsilon \\ 0 & , \quad \text{sonst} \end{cases} \tag{2.502}$$

für beliebige $\epsilon > 0$. Die Wärmemenge $Q(t)$ im Stab zur Zeit t berechnet sich aus

$$Q(t) = \int_{-\infty}^{\infty} u(x,\, t)\, dx \quad , \tag{2.503}$$

und für $t = 0$ ergibt sich

$$Q(0) = \int_{-\infty}^{\infty} u(x,\, 0)\, dx = \int_{-\infty}^{\infty} q_\epsilon(x)\, dx = \frac{1}{2\epsilon} \int_{y-\epsilon}^{y+\epsilon} dx = 1 \quad . \tag{2.504}$$

Durch Benutzung des Mittelwertsatzes der Integralrechnung folgt für (2.500) für $t > 0$

$$u_\epsilon(x,\, t) = \int_{-\infty}^{\infty} q_\epsilon(y)\, u_0(x,\, t;\, y)\, dy = \frac{1}{2\epsilon} \int_{y-\epsilon}^{y+\epsilon} u_0(x,\, t;\, y)\, dy = u_0(x,\, t;\, y^*) \tag{2.505}$$

mit $y - \epsilon < y^* < y + \epsilon$. Wegen $y^* \to y$ für $\epsilon \to 0$ und da u_0 für $t > 0$ stetig ist, folgt

$$u_\epsilon(x,\, t) \to u_0(x,\, t;\, y) \quad \text{für} \quad \epsilon \to 0 \quad \text{und} \quad t > 0 \quad . \tag{2.506}$$

Physikalische Interpretation: Denken wir uns für $t = 0$ die gesamte Wärmemenge $Q = 1$ im Punkt y konzentriert, so beschreibt $u_0(x,\, t,\, y)$ die sich hieraus bildende Temperaturverteilung zum Zeitpunkt $t > 0$.

Das es viele Modelle gibt, in denen eine Masse oder eine elektrische Ladung auf einen Punkt konzentriert ist, muß eine Präzisierung dieser Funktionen vorgenommen werden. Hierzu müssen zunächst einige Begriffe geklärt werden.

Unter dem *Träger einer Funktion* $f\,|\mathbf{R}^n \to \mathbf{R}$ versteht man die Menge

$$Trf := \overline{\{x \in \mathbf{R}^n \mid f(x) \neq 0\}} \quad , \tag{2.507}$$

wobei mit $\bar{A}$ die Abschließung einer Menge $A \subset \mathbf{R}^n$ bezeichnet wird:
$\bar{A} = A \cup \{$ Häufungspunkte von $A\}$.

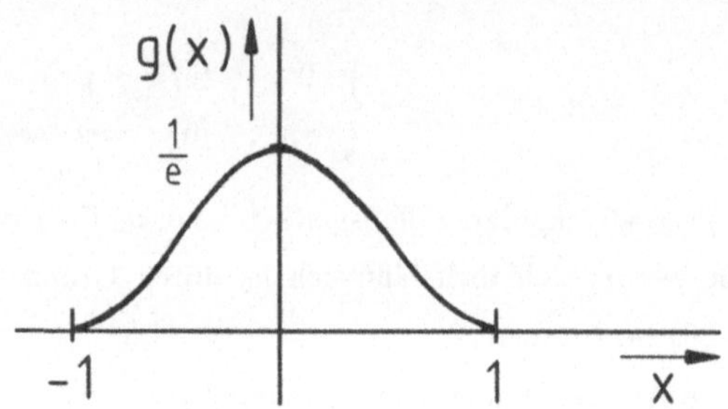

Abbildung 2.11:

Die Menge aller auf dem $\mathbf{R}^n$ erklärten stetigen Funktionen mit kompakten (d.h. mit abgeschlossenem und beschränktem) Träger bezeichnen wir mit $\mathbf{C}_0(\mathbf{R}^n)$. Die Menge aller im $\mathbf{R}^n$ beliebig oft stetig differenzierbaren Funktionen mit kompaktem Träger bezeichnen wir mit $\mathbf{C}_0^\infty(\mathbf{R}^n)$.

Beispiel 1: Aus der Funktion

$$f(t) := \begin{cases} 0 & , \text{ für } t \leq 0 \\ \exp\left(-\frac{1}{t}\right) & , \text{ für } t > 0 \end{cases} \tag{2.508}$$

(die keinen kompakten Träger besitzt) läßt sich eine $\mathbf{C}_0^\infty(\mathbf{R}^n)$-Funktion gewinnen (siehe Abbildung 2.11):

$$g(x) := f\left(1 - \|x\|^2\right) = \begin{cases} 0 & , \text{ für } \|x\| \geq 1 \\ \exp\left(-\frac{1}{1-\|x\|^2}\right) & , \text{ für } \|x\| < 1 \end{cases} \tag{2.509}$$

Dabei ist $x = (x_1, \ldots, x_n)$ und $\|x\| = (x_1^2 + \ldots + x_n^2)^{1/2}$.
Führt man h durch $h(x) := \mathbf{C}\, g(x)$ $(\mathbf{C} > 0)$ ein, so kann durch passende Wahl von $\mathbf{C}$ erreicht werden, daß

$$\int_{\mathbf{R}^n} h(x)\, dx = 1 \tag{2.510}$$

gilt. Setzt man noch

$$h_\alpha(x) := \frac{1}{\alpha^n}\, h\left(\frac{x}{\alpha}\right) \quad , \quad \alpha > 0 \ , \tag{2.511}$$

so folgt

$$h_\alpha \in \mathbf{C}_0^\infty(\mathbf{R}^n) \quad \text{mit} \quad Trh_\alpha = \{x \in \mathbf{R}^n \mid \|x\| \leq \alpha\} \tag{2.512}$$

und

$$\int_{\mathbf{R}^n} h_\alpha(x)\, dx = 1 \ . \tag{2.513}$$

Anmerkungen:

1. Anstelle von $\int_{\mathbf{R}^n} f(x)\, dx$ wird einfach $\int f(x)\, dx$ geschrieben. Diese Integrale über Funktionen mit kompaktem Träger können stets durch Integration über einen hinreichend großen Quader berechnet werden.

2. Mit Hilfe der Funktion h_α läßt sich nun aus jeder beliebigen stetigen Funktion u, die einen kompakten Träger besitzt, gemäß der Vorschrift

$$u_\alpha(x) := \int u(y)\, h_\alpha(y-x)\, dy \tag{2.514}$$

eine $\mathbf{C}_0^\infty(\mathbf{R}^n)$-Funktion konstruieren. Außerdem gilt

$$\lim_{\alpha \to 0} u_\alpha(x) = u(x) \tag{2.515}$$

gleichmäßig im $\mathbf{R}^n$. Somit stehen für die Theorie der Distributionen "genügend" Funktionen aus $\mathbf{C}_0^\infty(\mathbf{R}^n)$ zur Verfügung.

3. In der Menge $\mathbf{C}_0^\infty(\mathbf{R}^n)$ werden die algebraischen Operationen

$$(f+g)(x) := f(x) + g(x) \quad , \quad (\alpha f)(x) := \alpha f(x) \quad , \quad \alpha \in \mathbf{R} \tag{2.516}$$

eingeführt. Damit wird $\mathbf{C}_0^\infty(\mathbf{R}^n)$ ein linearer Vektorraum, der für nachfolgende Untersuchungen benötigt wird.

Vor der Definition der Distribution erinnern wir noch einmal an den Begriff des linearen Funktionals (siehe Abschnitt 2.2.2):

Eine Abbildung $F \mid A \to \mathbf{R}$ (A - Vektorraum) heißt *Funktional*, falls der Bildbereich in $\mathbf{R}$ (oder $\mathbf{C}$) enthalten ist. Ein Funktional heißt *linear*, wenn für alle $x,\, y \in A$ und $\alpha \in \mathbf{R}$ gilt:

$$F(x+y) = Fx + Fy \quad , \quad F(\alpha x) = \alpha Fx \tag{2.517}$$

Definition 1: Eine *Distribution*, auch als verallgemeinerte Funktion bezeichnet, nennt man ein lineares Funktional auf dem Grundraum $\mathbf{C}_0^\infty(\mathbf{R}^n)$. Die Menge aller dieser Distributionen bezeichnen wir mit $\mathbf{D}(\mathbf{R}^n)$.

Beispiel 2: Sei f eine beliebige fest vorgegebene Funktion mit kompaktem Träger in $\mathbf{R}^n$. Wir definieren

$$F\varphi := \int f(x)\,\varphi(x)\, dx \qquad \text{mit} \qquad \varphi \in \mathbf{C}_0^\infty(\mathbf{R}^n) \tag{2.518}$$

und ordnen somit jedem $\varphi \in \mathbf{C}_0^\infty(\mathbf{R}^n)$ gemäß der Vorschrift (2.518) eine reelle Zahl F_φ zu. Statt F ist auch die Schreibweise F_f gebräuchlich, um auszudrücken, daß F durch die stetige Funktion f induziert wird. Nun gilt

$$F_f(\varphi + \psi) = \int f \cdot (\varphi + \psi)\, dx = \int f\varphi\, dx + \int f\psi\, dx = F_f\varphi + F_f\psi \tag{2.519}$$

für alle $\varphi,\, \psi \in \mathbf{C}_0^\infty(\mathbf{R}^n)$ und

$$F_f(\alpha\,\varphi) = \int f \cdot (\alpha\,\varphi)\, dx = \alpha \int f\varphi\, dx = \alpha\, F_f(\varphi) \tag{2.520}$$

für alle $\varphi \in \mathbf{C}_0^\infty(\mathbf{R}^n)$ und alle $\alpha \in \mathbf{R}$. Somit ist $F_f \in \mathbf{D}(\mathbf{R}^n)$.

2.4.2 Stetige Funktionen und Distributionen

Welcher Zusammenhang besteht zwischen stetigen Funktionen und den Distributionen? Wie Beispiel 2 im Abschnitt 2.4.1 zeigt, können wir jeder stetigen Funktion f mit kompaktem Träger eine Distribution F_f zuordnen:

$$\mathbf{C}_0^\infty(\mathbf{R}^n) \ni f \to F_f \in \mathbf{D}(\mathbf{R}^n) \tag{2.521}$$

Läßt sich auch umgekehrt aus einer Distribution F_f, die durch eine stetige Funktion mit kompaktem Träger induziert ist, die Funktion f zurückgewinnen?
Die Anwort lautet ja! Dabei wird die in Beispiel 1 im Abschnitt 2.4.1 eingeführte Funktion h_α benutzt. Es gilt der

Satz: Jedem $f \in \mathbf{C}_0^\infty(\mathbf{R}^n)$ kann durch

$$F_f\varphi = \int f \cdot \varphi \, dx \quad , \quad \varphi \in \mathbf{D}(\mathbf{R}^n) \tag{2.522}$$

umkehrbar eindeutig ein $F_f \in \mathbf{D}(\mathbf{R}^n)$ zugeordnet werden. Die Funktion f läßt sich aus der Distribution F_f durch den Grenzwert

$$f(x) = \lim F_f \, h_{\alpha,x}(y) \tag{2.523}$$

berechnen, wobei $h_{\alpha,x}(y) := h_\alpha(y - x)$ ist.

Der Satz sagt aus, daß zwischen den stetigen Funktionen f (mit kompaktem Träger) und den durch f induzierten Distributionen eine eineindeutige Zuordnung besteht. Man kann also f und F_f identifizieren und hierfür $f = F_f$ schreiben.
Während der klassische Funktionsbegriff jedem $x \in \mathbf{R}^n$ eine Zahl $f(x) \in \mathbf{R}$ zuordnet, wird jetzt jedem $\varphi \in \mathbf{C}_0^\infty(\mathbf{R}^n)$ vermöge dem linearen Funktional F eine reelle Zahl $F(\varphi)$ zugeordnet. Man kann $\mathbf{C}_0(\mathbf{R}^n)$ als Teilmenge von $\mathbf{D}(\mathbf{R}^n)$ ansehen: $\mathbf{C}_0(\mathbf{R}^n) \subset \mathbf{D}(\mathbf{R}^n)$.
Wir geben jetzt eine Distribution - die Delta Distribution - an, die nicht zu $\mathbf{C}_0(\mathbf{R}^n)$ gehört.
Beispiel: Die Diracsche Delta-Funktion (genauer Delta-Distribution) F_δ ist durch

$$F_\delta\varphi := \varphi(0) \qquad \text{für} \qquad \varphi \in \mathbf{D}(\mathbf{R}^n) \tag{2.524}$$

beliebig fixiert, definiert. Das heißt, jedem $\varphi \in \mathbf{C}_0^\infty(\mathbf{R}^n)$ wird der Zahlenwert $\varphi(0)$ zugeordnet.
F_δ ist ein lineares Funktional, denn es gilt

$$F_\delta(\varphi_1 + \varphi_2) = (\varphi_1 + \varphi_2)(0) = \varphi_1(0) + \varphi_2(0) = F_\delta\varphi_1 + F_\delta\varphi_2 \tag{2.525}$$

für alle $\varphi_1, \varphi_2 \in \mathbf{C}_0^\infty(\mathbf{R}^n)$ und

$$F_\delta(\alpha\,\varphi) = (\alpha\,\varphi)(0) = \alpha\,\varphi(0) = \alpha\,F_\delta\,\varphi \tag{2.526}$$

für alle $\varphi \in \mathbf{C}_0^\infty(\mathbf{R}^n)$, also $F_\delta \in \mathbf{D}(\mathbf{R}^n)$.

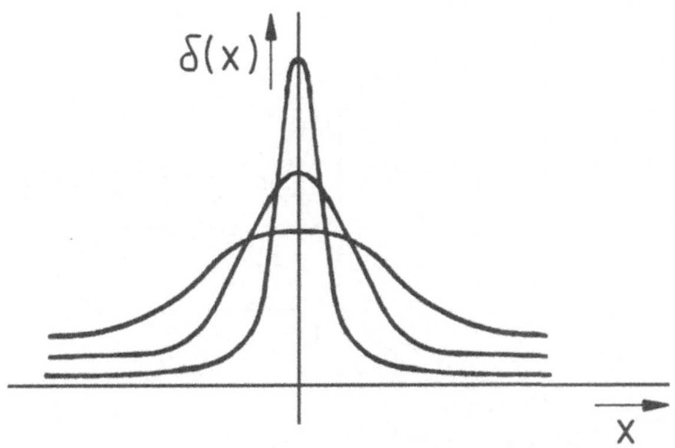

Abbildung 2.12:

Nun benutzen wir

$$h_{\alpha,x}(y) = h_\alpha(y-x) \in \mathbf{C}_0^\infty(\mathbf{R}^n) \tag{2.527}$$

für festes $\alpha > 0$ und $x \in \mathbf{R}^n$ und bilden

$$\begin{aligned} F_\delta\, h_{\alpha,x}(y) &= h_{\alpha,x}(0) = h_\alpha(-x) \\ &= \frac{1}{\alpha^n} h\left(\frac{-x}{\alpha}\right) = \frac{1}{\alpha^n} \cdot \begin{cases} 0 & , \text{ für } x \neq 0,\ \alpha \text{ hinreichend klein} \\ h(0) & , \text{ für } x = 0 \end{cases} . \end{aligned} \tag{2.528}$$

Nach Definition in Beispiel 1 von Abschnitt 2.4.1 ist $h(0) \neq 0$. Hieraus folgt für $\alpha \to +0$:

$$F_\delta\, h_{\alpha,x}(y) = \begin{cases} 0 & , \text{ für } x \neq 0 \\ +\infty & , \text{ für } x = 0 \end{cases} \tag{2.529}$$

und F_δ ist kein Element von $\mathbf{C}_0(\mathbf{R}^n)$, da

$$\delta(x) := \begin{cases} 0 & , \text{ für } x \neq 0 \\ \infty & , \text{ für } x = 0 \end{cases} \tag{2.530}$$

keine Funktion im klassischen Sinn ist. Es gilt die Schreibweise

$$F_\delta\varphi = \delta\varphi = \varphi(0) \qquad \text{bzw.} \qquad F_\delta\varphi = \delta\varphi = \int \delta(x)\,\varphi(x)\,dx \quad . \tag{2.531}$$

Abbildung 2.12 zeigt eine mögliche Funktionsfolge, aus der man sich durch Grenzübergang die Dirac-Delta-Funktion entstanden denken kann.

Für diese Funktion existieren Darstellungen in Form von Grenzwerten, Reihen und Integralen. Einige seien an dieser Stelle genannt:

$$\delta(x) = \frac{1}{\pi} \lim_{s\to\infty} \frac{\sin sx}{x} \quad , \tag{2.532}$$

$$\delta(x) = \frac{1}{l} \sum_{n=-\infty}^{\infty} \exp\left(\frac{2\pi i n x}{l}\right) \quad , \quad l > 0 \tag{2.533}$$

$$\delta(x) = \frac{1}{2\pi} \int_{-\infty}^{\infty} \exp(i x y)\, dy \quad . \tag{2.534}$$

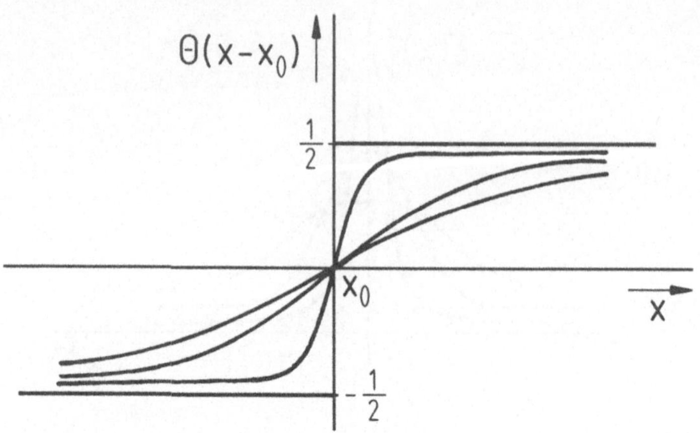

Abbildung 2.13:

Bei praktischen Rechnungen finden die Formeln

$$h(x) \cdot \delta(x) = 0 \qquad \text{und} \qquad x\,\delta(x) = 0 \tag{2.535}$$

Anwendung. Die Funktion h bezeichnet die Heavisidesche Sprungfunktion, die in Beispiel 1 des Abschnittes 2.4.3.2 auftritt.
In Abbildung 2.13 ist

$$\theta(x - x_0) := h(x - x_0) - \frac{1}{2} \tag{2.536}$$

wieder als Grenzwert einer möglichen Funktionenfolge dargestellt.
Mittels δ-Funktion kann die Frage nach der Grundlösung der Wärmeleitungsgleichung beantwortet werden.

2.4.3 Das Rechnen mit Distributionen

Nun wird untersucht, wie mit Distributionen gerechnet werden kann, insbesondere wie man sie addiert, multipliziert und differenziert.

2.4.3.1 Algebraische Grundoperationen

Es seien F_1, $F_2 \in \mathbf{D}(\mathbf{R}^n)$ gegeben. Es gilt $F_1 = F_2$ falls

$$F_1\varphi = F_2\varphi \qquad \text{für alle} \qquad \varphi \in \mathbf{C}_0^\infty(\mathbf{R}^n) \tag{2.537}$$

erfüllt ist.
Für die *Addition* gilt

$$(F_1 + F_2)\varphi := F_1\varphi + F_2\varphi \qquad \text{für alle} \qquad \varphi \in \mathbf{C}_0^\infty(\mathbf{R}^n) \quad . \tag{2.538}$$

Für die *Multiplikation* mit einem Skalar gilt

$$(\alpha F)\varphi := F(\alpha\varphi) \qquad \text{für alle} \qquad \varphi \in \mathbf{C}_0^\infty(\mathbf{R}^n) \quad . \tag{2.539}$$

Aufgrund der Definitionen ist klar, daß

$$(F_1 + F_2) \in \mathbf{D}(\mathbf{R}^n) \qquad \text{und} \qquad \alpha F \in \mathbf{D}(\mathbf{R}^n) \tag{2.540}$$

gilt. Somit ist $\mathbf{D}(\mathbf{R}^n)$ ein linearer Vektorraum.
Die Multiplikation mit einer beliebigen C^∞-Funktion ist erklärt durch

$$(\psi F)\varphi := F(\psi \cdot \varphi) \qquad \text{für alle} \qquad \varphi \in \mathbf{C}_0^\infty(\mathbf{R}^n) \quad . \tag{2.541}$$

Mit $\psi \in C^\infty(\mathbf{R}^n)$ und $\varphi \in \mathbf{C}_0^\infty(\mathbf{R}^n)$ folgt $\psi \cdot \varphi \in \mathbf{C}_0^\infty(\mathbf{R}^n)$ und $\psi \cdot F \in \mathbf{D}(\mathbf{R}^n)$. Weiter folgt für $f \in \mathbf{C}_0(\mathbf{R}^n)$

$$(\psi F_f)\varphi = F_f(\psi \cdot \varphi) = \int f\psi\varphi\, dx = F_{f\cdot\psi}\varphi \tag{2.542}$$

mit beliebigem $\varphi \in \mathbf{C}_0^\infty(\mathbf{R}^n)$, also die Beziehung $\psi F_f = F_{f\cdot\psi}$.

2.4.3.2 Differentiation und Beispiele

Bei der *Differentiation* von Distributionen läßt man sich vom klassischen Ableitungsbegriff im $\mathbf{R}$ leiten.
Sei f eine in $\mathbf{R}$ stetig differenzierbare Funktion mit kompaktem Träger $f \in \mathbf{C}_0^1(\mathbf{R})$. Gemäß Abschnitt 2.4.2 dürfen die Funktion $f \in \mathbf{C}_0^1(\mathbf{R})$ bzw. ihre Ableitung f' mit den Distributionen F_f bzw. $F_{f'}$ identifiziert werden. Dann gilt $f = F_f$ und $f' = F_{f'}$. Dies führt zu

$$\frac{d}{dx}F_f = F_{\frac{d}{dx}f} = F_{f'} \tag{2.543}$$

mit

$$F_f\varphi = \int f\varphi\, dx \qquad \text{und} \qquad F_{f'}\varphi = \int f'\varphi\, dx \tag{2.544}$$

für ein beliebiges $\varphi \in \mathbf{C}_0^\infty(\mathbf{R}^n)$. Aus

$$\int (f \cdot \varphi)'\, dx = \int f' \cdot \varphi\, dx + \int f \cdot \varphi'\, dx \tag{2.545}$$

folgt nun

$$F_{f'}\varphi = \int (f \cdot \varphi)'\, dx - \int f \cdot \varphi'\, dx \quad . \tag{2.546}$$

Die Funktion $\varphi \in \mathbf{C}_0^\infty(\mathbf{R}^n)$ kann so gewählt werden, daß sie für $|x| \geq a$ verschwindet. Somit ist

$$\int (f \cdot \varphi)'\, dx = \int_{-a}^{a} (f \cdot \varphi)'\, dx = f(x) \cdot \varphi(x)\Big|_{x=-a}^{x=a} = 0 \quad , \tag{2.547}$$

und aus (2.546) folgt die Beziehung

$$F_{f'}\varphi = -F_f\varphi' \quad . \tag{2.548}$$

Zusammen mit (2.543) ergibt sich

$$\left(\frac{d}{dx}F_f\right)\varphi = -F_f\left(\frac{d}{dx}\varphi\right) \quad . \tag{2.549}$$

Definition: Unter der Ableitung von $F \in \mathbf{D}(\mathbf{R})$ versteht man die durch

$$\left(\frac{d}{dx}F_f\right)\varphi = -F_f\left(\frac{d}{dx}\varphi\right) \quad , \quad \varphi \in \mathbf{C}_0^\infty(\mathbf{R}) \text{ beliebig} \tag{2.550}$$

erklärte Abbildung $\frac{d}{dx}F$. Für $F \in \mathbf{D}(\mathbf{R}^n)$ lassen sich partielle Ableitungen der Form $\frac{\partial}{\partial x_j}F \quad , \quad j = 1, \ldots, n$ durch

$$\left(\frac{\partial}{\partial x_j}F\right)\varphi := -F\left(\frac{\partial}{\partial x_j}\varphi\right) \quad , \quad \varphi \in \mathbf{C}_0^\infty(\mathbf{R}) \text{ beliebig} \tag{2.551}$$

erklären.

Anmerkung: Da $\varphi \in \mathbf{C}_0^\infty$ sind auch die Ableitungen $d\varphi/dx$ und $\partial\varphi/\partial x_j$ wieder $\mathbf{C}_0^\infty$-Funktionen. Somit sind gemäß (2.550) bzw. (2.551) auch die Ableitungen wieder Distributionen. Somit kann man $d\varphi/dx$ und $\partial\varphi/\partial x_j$ wieder differenzieren und gelangt zu dem Ergebnis: Distributionen können beliebig oft differenziert werden. Die üblichen Differentiationsregeln (Summen- und Produktregel) bleiben erhalten.

Beispiel 1: Die Funktion

$$f(x) = \begin{cases} 0 & \text{für } x < 0 \\ x & \text{für } x \geq 0 \end{cases} \tag{2.552}$$

erzeugt auf $\mathbf{C}_0^\infty(\mathbf{R}^n)$ die Distribution F_f

$$F_f\,\varphi = \int_{-\infty}^{\infty} f(x)\,\varphi(x)\,dx = \int_0^{\infty} x\,\varphi(x)\,dx \quad . \tag{2.553}$$

Nun wird die Distributionsableitung $d/dx F_f$ berechnet. Nach Definition gilt

$$\left(\frac{d}{dx}F_f\right)\varphi = -F_f\left(\frac{d}{dx}\varphi\right) = -\int_0^{\infty} x\,\varphi'(x)\,dx \quad . \tag{2.554}$$

Partielle Integration liefert

$$\left(\frac{d}{dx}F_f\right)\varphi = -x\,\varphi(x)|_{x=0}^{x=a} + \int_0^a 1\cdot\varphi(x)\,dx = \int_0^{\infty} 1\cdot\varphi(x)\,dx \tag{2.555}$$

(unter Berücksichtigung, daß φ für genügend großes $a > 0$ verschwindet). Mit der Funktion

$$h(x) := \begin{cases} 0 & \text{für} \quad x < 0 \\ 1 & \text{für} \quad x \geq 0 \end{cases} \tag{2.556}$$

läßt sich (2.555) in der Form

$$\left(\frac{d}{dx}F_f\right)\varphi = \int_{-\infty}^{\infty} h(x)\,\varphi(x)\,dx = F_h\,\varphi \tag{2.557}$$

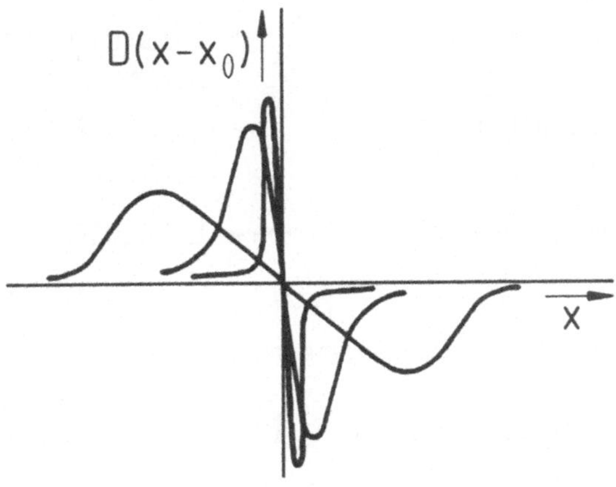

Abbildung 2.14: Folgen von "Dipolfunktionen"

schreiben. Die Funktion h heißt Heaviside-Sprungfunktion, und das Resultat (2.557) kann wie folgt formuliert werden:
Die Distributionsableitung von f ist gleich der durch die Heaviside-Funktion erzeugten Distribution.
Beispiel 2: Es wird die Ableitung von F_h aus (2.557) berechnet. Für $\varphi \in \mathbf{C}_0^\infty(\mathbf{R})$ gilt, wenn wir a geeignet wählen:

$$\begin{aligned} \left(\frac{d}{dx} F_h\right) \varphi &= -F_h \left(\frac{d}{dx}\varphi\right) \varphi = -\int_{-\infty}^{\infty} h(x)\,\varphi'(x)\,dx \\ &= -\int_0^{\infty} h(x)\,\varphi'(x)\,dx = -\int_0^a h(x)\,\varphi'(x)\,dx \\ &= -\int_0^a \varphi'(x)\,dx = \varphi(0) - \varphi(a) = \varphi(0) = \delta\varphi \quad . \end{aligned} \tag{2.558}$$

Als Ergebnis der Distributionsableitung der Heaviside-Funktion entsteht die δ-Distribution.
Dem Leser sei empfohlen, die Distributionsableitung der δ-Funktion zu ermitteln. Als Ableitung entsteht die sogenannte Dipolfunktion $D(x - x_0)$ (siehe Abbildung 2.14). Sie ist durch

$$D(x - x_0) := \begin{cases} 0 & , \quad x < x_0 \\ +\infty & , \quad x = x_0 - \epsilon \quad \text{für} \quad \epsilon > 0 \\ -\infty & , \quad x = x_0 + \epsilon \quad \text{für} \quad \epsilon \to 0 \\ 0 & , \quad x > x_0 \end{cases} \tag{2.559}$$

erklärt. Ihre Funktionswerte nähern sich im Grenzfall der Ladungsverteilung in einem elektrischen Dipol. Daher stammt diese Bezeichnung.

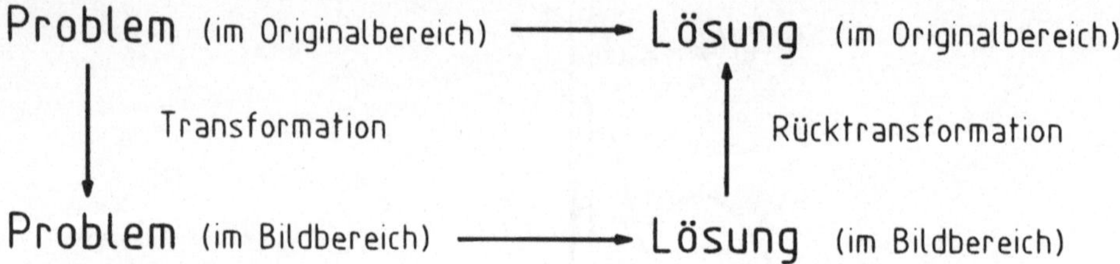

Abbildung 2.15: Problemlösung mittels Integraltransformationen

2.5 Die Fourier- und Laplace-Transformation

Beide Transformationsarten von Funktionen spielen in den Naturwissenschaften und der Technik eine wichtige Rolle, da sie sich insbesondere für die Lösung von bestimmten Typen von gewöhnlichen und partiellen Differentialgleichungen als wichtiges Hilfsmittel erweisen.

Das besondere bei diesen Transformationen besteht darin, daß sie die Differentiation und Integration in algebraische Operationen umwandeln können.

Bei den genannten Transformationen handelt es sich um Integraltransformationen, die von der Form

$$f \to Tf \qquad \text{mit} \qquad [Tf](x) = \int_{\mathbf{D}} K(x,y)\, f(y)\, dy \quad , \quad x \in \mathbf{D} \tag{2.560}$$

sind. Geeignete Voraussetzungen an K und f sichern die Existenz des Integrals.

Der Vorteil einer solchen Integraltransformation insbesondere bei Differentialgleichungsproblemen besteht darin, daß das Ausgangsproblem (im Originalbereich) auf ein äquivalentes Problem im Bildbereich abgebildet und dort gelöst wird. Danach bestimmt man die Lösung des ursprünglichen Problems durch Rücktransformation. Das Schema in Abbildung 2.15 verdeutlicht die Vorgehensweise. Die Auswahl der Integraltransformation hängt von der Problemstellung ab.

2.5.1 Die Fouriertransformation

Wir kommen gleich zur

Definition 1:

Eine Funktion $f \,|\, \mathbf{R} \to \mathbf{R}$ heißt *fouriertransformierbar* (F-transformierbar), falls das Integral

$$\mathrm{F}\{f(t)\} := \int_{-\infty}^{\infty} \exp(-i\, st)\, f(t)\, dt \tag{2.561}$$

für alle $s \in \mathbf{R}$ existiert. Die Funktion $X(s) := F\{f(t)\}$ heißt Fouriertransformierte von f.

Anmerkungen:

1. Für die Fouriertransformierte von f werden beide Schreibweisen $X(s)$ und $F\{f(t)\}$ benutzt.
2. Das Integral in (2.561) ist als Cauchyscher Hauptwert
$$\lim_{R\to\infty}\int_{-R}^{R}\exp(-i\,st)\,f(t)\,dt \tag{2.562}$$
für jedes s zu verstehen.
3. Die Existenz des Integrals ist gesichert, falls f auf $\mathbf{R}$ stückweise stetig und absolut integrierbar ist. (Es existiert das uneigentliche Integral $\int_{-\infty}^{\infty}|f(t)|\,dt$.)
4. Das Integral (2.561) ist durch
$$\int_{-\infty}^{\infty}\cos(st)\,f(t)\,dt - i\int_{-\infty}^{\infty}\sin(st)\,f(t)\,dt \tag{2.563}$$
erklärt, also durch zwei reelle uneigentliche Integrale.

Beispiel 1: Wir berechnen die Fouriertransformierte des Rechteckimpulses
$$f(t) := \begin{cases} 1 & , \quad |t| \le 1 \\ 0 & , \quad |t| > 1 \quad . \end{cases} \tag{2.564}$$

Die Transformation (2.561) liefert
$$\begin{aligned} \mathrm{F}\{f(t)\} = \int_{-1}^{1}\exp(-i\,st)\,dt \quad &= \int_{-1}^{1}\cos(st)\,dt - i\int_{-1}^{1}\sin(st)\,dt \\ &= \begin{cases} \frac{2\sin s}{s} & , \quad s \neq 0 \\ 2 & , \quad s = 0 \quad . \end{cases} \end{aligned}$$

Beispiel 2: Die Heaviside-Funktion h mit
$$h(t) = \begin{cases} 0 & , \quad \text{für} \quad t < 0 \\ 1 & , \quad \text{für} \quad t \geq 0 \end{cases} \tag{2.565}$$
besitzt keine Fouriertransformierte. Für $s = 0$ divergiert das Integral $\int_0^\infty 1\,dt$, für $s \neq 0$ ergibt sich
$$X(s) = \int_0^\infty 1\cdot\exp(-i\,st)\,dt = \lim_{R\to\infty}\exp(-i\,st)\,dt = \lim_{R\to\infty}\left.\frac{\exp(-i\,st)}{-is}\right|_{t=0}^{t=R} \quad . \tag{2.566}$$

Der letzte Grenzwert existiert nicht.

Die *inverse Fouriertransformation* von $X \mid \mathbf{R} \to \mathbf{D}$ lautet
$$\mathrm{F}^{-1}\{X(s)\} := \frac{1}{2\pi}\int_{-\infty}^{\infty}\exp(ist)X(s)\,ds = f(t) \quad , \tag{2.567}$$
wobei das Integral als Cauchy-Hauptwert für alle $t \in \mathbf{R}$ existiert.

Nun folgen einige (wenige) grundlegende Eigenschaften der Fouriertransformation. Der Leser kann sich ausführlich in diversen Handbüchern darüber informieren.

Es seien f, f_1, f_2 auf **R** stückweise stetig und dort absolut integrierbare Funktionen. Dann gilt:

$$\mathrm{F}\{f_1 + f_2\} = \mathrm{F}\{f_1\} + \mathrm{F}\{f_2\} \qquad \text{und} \qquad \mathrm{F}\{\alpha f\} = \alpha\,\mathrm{F}\{f\} \quad , \tag{2.568}$$

d.h. die Fouriertransformation ist eine lineare Abbildung.

Bei der Lösung von Problemen mit Hilfe der Fouriertransformation treten im Bildbereich in vielen Fällen Produkte der Form $F\{f_1\} \cdot F\{f_2\}$ auf. Mittels Faltungsprodukt kann dieses Produkt als eine Fouriertransformierte mit einer geeigneten Funktion f, die sich aus f_1 und f_2 bestimmt, berechnet werden.

Definition 2: Unter dem *Faltungsprodukt* (auch *Faltung*) der Funktionen f_1 und f_2 versteht man den Ausdruck

$$(f_1 * f_2)(t) := \frac{1}{2\pi} \int_{-\infty}^{\infty} f_1(t-u)\, f_2(u)\, du \quad . \tag{2.569}$$

Die Definition wird zum Beispiel sinnvoll, wenn man f_1 als absolut integrierbar und f_2 als beschränkt auf **R** voraussetzt. (Schwächere Voraussetzungen an f_1, f_2 sind möglich.) Nun kann der Faltungssatz formuliert werden.

Satz 1: Seien f_1, f_2 auf **R** stetige und dort absolut integrierbare Funktionen. Ferner sei f_1 auf **R** beschränkt. Dann gilt

$$\mathrm{F}\{f_1 * f_2\} = \mathrm{F}\{f_1\} \cdot \mathrm{F}\{f_2\} \quad . \tag{2.570}$$

Ein ebenfalls wichtiger Zusammenhang ergibt sich in

Satz 2: Sei f eine in **R** stetige stückweise glatte Funktion. Ferner seien f und f' auf **R** absolut integrierbar. Dann gilt

$$\mathrm{F}\{f'(t)\} = i\,s\,\mathrm{F}\{f(t)\} \quad , \quad s \in \mathbf{R} \quad . \tag{2.571}$$

Ist f $(r-1)$-mal stetig differenzierbar und ferner f, f', ..., $f^{(r)}$ absolut integrierbar in **R**, dann gilt

$$\mathrm{F}\{f^{(r)}(t)\} = (i\,s)^r\,\mathrm{F}\{f(t)\} \quad , \quad s \in \mathbf{R} \quad . \tag{2.572}$$

Beispiel 3: Mittels Satz 2 ist $F\{y''' + 5y' - y\}$ zu berechnen. Wegen der Linearität folgt zunächst

$$\mathrm{F}\{y''' + 5\,y' - y\} = \mathrm{F}\{y'''\} + 5\mathrm{F}\{y'\} - \mathrm{F}\{y\} \quad , \tag{2.573}$$

und mittels Satz 2

$$\mathrm{F}\{y''' + 5\,y' - y\} = (is)^3\,\mathrm{F}\{y\} + 5\,is\,\mathrm{F}\{y\} - \mathrm{F}\{y\} = (-(is)^3 + 5\,is - 1)\,\mathrm{F}\{y\} \quad . \tag{2.574}$$

2.5.2 Die Laplace-Transformation

Die Laplace-Transformation [15] erweist sich insbesondere für die Lösung von gewöhnlichen Differentialgleichungen als wichtiges Hilfsmittel. Im vorigen Abschnitt haben wir gesehen, daß zum Beispiel die Heaviside-Funktion keine Fouriertransformierte besitzt. Gleiches gilt zum Beispiel für die Funktionen $\exp(\alpha t)$, $\sin \omega t$, $\cos \omega t$. In vielen Anwendungen (z.B. Einschaltvorgängen) treten Funktionen dieses Typs auf, für die zusätzlich $f(t) = 0$ für $t < 0$ gilt. Um solche Fälle erfassen zu können, führen wir den konvergenzerzeugenden Faktor $\exp(-\alpha t)$, $\alpha > 0$ ein und betrachten statt f die Funktion f^* mit

$$f^*(t) = \begin{cases} 0 & , \text{ für } t < 0 \\ \exp(-\alpha t) f(t) & , \text{ für } t \geq 0 \end{cases} . \tag{2.575}$$

Als formale *Fouriertransformierte* von f^* ergibt sich

$$\begin{aligned} F\{f^*(t)\} &= \int_{-\infty}^{\infty} f^*(t) \exp(-ist)\, dt \\ &= \int_0^{\infty} \exp(-(\alpha + is)t) f(t)\, dt \quad . \end{aligned} \tag{2.576}$$

Mit $z := \alpha + is$ ergibt sich

$$F\{f^*(t)\} = \int_{-\infty}^{\infty} \exp(-zt) f(t)\, dt = \int_0^{\infty} \exp(-zt) f(t)\, dt \quad . \tag{2.577}$$

Formel (2.577) gibt Anlaß zu folgender

Definition: Sei $f \,|\, [0, \infty] \to \mathbf{R}$. Die Funktion

$$\tilde{X}(z) := L\{f(t)\} := \int_0^{\infty} \exp(-zt) f(t)\, dt \quad , \quad z \in \mathbb{C} \quad , \tag{2.578}$$

heißt *Laplace-Transformierte* von f (auch kurz: L-Transformierte von f).

Anmerkung: Die Existenz des uneigentlichen Integrals (2.578) ist zum Beispiel gesichert, falls f der Abschätzung

$$|f(t)| \leq M \exp(\gamma t) \quad , \quad t \in [0, \infty] \quad , \quad \gamma \in \mathbf{R} \tag{2.579}$$

genügt. In diesem Fall existiert die Laplace-Transformierte $\tilde{X}(z)$ für alle $z \in \mathbb{C}$ mit $\Re z > \gamma$ (Konvergenzhalbebene).

Beispiel 1: Es sei

$$h_a(t) = \begin{cases} 0 & , \quad 0 \leq t < a \\ 1 & , \quad a \leq t < \infty \end{cases} \tag{2.580}$$

[15] Pierre Simon Laplace (1749-1827): Wirkte vorwiegend in Paris. Arbeiten zu Determinanten (Entwicklungssatz), zu partiellen Differentialgleichungen (Laplace-Gleichung) und zur Astronomie.

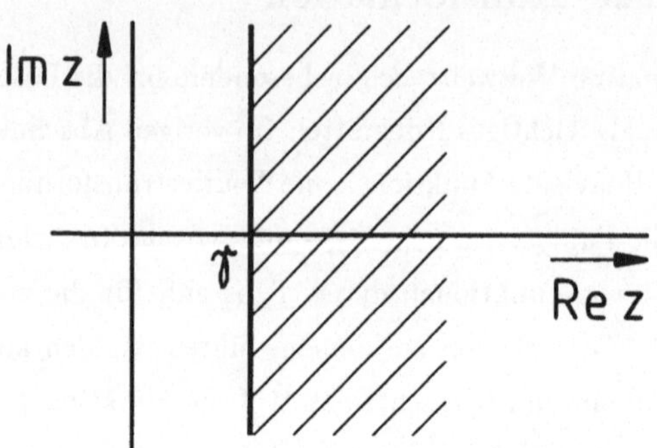

Abbildung 2.16: Konvergenzbereich der L-Transformation

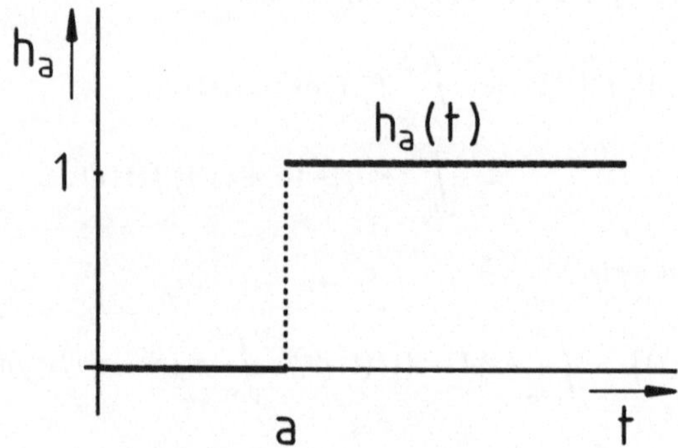

Abbildung 2.17: Heavisidefunktion h_a

die Heaviside-Funktion (siehe Abbildung 2.17). Wir berechnen die Laplace-Transformierte $L\{h_a(t)\}$ für $\Re z = x > 0$

$$\begin{aligned} \mathrm{L}\{h_a(t)\} &= \int_0^\infty \exp(-zt)\, h_a(t)\, dt = \int_a^\infty \exp(-zt)\cdot 1\; dt \\ &= \lim_{A\to\infty} \int_a^A \exp(-zt)\, dt = -\lim_{A\to\infty} \left.\frac{\exp(-zt)}{z}\right|_{t=a}^{t=A} \\ &= \lim_{A\to\infty} \frac{1}{z}(\exp(-az) - \exp(-Az)) \\ &= \begin{cases} \frac{\exp(-az)}{z} & , \text{ falls } \quad a \neq 0 \quad , \\ \frac{1}{z} & , \text{ falls } \quad a = 0 \quad . \end{cases} \end{aligned} \tag{2.581}$$

Anmerkung: Für die Laplace-Transformierte gilt auch ein entsprechender Umkehrsatz, der hier nicht aufgeschrieben wird. Stattdessen folgen einige **Rechenregeln:**

1. **Linearität:**

   Die Zuordnung $f \rightarrow L\{f\}$ ist linear. Es gilt

$$\mathrm{L}\{f_1 + f_2\} = \mathrm{L}\{f_1\} + \mathrm{L}\{f_2\} \tag{2.582}$$

und

$$\mathrm{L}\{\alpha f\} = \alpha\, \mathrm{L}\{f\} \quad . \tag{2.583}$$

2. **Verschiebung und Streckung:**
Unter den Voraussetzungen der Existenz der L-transformierten gilt

$$\tilde{X}(z-\delta) = \mathrm{L}\{\exp(\delta t) f(t)\} \tag{2.584}$$

und

$$\frac{1}{a}\tilde{X}\left(\frac{z}{a}\right) = \mathrm{L}\{f(at)\} \quad \text{für} \quad a \neq 0 \quad . \tag{2.585}$$

3. **Differentiation und Integration der Bildfunktion:**
Unter den obigen Voraussetzungen gilt:

$$-\frac{d}{dz}\tilde{X}(z) = \mathrm{L}\{t \cdot f(t)\} \quad , \tag{2.586}$$

$$(-1)^n \frac{d^n}{dz^n}\tilde{X}(z) = \mathrm{L}\{t^n f(t)\} \quad , \tag{2.587}$$

$$\int_z^\infty \tilde{X}(u)\, du = \mathrm{L}\left\{\frac{1}{t} f(t)\right\} \quad . \tag{2.588}$$

Der Leser sollte sich durch Nachrechnen von der Gültigkeit der Formeln überzeugen. Zum Beispiel gewinnt man (2.588) aus der Identität

$$\frac{d}{dt}\mathrm{L}\left\{\frac{1}{t} f(t)\right\} = -\mathrm{L}\{f(t)\} = -\tilde{X}(z) \tag{2.589}$$

und nachfolgender Integration

$$\mathrm{L}\left\{\frac{1}{t} f(t)\right\} = \int_z^{z_0} \tilde{X}(u)\, du + c \quad . \tag{2.590}$$

Mit $z = z_0$ folgt

$$c = \int_0^\infty \exp(-z_0 t)\,\frac{1}{t}\, f(t)\, dt \to 0 \qquad \text{für} \qquad z_0 \to \infty \quad . \tag{2.591}$$

4. **Faltung:**
Seien f_1 und f_2 stückweise stetige Funktionen auf $\mathbf{R}$ mit $f_1(t) = f_2(t) = 0$ für $t < 0$. Unter der Faltung der Funktionen f_1 und f_2 versteht man den Ausdruck

$$(f_1 * f_2)(t) := \int_0^t f_1(t-u) \cdot f_2(u)\, du \quad , \quad t \in \mathbf{R} \quad . \tag{2.592}$$

Dafür gilt die Produktformel

$$\mathrm{L}\{(f * g)(t)\} = \mathrm{L}\{f(t)\} \cdot \mathrm{L}\{g(t)\} \quad . \tag{2.593}$$

Man beachte, daß $1 * f \neq f$ ist. Vielmehr gilt

$$(1 * f)(t) = \int_0^t f(\tau)\, d\tau \quad . \tag{2.594}$$

Beispiel 2: Es ist

$$(\sin * f)(t) = \int_0^t \sin(t-\tau)\, f(\tau)\, d\tau \quad , \tag{2.595}$$

und nach (2.593)

$$\mathrm{L}\{(\sin * f)(t)\} = \mathrm{L}\{\sin t\} \cdot \mathrm{L}\{f(t)\} = \frac{\mathrm{L}\{f(t)\}}{1+z^2} \quad . \tag{2.596}$$

5. **Transformation der Ableitung und des Integrals:**
   Es gilt

$$L\{f'(t)\} = zL\{f(t)\} - f(+0) \tag{2.597}$$

und

$$L\{f^{(n)}(t)\} = z^n L\{f(t)\} - z^{n-1} f(+0) - \ldots - f^{(n-1)}(+0) \quad . \tag{2.598}$$

Der Beweis dieser Formeln folgt durch ein- bzw. n-malige partielle Integration von (2.578). Der Gleichungsbestandteil $f(+0)$ bezeichnet den rechtsseitigen Grenzwert von f in $t = 0$. Weiter gilt

$$L\left\{\int_0^t f(\tau)\,d\tau\right\} = \frac{1}{z} L\{f(t)\} \quad . \tag{2.599}$$

Zum Beweis von (2.599) wendet man (2.598) auf $h(t) = \int_0^t f(\tau)\,d\tau$, $h(+0) = 0$ an.

Differentiation und Integration im Urbildbereich führen mittels Laplace-Transformation zu algebraischen Operationen im Bildbereich. Hierin liegt die wesentliche Bedeutung der L-Transformation für das Lösen von Differentialgleichungen. Nachfolgendes Beispiel soll dies demonstrieren:

Beispiel 3: Wir betrachten das Randwertproblem

$$y'' + 9y = \cos 2x \quad , \quad y(0) = 1 \quad , \quad y\left(\frac{\pi}{2}\right) = -1 \quad . \tag{2.600}$$

Im ersten Schritt wird L unter Verwendung von (2.600) in den Bildbereich transformiert

$$L\{y'' + 9y\} = L\{y''\} + 9L\{y\} = L\{\cos 2x\} \quad . \tag{2.601}$$

Mittels Ableitungsregeln (siehe (2.597) und (2.598)) folgt

$$z^2 L\{y\} - z\,y(0) - y'(0) + 9L\{y\} = \frac{z}{z^2+4} \quad . \tag{2.602}$$

Mit $y(0) = 1$ folgt

$$(z^2+9)L\{y\} - z - y'(0) = \frac{z}{z^2+4} \quad , \tag{2.603}$$

und nach $L\{y\}$ aufgelöst ergibt sich

$$L\{y\} = \frac{z + y'(0)}{z^2+9} + \frac{z}{(z^2+9)(z^2+4)} = \frac{4}{5}\frac{z}{z^2+9} + \frac{y'(0)}{z^2+9} + \frac{z}{5(z^2+4)} \quad . \tag{2.604}$$

Im zweiten Schritt wird die rechte Seite mittels Laplace-Transformation (man sieht in einer Tabelle zur Laplace-Transformation nach) umgeformt zu

$$\begin{aligned} L\{y\} &= \frac{4}{5} L\{\cos 3x\} + \frac{y'(0)}{3} \cdot L\{\sin 3x\} + \frac{1}{5} L\{\cos 2x\} \\ &= L\left\{\frac{4}{5}\cos 3x + \frac{y'(0)}{3}\sin 3x + \frac{1}{5}\cos 2x\right\} \quad . \end{aligned} \tag{2.605}$$

Mittels Eindeutigkeitssatz folgt

$$y(x) = \frac{4}{5}\cos 3x + \frac{y'(0)}{3}\sin 3x + \frac{1}{5}\cos 2x \quad . \tag{2.606}$$

Zur Bestimmung von $y'(0)$ benutzen wir die 2. Randbedingung $y\left(\frac{\pi}{2}\right) = -1$ und erhalten

$$-1 = -\frac{y'(0)}{3} - \frac{1}{5} \qquad \text{und somit} \qquad y'(0) = \frac{12}{5} \quad . \tag{2.607}$$

Hieraus ergibt sich die Lösung

$$y(x) = \frac{4}{5}\cos 3x + \frac{4}{5}\sin 3x + \frac{1}{5}\cos 2x \quad . \tag{2.608}$$

Von der Richtigkeit überzeuge man sich durch eine Probe.

Weitere Anwendungsmöglichkeiten finden sich in [K. Meyberg und P. Vachenauer: Höhere Mathematik 2. Springer Verlag 1991].

Kapitel 3

Wirkungsintegral und Maxwellsche Gleichungen

Den Ausgangspunkt zur Herleitung des Wirkungsintegrals für das elektromagnetische Feld bildet das Prinzip der kleinsten Wirkung. Es stammt aus der Mechanik und ging aus Untersuchungen von Bewegungen hervor.

Prinzip der kleinsten Wirkung: Für jedes mechanische System gibt es ein Wirkungsintegral S, das für die tatsächlich erfolgende Bewegung ein Minimum besitzt und dessen Variation δS deshalb verschwindet.

Dieses Prinzip wird später auf Systeme angewendet, in denen eine Bewegung im Sinne der Mechanik nur im Sonderfall stattfindet. Voraussetzung bleibt, daß zur Erfassung der physikalischen, insbesondere der elektotechnischen Vorgänge ein Wirkungsintegral aufgestellt werden kann.

Da dann nicht mehr nur mechanische Vorgänge zu untersuchen sind, muß von der Forderung, daß das Wirkungsintegral ein Minimum annimmt, abgegangen werden. Das Wirkungsintegral nimmt für die tatsächliche Bewegung ein Extremum, also ein Maximum oder ein Minimum an. Diese Erweiterung ist auch von großer Bedeutung für die Integrationsbereiche. Sie können eine beliebige Länge annehmen und sind nicht nur auf eine kleine Umgebung der Intergationskurve begrenzt.

In diesem Kapitel wird die Theorie des elektromagnetischen Feldes behandelt, für welche im selben Sinne **Elektrodynamik** steht. Da bei der Bezeichnung "Elektrodynamik" der gleichberechtigte Inhalt des Magnetismus verlorengeht, bevorzugen die Autoren den von Schmutzer [1] eingeführten Begriff **Elektromagnetik**.

[1] Schmutzer, E.: Grundlagen der Theoretischen Physik. VEB Deutscher Verlag der Wissenschaften, Berlin 1989, S. 565

Sämtliche Größen der Physik und damit auch die der Elektrotechnik sind Tensoren. Aus diesem Grunde und zum Zwecke einer übersichtlichen Darstellung der Gleichungen und Gesetze wird der Tensorkalkül verwendet. Die Tensorrechnung bietet nicht nur Vorteile bei der Behandlung von Problemen im gewöhnlichen dreidimensionalen Raum, sondern sie bewährt sich besonders zur Lösung von Problemen im vierdimensionalen Raum. Wurde eine Darstellung in Tensorschreibweise in einem Koordinatensystem gefunden, so gilt diese dann auch in jedem anderen Koordinatensystem.

Die vierdimensionale Schreibweise der physikalischen Zusammenhänge erleichtert den Zugang zur speziellen Relativitätstheorie, denn diese - obwohl knapp einhundert Jahre alt - verfügt noch immer über besondere Anziehungskraft. Auch der Ingenieur muß sie kennen. Der Bau von Teilchenbeschleunigern ist ohne eine Beachtung ihrer Gesetze nicht möglich.

3.1 Ereignisse in Raum und Zeit

3.1.1 Koordinatensysteme

Zur Beschreibung der Vorgänge in Natur und Technik ist ein Koordinatensystem erforderlich. Unter einem Koordinatensystem versteht man ein System geometrischer Objekte, mit deren Hilfe die Lage anderer geometrischer Objekte durch geordnete Zahlen - Koordinaten genannt - umkehrbar eindeutig beschrieben werden kann. Die Art der eineindeutigen Zuordnung zwischen den Koordinaten und den geometrischen Objekten hängt von der jeweiligen Problemstellung ab. Prinzipiell kann jedes n-dimensionale Koordinatensystem Anwendung finden. Zu entscheiden bleibt, welche Vorteile sich in diesem oder jenem Koordinatensystem bieten.

In Natur und Technik, in Physik und Elektrotechnik dient also ein Koordinatensystem zur Bestimmung der räumlichen Lage eines Punktes, einer Ladung, eines stromführenden Leiters, eines Teilchens, eines elektromagnetischen Feldes und anderem.

Im Kapitel 2 zur Tensorrechnung wurde dargelegt, wie mit Hilfe von n linear unabhängigen Grundvektoren, die eine Basis bilden und deren Betrag verschieden von Eins sein kann, unter Hinzuziehung der Koordinaten ein Koordinatensystem gebildet wird, und wie man dieses in ein anderes Koordinatensystem transformieren kann.

Jetzt und im Weiteren wird streng zwischen einem Koordinatensystem und einem Bezugssystem unterschieden. In einem Bezugssystem kann es beliebig viele Koordinatensysteme geben, die sich alle ineinander transformieren lassen und die im Besonderen keinesfalls orthogonal zu sein brauchen, wobei die Vorteile orthogonaler Koordinatensysteme evident sind.

Bevor nun erklärt wird, was sich hinter dem Begriff "Bezugssystem" verbirgt und welcher Unterschied zu einem Koordinatensystem besteht, sind zwei Hauptaussagen der speziellen Relativitätstheorie anzuführen.

3.1.2 Relativitätsprinzip und Prinzip von der Konstanz der Lichtgeschwindigkeit

Die spezielle Relativitätstheorie entstand aus ungelösten Problemen der Elektromagnetik in bewegten Medien und der Frage nach dem Träger des elektromagnetischen Feldes, der bis dato als Äther bezeichnet wurde. Die spezielle Relativitätstheorie ist heute gesichertes Fundament der Physik. Sie ist überall bestätigt und nirgends widerlegt.

1. **Das Relativitätsprinzip:** Es gibt nur Relativgeschwindigkeiten. Eine absolute Geschwindigkeit (gegen Raum, Äther) ist nicht meß- und sinnvoll definierbar.

2. **Prinzip der Konstanz der Lichtgeschwindigkeit:** Für alle gegeneinander bewegten Beobachter ist die Lichtgeschwindigkeit gleich groß.

Beide Prinzipien sind kennzeichnend für diese Theorie. Sie stimmen mit der Erfahrung überein. Es wird sich später zeigen, daß die über das Prinzip der kleinsten Wirkung aus einem Wirkungsintegral hergeleiteten Maxwellschen Gleichungen eben dieser Theorie, der speziellen Relativitätstheorie, genügen.

3.1.3 Ereignis und Bezugssystem

In Natur und Technik, in Elektrotechnik und Technologie finden Ereignisse statt. Jedes Ereignis ist durch den Ort, an dem es sich vollzieht, und durch den Zeitpunkt, zu dem es geschieht, charakterisiert. Damit kann jedes Ereignis durch einen Punkt in einem fiktiven vierdimensionalen Raum angegeben werden, dessen Achsen die drei Raumkoordinaten und die Zeit bilden. Da sich alle Ereignisse in Raum und Zeit vollziehen, durchlaufen Vorgänge von sich einander anschließenden Ereignissen ganz bestimmte Kurven in diesem Raum. Diese Kurven werden auch Weltlinien genannt. Es können Geraden oder krummlinige Bahnen sein. Die Geschwindigkeit der Bahnbewegung liegt im Intervall von Null bis zur Lichtgeschwindigkeit.
Zur Klärung der Frage *"Was ist ein Bezugssystem?"* geht man von zwei gegebenen beliebigen Koordinatensystemen $\sum$ und $\bar{\sum}$ aus. In $\sum$ ruht eine Lichtquelle und $\bar{\sum}$ bewegt sich gegenüber $\sum$ mit einer beliebigen Geschwindigkeit, die vom Ursprung des Koordinatensystems $\sum$ aus gesehen in beliebiger Richtung erfolgen kann. Der Einfachheit halber

nimmt man bei konstanter Geschwindigkeit an, daß diese Bewegung in eine Achsenrichtung, meist der x-Richtung erfolgen soll. Es wird keine Aussage darüber getroffen, was für konkrete Koordinatensysteme gewählt wurden. Das heißt, es ist gleich, ob kartesische Koordinaten, Kugelkoordinaten oder schiefwinklige Koordinaten zugrunde liegen. Also unabhängig von der Wahl der konkreten Koordinaten bezieht man das eine Koordinatensystem auf das andere. Eines davon, nämlich $\sum$, wird als relativ ruhend angenommen, und $\bar{\sum}$ als das sich zu $\sum$ bewegende. Demzufolge spricht man von *Bezugssystemen.* Zur Bezeichnung dieser Bezugssysteme werden die Symbole B und $\bar{B}$ verwendet.
Es gibt Bezugssysteme von besonderer Bedeutung. Sie heißen *Inertialsysteme.* In ihnen unterliegt ein sich frei bewegender Körper keinen äußeren Kräften. Er besitzt eine konstante Geschwindigkeit. Hieraus läßt sich folgende Schlußfolgerung ziehen:

> Bewegt sich ein Bezugssystem gegenüber einem Inertialsystem relativ mit geradlinig gleichförmiger Geschwindigkeit, dann ist es selbst im Inertialsystem.

"Relativ" beinhaltet hier zwei Aspekte: Ein Bezugssystem wird als ruhend angenommen, obwohl das absolut nicht zutrifft. Jedes mit der Erde fest verbundene Bezugssystem bewegt sich auf einer Weltlinie mit der Geschwindigkeit, die die Erde ausführt. Der zweite Aspekt bezieht sich auf die Bewegung der Bezugssysteme gegeneinander. Es ist prinzipiell gleich, welches von beiden Bezugssystemen als relativ ruhend angenommen wird.
Um den Abstand zwischen zwei Ereignissen definieren zu können, geht man von zwei Bezugssystemen B und $\bar{B}$ aus, die sich relativ zueinander mit konstanter Lichtgeschwindigkeit bewegen. Die Koordinatenachsen, hier kartesische Koordinaten, werden üblicherweise so gewählt, daß x und $\bar{x}$ zusammenfallen und y zu $\bar{y}$ bzw. z zu $\bar{z}$ parallel sind. Zum Bezugssystem B gehört die Zeit t, zum Bezugssystem $\bar{B}$ die Zeit $\bar{t}$.
In jedem Bezugssystem kann man getrennt je eine Zeit messen, die sich voneinander unterscheiden. Anders ausgedrückt, die Anerkennung des Einsteinschen Relativitätsprinzips negiert den Begriff der absoluten Zeit. Die Zeit läuft in verschiedenen Bezugssystemen verschieden schnell ab.
In der klassischen Mechanik wird die Zeit als absolute Größe angenommen. Ihre Eigenschaften hängen nicht vom Bezugssystem ab. Sie werden für alle Bezugssysteme als gleich angesehen. Auf dieser Annahme beruht das bekannte Additionsgesetz der Geschwindigkeiten für zusammengesetzte Bewegungen. Es lautet: *Die Geschwindigkeit einer zusammengesetzten Bewegung ist gleich der geometrischen Summe der Einzelgeschwindigkeiten.*
Das Relativitätsprinzip fand seine Bestätigung im Experiment. Im Jahre 1881 stellte zuerst Michelson durch Versuche fest, daß die Lichtgeschwindigkeit von der Ausbreitungsrichtung des Lichtes unabhängig ist. Sendet eine Lichtquelle einen Lichtstrahl aus, dann

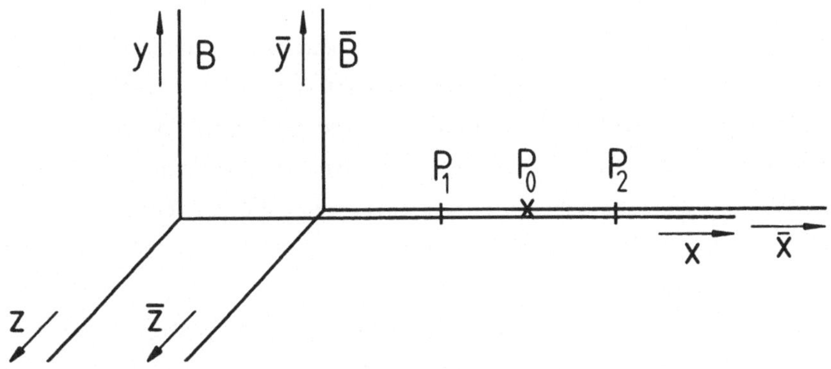

Abbildung 3.1: Signalgeschwindigkeit in Inertialsystemen

breitet er sich in jede beliebige Richtung mit derselben Geschwindigkeit aus. Nach der klassischen Mechanik aber sollte die Lichtgeschwindigkeit in Richtung der Erdbewegung kleiner sein als mit der Erdbewegung.

Wenn es keine absolute Zeit gibt, so muß zwischen zwei Ereignissen ein Zeitunterschied bestehen. Die Angabe eines Zeitintervalls zwischen zwei stattfindenden Ereignissen bekommt genau dann einen Sinn, wenn dazu das Bezugssystem mit angegeben wird, auf das sich diese Angabe bezieht. Zwei Ereignisse, die in einem Bezugssystem gleichzeitig sind, werden es in einem anderen Bezugssystem nicht mehr sein.

In Abbildung 3.1 sind zwei Inertialsysteme B und $\bar{B}$ mit den eingezeichneten Koordinaten gegeben. Das Inertialsystem $\bar{B}$ soll sich relativ zu B in positiver x-Richtung bewegen. Von einem beliebigen Punkt P_0 auf der $\bar{x}$-Achse werden Signale in zwei entgegengesetzte Richtungen ausgesendet. Da in jedem Inertialsystem die Signalgeschwindigkeit gleich c ist, ist sie in $\bar{B}$ auch in beiden Richtungen gleich c. P_1 und P_2 sollen gleichweit von P_0 entfernt sein, so daß - gemessen im Inertialsystem $\bar{B}$ - die beiden Punkte von den Signalen nach gleicher Zeit erreicht werden. Für den Beobachter in B, der im Inertialsystem die Ankunft der Signale in P_1 und P_2 untersucht, erfolt diese nicht gleichzeitig. Warum? Nach dem Relativitätsprinzip ist die Signalgeschwindigkeit bezüglich des Inertialsystems ebenfalls gleich c. Der Punkt P_1 bewegt sich relativ zum Inertialsystem B dem Signal entgegen, der Punkt P_2 mit dem Signal. Demzufolge muß im Inertialsystem B der Punkt P_1 früher als der Punkt P_2 vom Signal erreicht werden.

3.1.4 Der Abstand

Das Beispiel im Abbildung 3.1 zeigt, daß ein Ereignis sich an verschiedenen Punkten wiederholen kann oder mehrere Ereignisse an verschiedenen Orten stattfinden können. Es ist demzufolge erforderlich, den Abstand zwischen zwei Weltpunkten P_1 und P_2 einzuführen, der auch als Abstand zwischen zwei Ereignissen angesehen werden kann. Das Bezugssystem B habe die Raumkoordinaten x, y, z und die Zeit t. Zum Bezugssystem $\bar{B}$ gehören $\bar{x}$, $\bar{y}$, $\bar{z}$ und die Zeit $\bar{t}$. Beide sind so wie im Abbildung 3.1 dargestellt angeordnet. Betrachtet werden zwei Ereignisse.

Beim ersten Ereignis breitet sich vom Punkt $P_1(x_1, y_1, z_1)$ im Bezugssystem B zum Zeitpunkt t_1 ein Signal mit Lichtgeschwindigkeit aus. Dieses Signal wird im System B verfolgt. Ein zweites Ereignis sei, daß dieses Signal zur Zeit t_2 am Punkt $P_2(x_2, y_2, z_2)$ ankommt. Da sich das Signal mit Lichtgeschwindigkeit c ausbreiten soll, legt es im Zeitintervall t_2-t_1 die Strecke

$$s = c\,(t_2 - t_1) \tag{3.1}$$

zurück. Bezogen auf die Raumkoordinaten im Bezugssystem B ist dieselbe Strecke auch gleich

$$s = \sqrt{(x_2 - x_1)^2 + (y_2 - y_1)^2 + (z_2 - z_1)^2} \quad . \tag{3.2}$$

so daß nach Quadrierung beider Ausdrücke und deren Subtraktion

$$c^2\,(t_2 - t_1)^2 - (x_2 - x_1)^2 - (y_2 - y_1)^2 - (z_2 - z_1)^2 = 0 \tag{3.3}$$

folgt. Die beiden Ereignisse sind auch vom Bezugssystem $\bar{B}$ aus zu beobachten, wobei deren Koordinaten $\bar{x}_1$, $\bar{y}_1$, $\bar{z}_1$, $\bar{t}_1$ und $\bar{x}_2$, $\bar{y}_2$, $\bar{z}_2$, $\bar{t}_2$ sind. Da es sich in beiden Bezugssystemen um die Lichtgeschwindigkeit handelt und die Unabhängigkeit dieser vom Bezugssystem (Prinzip von der Konstanz der Lichtgeschwindigkeit) gilt, folgt analog zu (3.3)

$$c^2\,(\bar{t}_2 - \bar{t}_1)^2 - (\bar{x}_2 - \bar{x}_1)^2 - (\bar{y}_2 - \bar{y}_1)^2 - (\bar{z}_2 - \bar{z}_1)^2 = 0 \quad . \tag{3.4}$$

Nun läßt sich der Abstand zwischen zwei Ereignissen definieren. Die Koordinaten von zwei beliebigen Ereignissen seien x_1, y_1, z_1, t_1 und x_2, y_2, z_2, t_2. Die Größe

$$s_{12} = \sqrt{c^2\,(t_2 - t_1)^2 - (x_2 - x_1)^2 - (y_2 - y_1)^2 - (z_2 - z_1)^2} \tag{3.5}$$

heiß *Abstand* zwischen den zwei Ereignissen. Sind zwei Ereignisse zueinander infinitesimal benachbart, dann gilt für den Abstand zwischen ihnen

$$ds^2 = c^2\,dt^2 - dx^2 - dy^2 - dz^2 \quad . \tag{3.6}$$

Durch diese quadratische Form wird der Abstand einer Geometrie mit dem Namen "pseudoeuklidische Geometrie" zugeordnet. Wären die Vorzeichen in (3.6) alle positiv, so würde den weiteren Darlegungen der euklidische Raum zu Grunde gelegt.
Hier und im Folgenden werden bei der Definition des Abstandsquadrates die Quadrate der Koordinatendifferentiale auf den einzelnen Achsen nicht mit einheitlichen, sondern mit verschiedenen Vorzeichen addiert. Durch diese Definition wird eine künstlich eingeführte rein imaginäre Zeitachse [2] vermieden und so von vornherein einfachere mathematische Ausdrücke erreicht.
Gilt in einem Inertialsystem für den infinitesimalen Abstand $ds = 0$, so verschwindet wegen (3.3) und (3.4) $d\bar{s}$ in einem anderen Inertialsystem ebenfalls. Weiterhin sind wegen ihrer Definition ds und $d\bar{s}$ Größen von gleicher Ordnung. Wegen dieser beiden Tatsachen müssen sie einander proportional sein, und es gilt:

$$ds^2 = a\,d\bar{s}^2 \quad . \tag{3.7}$$

Der Proportionalitätskoeffizient a kann nur vom Betrag der Relativgeschwindigkeit zwischen beiden Inertialsysteme abhängen. Eine Abhängigkeit von den Koordinaten oder/und von der Zeit hätte zur Folge, daß verschiedene Raumpunkte oder Zeitpunkte nicht mehr gleichwertig wären. Das widerspräche der Homogenität von Raum und Zeit. Der Faktor a kann daher auch nicht von der Richtung der Relativgeschwindigkeit abhängen, denn dies wäre wiederum unvereinbar mit der Isotropie des Raumes.
Zur Bestimmung von a werden drei Inertialsysteme B, $\bar{B}$ und $\tilde{B}$ betrachtet. Die Relativgeschwindigkeit von $\bar{B}$ bzw. $\tilde{B}$ seien $\vec{\bar{v}}$ bzw. $\vec{\tilde{v}}$. Unter diesen Voraussetzungen gelten

$$ds^2 = a(\bar{v})\,d\bar{s}^2 \quad , \qquad ds^2 = a(\tilde{v})\,d\tilde{s}^2 \quad . \tag{3.8}$$

Aus denselben Gründen muß auch die Beziehung

$$d\bar{s}^2 = a(v)\,d\tilde{s}^2 \tag{3.9}$$

bestehen, wobei v der Betrag der Relativgeschwindigkeit von $\tilde{B}$ bezüglich $\bar{B}$ ist. Dividiert man die Gleichungen (3.8) und vergleicht das Ergebnis mit (3.9), so folgt

$$\frac{a(\tilde{v})}{a(\bar{v})} = a(v) \quad . \tag{3.10}$$

Die Geschwindigkeit v hängt von den Beträgen $\bar{v}$ und $\tilde{v}$ und dem Winkel zwischen ihnen ab. Da (3.10) eine skalare Gleichung ist, geht der Winkel nicht ein. Gleichung (3.10) gilt

[2] An Stelle von ct müßte $j\,ct$ eingeführt werden, und es würde $(j\,ct)^2 = -c^2t^2$ gelten. Somit bestehen zwei prinzipielle mathematische Möglichkeiten unabhängig vom physikalischen Geschehen, um die Zeit in die entsprechende Koordinate einzubeziehen.

für beliebige Beträge der Geschwindigkeiten und kann deshalb nur erfüllt sein, wenn die Funktion $a(v)$ gleich einer Konstanten ist, die aus demselben Grund gleich 1 sein muß. Es ist demzufolge $a = 1$ und somit

$$ds^2 = d\bar{s}^2 \quad . \tag{3.11}$$

Beide Seiten dieser Gleichung kann man integrieren. Aus der Gleichheit der infinitesimalen Abstände folgt auch der endliche Abstand. Das heißt:

> Der Abstand zwischen zwei Ereignissen ist in allen Inertialsystemen gleich. Er ist eine Invariante hinsichtlich einer Transformation von einem Inertialsystem in ein anderes. Diese Invarianz stellt den mathematischen Ausdruck für das Prinzip der Konstanz der Lichtgeschwindigkeit dar.

3.1.5 Die Eigenzeit

In einem Inertialsystem B wird eine Uhr mit beliebiger Eigenbewegung beobachtet. Für jeden Zeitmoment läßt sich ihre Bewegung als geradlinig-gleichförmig auffassen. Aus diesem Grunde kann in jedem Moment ein mit dieser Uhr fest verbundenes Bezugssystem $\bar{B}$ eingeführt werden, welches zusammen mit der Uhr ebenfalls ein Inertialsystem darstellt. In einem infinitesimalen Zeitabschnitt dt legt im Inertialsystem B die bewegte Uhr die Strecke $\sqrt{(dx^2 + dy^2 + dz^2)}$ zurück.

Es erhebt sich die Frage: *Gilt, da die Uhr im mit ihr verbundenen Inertialsystem* $\bar{B}$ *ruht, die Zuordnung* $d\bar{x} = d\bar{y} = d\bar{z} = 0$*?*

Wegen der Invarianz des vierdimensionalen Abstandes folgt mit (3.11)

$$ds^2 = c^2\,dt^2 - dx^2 - dy^2 - dz^2 = c^2\,d\bar{t}^2 \quad . \tag{3.12}$$

Nach $d\bar{t}$ umgeformt erhält man

$$d\bar{t}^2 = \frac{c^2\,dt^2 - dx^2 - dy^2 - dz^2}{c^2} \quad , \tag{3.13}$$

woraus sich

$$d\bar{t}^2 = dt\sqrt{1 - \frac{dx^2 + dy^2 + dz^2}{c^2\,dt^2}} \tag{3.14}$$

ergibt. Die Geschwindigkeit v der bewegten Uhr errechnet sich in bekannter Weise aus

$$v^2 = \frac{dx^2 + dy^2 + dz^2}{dt^2} \quad , \tag{3.15}$$

so daß der Ausdruck

$$d\bar{t} = \frac{ds}{c} = dt\sqrt{1 - \left(\frac{v}{c}\right)^2} \tag{3.16}$$

folgt. Das Zeitintervall, welches die bewegte Uhr anzeigt, läßt sich durch Integration von (3.16) berechnen, wenn auf der unbewegten Uhr die Zeitdifferenz

$$\bar{t}_2 - \bar{t}_1 = \int_{t_1}^{t_2} dt \sqrt{1 - \left(\frac{v}{c}\right)^2} \tag{3.17}$$

vergeht. Die Gleichungen (3.16) und (3.17) drücken die *Eigenzeit* durch die Zeit des Bezugssystems aus, von dem aus die Beobachtung der Bewegung erfolgt. Aus den Gleichungen geht hervor, daß die Eigenzeit eines sich bewegenden Objektes stets kleiner als das entsprechende Zeitintervall im unbewegten System ist. Anders ausgedrückt: Eine bewegte Uhr (relativ bewegt) geht langsamer als eine unbewegte Uhr.

3.2 Lorentz-Transformation

3.2.1 Herleitung der Transformation

Die Aufgabe besteht in der Suche nach einer Transformationsformel [3] beim Übergang von einem Inertialsystem zu einem anderen. Dieser Übergang soll eine Berechnung der Koordinaten $\bar{x}$, $\bar{y}$, $\bar{z}$, $\bar{t}$ eines Ereignisses in einem Inertialsystem $\bar{B}$ aus den Koordinaten x, y, z, t desselben Ereignisses im Inertialsystem B ermöglichen.

Die relativistischen Transformationsgleichungen werden auf Grund einer einzigen Bedingung hergeleitet, jener der Invarianz des vierdimansionalen Abstandes. Nach den Gleichungen (3.5) und (3.6) läßt sich der Abstand zwischen zwei Ereignissen als Entfernung zwischen zwei Punkten in einem vierdimensionalen Koordinatensystem auffassen. Die zu suchende Transformation muß demzufolge alle Längen in diesem vierdimensionalen Raum x, y, z, ct unverändert lassen.

Welche Transformationen lassen alle Längen unverändert?

Dies sind die Parallelverschiebungen und Drehungen.

Die Parallelverschiebungen des Koordinatensystems scheiden zur weiteren Verwendung aus, weil sie nur die Lage des Ursprungs der räumlichen Koordinaten und den Anfangspunkt der Zeitskala ändern. Die zu suchende Transformation beinhaltet demzufolge eine Drehung des vierdimensionalen Koordinatensystems x, y, z, t.

Jede Drehung in einem vierdimensionalen Raum läßt sich in sechs Einzeldrehungen in den Ebenen xy, xz, yz, tx, ty, tz zerlegen. Die ersten drei Drehungen beeinflussen nur die räumlichen Koordinaten und entsprechen der bekannten räumlichen Drehung.

[3] Von H.A. Lorentz im Jahre 1905 aufgestellte Transformation nach Vorarbeiten von W. Voigt (1887), H. Poincaré (1900) und J.J. Larmor (1900).

Begonnen wird mit einer Drehung in der tx-Ebene. weil sich dabei die Koordinaten y und z nicht verändern. Nach (3.6) muß diese Ebenentransformation die Differenz $(ct)^2 - x^2$ unverändert lassen. Diese Differenz gibt das Quadrat des Abstandes des Punktes (ct, x) vom Koordinatenursprung an. Die Transformationsformel zwischen den alten und den neuen Koordinaten in Abhängigkeit vom Drehwinkel ist durch

$$\begin{aligned} x &= \bar{x}\cosh\alpha + c\bar{t}\sinh\alpha && (3.18) \\ ct &= \bar{x}\sinh\alpha + c\bar{t}\cosh\alpha && (3.19) \end{aligned}$$

gegeben. Da laut Voraussetzung das Quadrat des Abstandes vor und nach der Transformation erhalten bleibt, also eine Invariante darstellen soll, muß - in mathematische Fassung gebracht - die Gleichung

$$(ct)^2 - x^2 = (c\bar{t})^2 - \bar{x}^2 \tag{3.20}$$

gelten. Setzt man (3.19) und (3.19) in die linke Seite von (3.20) ein, so folgt durch Ausmultiplizieren, Ausklammern und unter Verwendung der hyperbolischen Identität

$$\cosh^2\alpha - \sinh^2\alpha = 1 \tag{3.21}$$

die Gültigkeit von (3.20).

Hier ist noch ein Hinweis zur rein räumlichen Drehung eines Koordinatensystems angebracht. Die Transformationsbeziehung für eine Drehung in der Ebene hat die Form

$$\begin{aligned} x &= \bar{x}\cos\beta + \bar{y}\sin\beta && (3.22) \\ y &= -\bar{x}\sin\beta + \bar{y}\cos\beta \quad , && (3.23) \end{aligned}$$

die das Quadrat des Abstandes

$$x^2 + y^2 = \bar{x}^2 + \bar{y}^2 \tag{3.24}$$

unverändert läßt. Eine einfache Rechnung beweist das.

Der Unterschied zur rein räumlichen Drehung in (3.23) besteht in der Verwendung von hyperbolischen Funktionen. Durch die Definition des Abstandes nach (3.5), oder für infinitesimale Änderungen nach (3.6), wurde mit diesen quadratischen Formen die pseudoeuklidische Geometrie zugrunde gelegt. Diese Geometrie ist, einmal eingeführt, immer beizubehalten. Die in den Transformationsbeziehungen (3.19) und (3.23) unterschiedlichen trigonometrischen Funktionen drücken den Unterschied zwischen der *pseudoeuklidischen* und *euklidischen Geometrie* aus.

Die Lorentz-Transformation stellt eine Beziehung zwischen Inertialsystemen her. Demzufolge ist eine Transformationsformel von einem Inertialsystem B zu einem anderen Inertialsystem $\bar{B}$ zu suchen, das sich relativ zu B mit der Geschwindigkeit v längs der x-Achse

bewegt. Laut Festlegung sollen nun die Koordinate x und die Zeit t eine Transformation erfahren, während die Koordinaten y und z unverändert bleiben. Aus diesem Grunde muß die Transformationsformel die Form (3.19) besitzen. In dieser Gleichung ist nun noch der Drehwinkel zu bestimmen. Dieser Winkel hängt nur von der Relativgeschwindigkeit v zwischen beiden Inertialsystemen ab.
Mit v wird immer die konstante Geschwindigkeit zwischen zwei Inertialsystemen bezeichnet. Das Symbol v steht zum Beispiel für den Betrag der Geschwindigkeit eines Teilchens, eines Körpers, einer Ladungsmenge oder eines stromführenden Leiters.
Zur konkreten Bestimmung des Winkels α wird am einfachsten im Inertialsystem B der Koordinatenursprung des Systems $\bar{B}$ betrachtet. Für diesen Koordinatenursprung gilt $\bar{x} = 0$, und (3.19) geht in die Form

$$x = c\bar{t}\,\sinh\alpha \quad , \quad ct = c\bar{t}\,\cosh\alpha \tag{3.25}$$

über. Durch die Division beider Gleichungen folgt

$$\frac{x}{ct} = \frac{\sinh\alpha}{\cosh\alpha} = \tanh\alpha \quad . \tag{3.26}$$

Die noch freie Größe auf der linken Seite in (3.26) beinhaltet die noch zu ermittelne Relativgeschwindigkeit v, so daß

$$\tanh\alpha = \frac{v}{c} \tag{3.27}$$

gilt. Mit den Additionstheoremen für hyperbolische Funktionen

$$\sinh\alpha = \frac{\tanh\alpha}{\sqrt{1-\tanh^2\alpha}} \quad , \quad \cosh\alpha = \frac{1}{\sqrt{1-\tanh^2\alpha}} \tag{3.28}$$

erhält man durch Einsetzen von (3.27) in (3.28)

$$\sinh\alpha = \frac{\frac{v}{c}}{\sqrt{1-\left(\frac{v}{c}\right)^2}} \quad \text{und} \quad \cosh\alpha = \frac{1}{\sqrt{1-\left(\frac{v}{c}\right)^2}} \quad . \tag{3.29}$$

Dieses Ergebnis in (3.19) eingesetzt, ergibt unter Hinzunahme der sich nicht verändernden Koordinaten y und z die gesuchten Transformationsgleichungen

$$x = \frac{\bar{x} + v\bar{t}}{\sqrt{1-\left(\frac{v}{c}\right)^2}} \quad , \quad y = \bar{y} \quad , \quad z = \bar{z} \quad , \quad t = \frac{\bar{t} + \frac{v}{c^2}\,\bar{x}}{\sqrt{1-\left(\frac{v}{c}\right)^2}} \quad . \tag{3.30}$$

Diese für die Elektromagnetik fundamentalen Transformationsbeziehungen werden *Lorentz-Transformation* genannt.
Mit Hilfe der Lorentz-Transformation lassen sich zwei Folgerungen der speziellen Relativitätstheorie, die Längenkontraktion und die Zeitdilatation, herleiten.

Im Inertialsystem B befindet sich ein ruhender Maßstab parallel zur x-Kordinate. Sind x_1 und x_2 die Koordinaten der Enden des Maßstabes im System B, so ist $\Delta x = x_2 - x_1$ die im Inertialsystem B gemessene Länge.

Welche Länge des Maßstabes wird im zu B bewegten Inertialsystem $\bar{B}$ gemessen?

Dazu sind die Koordinaten seiner Endpunkte $\bar{x}_1$ und $\bar{x}_2$ in $\bar{B}$ zu ein und demselben Zeitpunkt $\bar{t}$ zu bestimmen. Mit der Lorentz-Transformation (3.30) findet man unter diesen Bedingungen

$$x_1 = \frac{\bar{x}_1 + v\bar{t}}{\sqrt{1 - \left(\frac{v}{c}\right)^2}} \quad , \quad x_2 = \frac{\bar{x}_2 + v\bar{t}}{\sqrt{1 - \left(\frac{v}{c}\right)^2}} \quad , \tag{3.31}$$

so daß für die Länge des Maßstabs im System $\bar{B}$

$$\Delta\bar{x} = \bar{x}_2 - \bar{x}_1 = \Delta x \sqrt{1 - \left(\frac{v}{c}\right)^2} \tag{3.32}$$

gilt. Nach Δx aufgelöst erhält man

$$\Delta x = \frac{\Delta\bar{x}}{\sqrt{1 - \left(\frac{v}{c}\right)^2}} \quad . \tag{3.33}$$

Die in einem ruhenden Inertialsystem gemessene Maßstablänge wird Eigenlänge oder Ruhelänge genannt und mit $l_0 = \Delta x$ bezeichnet. Die vom Inertialsystem $\bar{B}$ aus gemessene Länge l hat den Wert

$$l = l_0 \sqrt{1 - \left(\frac{v}{c}\right)^2} \quad . \tag{3.34}$$

In einem Inertialsystem, in dem der Maßstab sich mit der Geschwindigkeit v bewegt, verkleinert sich seine Länge um den Faktor $\sqrt{1 - v^2/c^2}$. Seine Maximallänge hat der Maßstab im als ruhend angenommenen Inertialsystem.

Aus der Transformation (3.30) folgt unmittelbar das schon bekannte Resultat in Gleichung (3.17) über die Eigenzeit. Um das zu zeigen, werden angenommen: Im Inertialsystem $\bar{B}$ ruht eine Uhr. Es werden zwei Ereignisse ausgewählt, die in $\bar{B}$ am selben Ort $\bar{x}$, $\bar{y}$, $\bar{z}$ mit einem Zeitunterschied

$$\Delta\bar{t} = \bar{t}_2 - \bar{t}_1 \tag{3.35}$$

geschehen. Die Frage ist:

Welche Zeit vergeht im Inertialsystem B zwischen beiden Ereignissen?

Aus der Lorentz-Transformation (3.30) erhält man

$$t_1 = \frac{\bar{t}_1 + \frac{v}{c^2}\bar{x}}{\sqrt{1 - \left(\frac{v}{c}\right)^2}} \quad , \quad t_2 = \frac{\bar{t}_2 + \frac{v}{c^2}\bar{x}}{\sqrt{1 - \left(\frac{v}{c}\right)^2}} \quad , \tag{3.36}$$

oder durch Subtraktion

$$\Delta t = \frac{\Delta \bar{t}}{\sqrt{1 - \left(\frac{v}{c}\right)^2}} \quad . \tag{3.37}$$

Wegen der Gültigkeit von $0 < v < c$ vergrößert sich der Zeitunterschied zwischen den Ereignissen im Inertialsystem B. Man spricht von Zeitdilatation.

3.2.2 Galilei-Transformation

Durch den "Grenzübergang" von $c \to \infty$ folgt formal aus der Lorentz-Transformation die aus der klassischen Mechanik bekannte *Galilei-Transformation*

$$x = \bar{x} + v\bar{t} \quad , \quad y = \bar{y} \quad , \quad z = \bar{z} \quad , \quad t = \bar{t} \quad , \tag{3.38}$$

bei der in beiden Bezugssystemen mit ein und derselben Zeit gemessen wird. Das bedeutet nichts anderes als die Annahme einer einzigen Zeit, einer Absolutzeit. Die Relativität der Betrachtungen geht damit verloren.

An dieser Stelle sei noch auf einen wesentlichen Unterschied zwischen der Galilei-Transformation und der Lorentz-Transformation hingewiesen: Es werden drei Inertialsysteme betrachtet, die sich wie in (3.8) relativ zueinander bewegen. Die zwei auszuführenden Galilei-Transformationen infolge der Relativgeschwindigkeiten $\vec{\bar{v}}$ und $\vec{\tilde{v}}$ ($\vec{\bar{v}}$ und $\vec{\tilde{v}}$ unterscheiden sich allgemein nach Betrag und Richtung) hängen nicht von ihrer Reihenfolge ab. Die Galilei-Transformationen sind kommutativ. Nach (3.38) verändert sich nur die x-Koordinate:

$$x = \bar{x} + \bar{v}\bar{t} = \bar{x} + \bar{v}t \tag{3.39}$$

Für die sich anschließende zweite Transformation gilt

$$\bar{x} = \tilde{x} + \tilde{v}t \quad , \tag{3.40}$$

und eingesetzt in Gleichung (3.39)

$$x = \tilde{x} + (\bar{v} + \tilde{v})\,t \quad . \tag{3.41}$$

Auch für den Fall, daß sich die Geschwindigkeiten $\vec{\bar{v}}$ und $\vec{\tilde{v}}$ nicht nur im Betrag, sondern auch noch in der Richtung unterscheiden, sind beide vertauschbar bei gleichem Endergebnis.

Das Ergebnis zweier aufeinanderfolgender Lorentz-Transformationen hängt allgemein von ihrer Reihenfolge ab. Die Kommutativität gilt für Lorentz-Transformationen im allgemeinen nicht. Diese Transformation wurde nach (3.19) über die Drehung hergeleitet. Demzufolge kann jede Lorentz-Transformation formal als Drehung in einem vierdimensionalen Raum angesehen werden. Bekannterweise hängt das Ergebnis zweier Drehungen um verschiedene Achsen infolge verschiedener Geschwindigkeit $\vec{\bar{v}}$ und $\vec{\bar{v}}$ von ihrer Reihenfolge ab, so daß es nicht gleich ist, welche von beiden zuerst ausgeführt wird. Eine Ausnahme bilden die Transformationen, bei denen $\vec{\bar{v}}$ und $\vec{\bar{v}}$ parallel sind, denn diese Drehungen entsprechen solchen um ein und dieselbe Achse.

3.2.3 Sonderfall der Lorentz-Transformation

Von vielseitigem physikalischen, insbesondere elektrotechnischem (technischem) Interesse sind solche Vorgänge, bei denen die Relativgeschwindigkeit v klein gegenüber der Lichtgeschwindigkeit ist. In diesem Fall setzt man $v \ll c$, und (3.30) geht in die Näherungsformel

$$x = \bar{x} + v\bar{t} \quad , \quad y = \bar{y} \quad , \quad z = \bar{z} \quad , \quad t = \bar{t} + \frac{v}{c^2}\bar{x} \tag{3.42}$$

über.

3.2.4 Umkehrtransformation

Zur Bestimmung der Umkehrtransformation kann man (3.30) nach den Koordinaten $\bar{x}$, $\bar{y}$, $\bar{z}$, $\bar{t}$ auflösen. Am einfachsten gelangt man zur Umkehrtransformation aus folgender Überlegung heraus: Wenn sich das Inertialsystem $\bar{B}$ relativ zum Inertialsystem B mit der Geschwindigkeit v bewegt, dann bewegt sich das Inertialsystem B relativ zum Bezugssystem $\bar{B}$ mit der Geschwindigkeit $-v$. Nun setzt man in (3.30) für v die Geschwindigkeit $-v$ ein und vertauscht die ungestrichenen mit den gestrichenen Größen. Daraus folgt unmittelbar die Umkehrtransformation

$$\bar{x} = \frac{x - vt}{\sqrt{1 - \left(\frac{v}{c}\right)^2}} \quad , \quad \bar{y} = y \quad , \quad \bar{z} = z \quad , \quad \bar{t} = \frac{t - \frac{v}{c^2}x}{\sqrt{1 - \left(\frac{v}{c}\right)^2}} \quad . \tag{3.43}$$

Die Transformationen (3.30) und (3.43) erscheinen - ihrer Struktur nach - noch bei anderen Transformationsbeziehungen für Größen der Elektromagnetik. Unterschiede in den Faktoren sind durch ihren elektrotechnischen Inhalt und demzufolge durch ihre Dimension bedingt.

3.3 Vierertensoren erster Stufe

3.3.1 Vierervektoren

Vierertensoren erster Stufe sind spezielle Tensoren mit vier kontravarianten beziehungsweise vier kovarianten Koordinaten. Sie werden deshalb auch als Vierervektoren bezeichnet. Sie spielen in der Theorie der Elektrotechnik eine wichtige Rolle.

Die Koordinaten eines Ereignisses in Natur und Technik setzen sich aus den drei Ortskoordinaten x, y, z und der Zeitkoordinate ct zusammen. Demzufolge können die Koordinaten eines Ereignisses als Koordinaten eines vierdimensionalen Ortsvektors im vierdimensionalen Raum angesehen werden. Dieser vierdimensionale Ortsvektor wird aus diesem Grund ebenfalls als Vierervektor bezeichnet.

Für den vierdimensionalen Ortsvektor werden die kontravarianten Koordinaten x^k mit $k = 0, 1, 2, 3$

$$x^0 = ct \quad , \quad x^1 = x \quad , \quad x^2 = y \quad , \quad x^3 = z \ . \tag{3.44}$$

eingeführt. Sein Quadrat des Betrages errechnet sich per Definition aus

$$(x^0)^2 - (x^1)^2 - (x^2)^2 - (x^3)^2 \tag{3.45}$$

und bleibt bei beliebigen Drehungen des vierdimensionalen Koordinatensystems unverändert. Eine besondere physikalisch und technisch interessante Drehung stellt die Lorentz-Transformation dar.

Nimmt man allgemein für einen beliebigen Vierertensor erster Stufe (Vierervektor) - also vorerst ohne elektrotechnischen oder physikalischen Inhalt - vier kontravariante Koordinaten A^0, A^1, A^2, A^3 an, so ändern sich diese bei einer Transformation des vierdimensionalen Bezugssystems wie die kontravarianten Koordinaten des Viererortsvektors x^k, denn unter der Lorentz-Transformation gilt in Übereinstimmung mit (3.30) für die kontravarianten Koordinaten

$$A^0 = \frac{\bar{A}^0 + \frac{v}{c}\bar{A}^1}{\sqrt{1-\left(\frac{v}{c}\right)^2}} \quad , \quad A^1 = \frac{\bar{A}^1 + \frac{v}{c}\bar{A}^0}{\sqrt{1-\left(\frac{v}{c}\right)^2}} \quad , \quad A^2 = \bar{A}^2 \quad , \quad A^3 = \bar{A}^3 \ . \tag{3.46}$$

Das Betragsquadrat errechnet sich in Analogie zu (3.45) mit Gleichung (3.46) zu

$$(A^0)^2 - (A^1)^2 - (A^2)^2 - (A^3)^2 = (\bar{A}^0)^2 - (\bar{A}^1)^2 - (\bar{A}^2)^2 - (\bar{A}^3)^2 \ . \tag{3.47}$$

Der Zusammenhang zwischen den kontravarianten und den kovarianten Koordinaten A_0, A_1, A_2, A_3 ist auf sehr einfache Art und Weise durch

$$A^0 = A_0 \quad , \quad A^1 = -A_1 \quad , \quad A^2 = -A_2 \quad , \quad A^3 = -A_3 \tag{3.48}$$

gegeben, so daß sich das Quadrat des Betrages vom Vierervektor (Vierertensor erster Stufe) durch

$$A^0A_0 + A^1A_1 + A^2A_2 + A^3A_3 = A^kA_k \tag{3.49}$$

mit $k = 0, 1, 2, 3$ entsprechend der bereits festgelegten Summationskonvention berechnet. Betrachtet man (3.46) bis (3.49), so wird offensichtlich, daß sich die kovarianten

Komponenten A_k wie folgt transformieren:

$$A_0 = \frac{\bar{A}_0 - \frac{v}{c}\bar{A}_1}{\sqrt{1-\left(\frac{v}{c}\right)^2}} \quad , \quad A_1 = \frac{\bar{A}_1 - \frac{v}{c}\bar{A}_0}{\sqrt{1-\left(\frac{v}{c}\right)^2}} \quad , \quad A_2 = \bar{A}_2 \quad , \quad A_3 = \bar{A}_3 \tag{3.50}$$

Setzt man diese Beziehungen und (3.46) in (3.49) ein, dann erhält man für das Betragsquadrat des Vierervektors (Vierertensors)

$$A^k A_k = \frac{\left(\bar{A}^0 + \frac{v}{c}\bar{A}^1\right)^2}{1-\left(\frac{v}{c}\right)^2} - \frac{\left(\bar{A}^1 + \frac{v}{c}\bar{A}^0\right)^2}{1-\left(\frac{v}{c}\right)^2} - \left(\bar{A}^2\right)^2 - \left(\bar{A}^3\right)^2 \quad , \tag{3.51}$$

oder ausgerechnet das Ergebnis in Gleichung (3.47).

Aus (3.46) oder unter Berücksichtigung der Transformation aus (3.51) geht hervor, daß das Quadrat eines Vierervektors positiv, negativ oder Null werden kann. Man bezeichnet deshalb diese Vierertensoren als zeitartig, raumartig oder lichtartig.

Aus mathematischen und physikalischen Gründen wird für die Darstellung von Vierervektoren auch die Form

$$A^k = (A^0, \vec{A}) \tag{3.52}$$

verwendet.

Später zeigt sich, daß in dieser Form die skalare Koordinate A^0 mit dem skalaren elektrischen Potential und der dreidimensionale Vektor $\vec{A}$ mit dem dreidimensionalen Vektorpotential des magnetischen Feldes identisch sind.

Die Form (3.52) liegt auch darin begründet, weil die drei räumlichen Komponenten eines Vierertensors bezüglich rein räumlicher Drehungen, also solcher Transformationen, die die Zeitachse unverändert lassen, einen dreidimensionalen Vektor $\vec{A}$ bilden. Die zeitliche Komponente des Vierervektors stellt dann ein Skalar dar.

Vergleicht man diese Darstellung mit (3.47), so folgt für die kovarianten Komponenten

$$A_k = (A_0, -\vec{A}) \quad . \tag{3.53}$$

Das Betragsquadrat eines beliebigen Vierervektors berechnet sich dann aus (3.49) zu

$$A^k A_k = (A^0)^2 - \vec{A}^2 \quad . \tag{3.54}$$

Im Besonderen weist der Viererortsvektor x^k die Form

$$x^k = (ct, \vec{r}) \quad , \quad x_k = (ct, -\vec{r}) \tag{3.55}$$

auf und hat das Betragsquadrat

$$x^k x_k = c^2 t^2 - \vec{r}^2 \quad . \tag{3.56}$$

Diese formellen Darlegungen können sofort auf Vierertensoren zweiter Stufe ausgedehnt werden. Der Zusammenhang zwischen seinen kontravarianten Koordinaten A^{kl}, seinen kovarianten Koordinaten A_{kl} und den dazugehörigen gemischten Koordinaten A_l^k und A_k^l ist durch

$$\begin{array}{llllll} A^{00} = A_{00} \quad , & A^{01} = -A_{01} \quad , & A^{11} = A_{11} \quad , & A^{12} = A_{21} \quad , & \ldots \\ A_0^0 = A^{00} \quad , & A_1^0 = -A^{01} \quad , & A_0^1 = A^{01} \quad , & A_1^1 = -A^{11} \quad , & \ldots \end{array} \tag{3.57}$$

gegeben. Man erkennt die allgemeine Regel:

> Das Vorzeichen einer Koordinate wird durch das Heben oder Senken eines räumlichen Indizes geändert, durch das Heben oder Senken eines zeitlichen Indizes jedoch nicht.

Bei rein räumlichen Drehungen bilden die neun Koordinaten A^{kl} (A^{11}, A^{12}, A^{13}, A^{21}, A^{22}, A^{23}, A^{31}, A^{32}, A^{33}) einen dreidimensionalen Tensor zweiter Stufe. Die drei kontravarianten Koordinaten A^{01}, A^{02}, A^{03} sowie die drei kontravarianten Koordinaten A^{10}, A^{20}, A^{30} stellen dreidimensionale Tensoren erster Stufe dar. A^{00} ist ein Tensor nullter Stufe.

3.3.2 Lichtausbreitung in bewegten Bezugssystemen

In Abschnitt 3.3.1 wurden die Vierervektoren und ihr Quadrat vorgestellt. Das Quadrat eines Vierervektors kann positiv, negativ oder Null sein. Man klassifiziert sie deshalb nach dem Wert derselben als zeitartige, raumartige oder lichtartige Vierervektoren.

Hier soll nun am Beispiel der Ausbreitung des Lichtes gezeigt werden, daß der sich ergebende Vierertensor lichtartig ist (sein Betragsquadrat besitzt den Wert Null), und jeder Beobachter in einem Inertialsystem die Lichtausbreitung als Kugelfläche erkennt.

Es seien zwei Inertialsysteme B und $\bar{B}$ mit den Koordinaten x, y, z, t bzw. $\bar{x}$, $\bar{y}$, $\bar{z}$, $\bar{t}$ gegeben. Im Bezugssystem B ruht eine Lichtquelle. Das Bezugssystem $\bar{B}$ bewegt sich mit konstanter Geschwindigkeit gegenüber B (Abbildung 3.2). Das Bezugssystem $\bar{B}$ kann sich in beliebiger Richtung vom Koordinatenursprung des Bezugssystems B wegbewegen. Ohne Einschränkung der Allgemeinheit wird aber der Einfachheit halber angenommen, daß die Richtung der Bewegung in positiver x-Richtung erfolgt. In jedem Inertialsystem befindet sich ein Beobachter, der die Lichtausbreitung verfolgt.

Behauptung: Jeder Beobachter sieht die Fläche, bis zu der das Licht gekommen ist, als Kugel.

Auf Grund von (3.5) gilt im Bezugssystem B für den sich dort befindenden Beobachter

$$c^2t^2 - x^2 - y^2 - z^2 = 0 \quad , \tag{3.58}$$

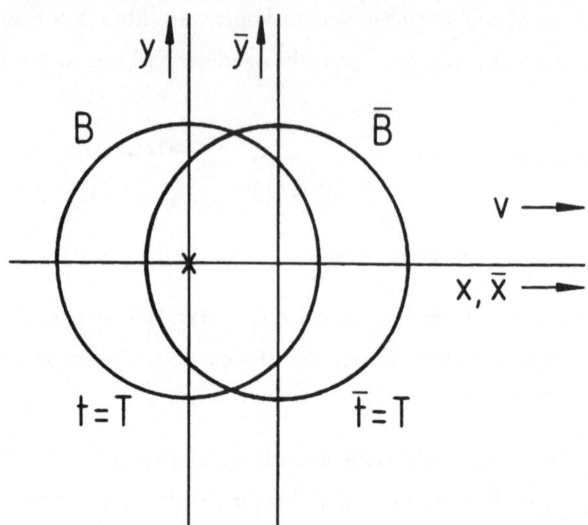

Abbildung 3.2: Form der Lichtausbreitung in zwei Inertialsystemen

denn es soll die Fläche betrachtet werden, bis zu der das Licht gerade gekommen ist (lichtartig). Das Quadrat des Vierertensors ist Null. Für eine beliebige verstrichene Zeit $t = T$ hat der Lichtstrahl die Strecke cT zurückgelegt, so daß gilt:

$$c^2T^2 - x^2 - y^2 - z^2 = 0 \tag{3.59}$$

Was sieht nun ein Beobachter im Bezugssystem $\bar{B}$ nach derselben Zeit $\bar{t} = T$?
Für die Lichtausbreitung gilt in seinen Koordinaten

$$\bar{c}^2T^2 - \bar{x}^2 - \bar{y}^2 - \bar{z}^2 = 0 \quad . \tag{3.60}$$

In Übereinstimmung mit dem Prinzip der Konstanz der Lichtgeschwindigkeit ist $\bar{c} = c$, so daß aus (3.60)

$$c^2T^2 - \bar{x}^2 - \bar{y}^2 - \bar{z}^2 = 0 \tag{3.61}$$

folgt. Das Licht legt für den Beobachter im Bezugssystem $\bar{B}$ dieselbe Strecke cT zurück. Die Gleichungen (3.59) und (3.61) sind der Form nach gleich. Es sind Kugelgleichungen mit dem Radius $r = cT$. Beide Beobachter stellen demzufolge fest, daß sich das Licht für sie als Kugel ausbreitet.

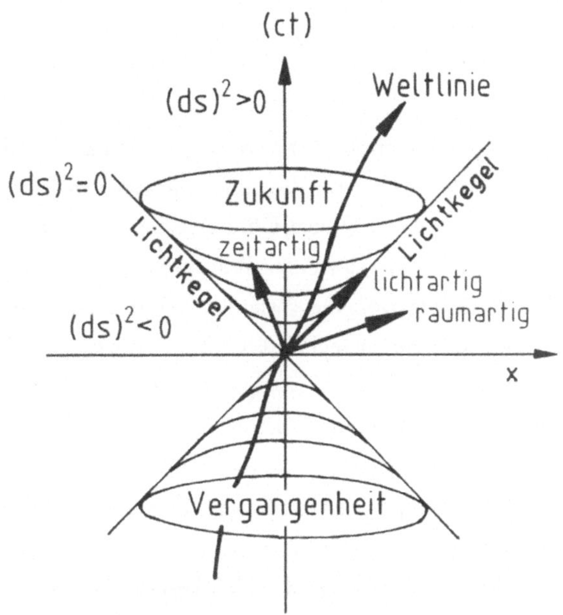

Abbildung 3.3: Lichtkegel im Schnitt

3.3.3 Invarianz des Lichtkegels

Die Herleitungen über den Abstand und die Eigenschaften von Vierervektoren nebst ihren Koordinaten sollen nun herangezogen werden, um die Lichtausbreitung im Vakuum am sogenannten Lichtkegel darzustellen.
Wir gehen von (3.44) aus und erhalten aus (3.56) mit (3.48)

$$x^0 = x_0 = ct \quad , \quad x^1 = -x_1 = x \quad , \quad x^2 = -x_2 = y \quad , \quad x^3 = -x_3 = z \quad , \tag{3.62}$$

und für das Quadrat des Vierertensors

$$x^k x_k = (ct)^2 - x^2 - y^2 - z^2 \quad . \tag{3.63}$$

In dreidimensionaler Beschreibungsweise stellt

$$(ct)^2 - x^2 - y^2 - z^2 = 0 \tag{3.64}$$

eine Kugel mit dem Radius ct dar. In vierdimensionaler Beschreibungsweise stellt die in der Form gleiche Beziehung einen Kegel dar.

In Abbildung 3.3 ist ein zweidimensionaler Schnitt des Lichtkegels als Doppelkegel wiedergegeben. Die dritte Raumdimension kann in der Darstellung natürlich nicht erfaßt werden. Trotzdem wird das aus Rand und innerem "Volumen" bestehende Gebiet als Lichtkegel bezeichnet.

Der Lichtkegel ist ein wichtiges Hilfsmittel zur Veranschaulichung relativistischer Zusammenhänge. An ihm wird deutlich, daß zwei Ereignisse nur dann miteinander kausal verbunden sein können, wenn der Abstand (auch infinitesimal) zwischen ihnen zeitartig ist. Keine Wirkung kann sich mit einer Geschwindigkeit ausbreiten, die schneller als die Lichtgeschwindigkeit ist. Der Bewegungsvorgang verläuft auf irgendeiner Weltlinie innerhalb oder auf dem Lichtkegel von der Vergangenheit über die Gegenwart in die Zukunft. Eine Ursache zieht eine Bewegung nach sich, die zu einer Wirkung führt. Hier zeigt sich, wie sinnvoll die Begriffe Ursache und Wirkung sind.

Der Vorteil, das Wirkungsintegral vornan zu stellen, bestätigt sich auch am Lichtkegel. Jede Bahnbewegung verläuft entlang einer Weltlinie des Lichtkegels. Sie verläuft in seinem Inneren, wenn die Bahnbewegung massebehaftet ist.

Mit der Lorentz-Transformation (3.30) kann der Lichtkegel in bewegten Bezugssystemen betrachtet werden, indem die Koordinaten x und t in

$$(ct)^2 - x^2 = 0 \tag{3.65}$$

durch die Beziehungen

$$x = \frac{\bar{x} + v\bar{t}}{\sqrt{1 - \left(\frac{v}{c}\right)^2}} \qquad \text{und} \qquad t = \frac{\bar{t} + \frac{v}{c^2}\,\bar{x}}{\sqrt{1 - \left(\frac{v}{c}\right)^2}} \tag{3.66}$$

zu ersetzen sind. Es gilt

$$(ct)^2 - x^2 = \frac{1}{1 - \left(\frac{v}{c}\right)^2} \left[(c\bar{t} + \frac{v}{c}\,\bar{x})^2 - (\bar{x} + v\bar{t}\,)^2 \right] = (c\bar{t}\,)^2 - \bar{x}^2 = 0 \quad . \tag{3.67}$$

Das Ergebnis in (3.67) sagt aus, daß der Lichtkegel eine Invariante gegenüber dieser Transformation ist. An Stelle von (3.65) gilt im bewegten Bezugssystem

$$(c\bar{t}\,)^2 - \bar{x}^2 = 0 \quad . \tag{3.68}$$

In dieser Gleichung kommt das negative Resultat des bekannten Michelsonversuches deutlich zum Ausdruck. Ihre Herleitung beweist, daß eine Bewegung mit Lichtgeschwindigkeit in jedem bewegten Inertialsystem wieder als Bewegung mit der gleichen Lichtgeschwindigkeit c beobachtet wird.

Da bei der Lorentz-Transformation die y- und die z-Koordinate invariant bleiben ($y = \bar{y}$, $z = \bar{z}$) kann

$$(ct)^2 - x^2 - y^2 - z^2 = (c\bar{t}\,)^2 - \bar{x}^2 - \bar{y}^2 - \bar{z}^2 = 0 \tag{3.69}$$

geschrieben werden, so daß diese Invarianz auch für den dreidimensionalen Lichtkegel gilt.

3.3.4 Vierergradient des skalaren Potentials und der Wellenoperator

Eine wesentliche elektrotechnische Anwendung eines Vierertensors erster Stufe stellt das bekannte skalare elektrische Potential $\varphi(ct, x, y, z)$ dar. Man bildet in Übereinstimmung mit (2.497) den Gradienten als Ableitung des Potentials nach den kontravarianten Koordinaten. Es ist

$$\vec{g}^i \frac{\partial \varphi}{\partial x^i} = \vec{g}^0 \frac{\partial \varphi}{\partial x^0} + \vec{g}^1 \frac{\partial \varphi}{\partial x^1} + \vec{g}^2 \frac{\partial \varphi}{\partial x^2} + \vec{g}^3 \frac{\partial \varphi}{\partial x^3} \tag{3.70}$$

oder eingesetzt nach (3.44)

$$\vec{g}^i \frac{\partial \varphi}{\partial x^i} = \vec{g}^0 \frac{\partial \varphi}{\partial (ct)} + \vec{g}^1 \frac{\partial \varphi}{\partial x^1} + \vec{g}^2 \frac{\partial \varphi}{\partial x^2} + \vec{g}^3 \frac{\partial \varphi}{\partial x^3} = \left(\frac{1}{c}\frac{\partial \varphi}{\partial t}, \nabla\varphi\right) \quad , \tag{3.71}$$

wobei $\nabla\varphi$ aus (2.507) zu entnehmen ist. Alle Koordinaten sind kovariant, weil nach den kontravarianten Koordinaten des vierdimensionalen Ortsvektors abgeleitet wurde.
Wie bereits gezeigt worden ist, gilt für Vierervektoren nach (3.48) oder (3.55)

$$x^0 = x_0 \quad , \quad x^1 = -x_1 \quad , \quad x^2 = -x_2 \quad , \quad x^3 = -x_3 \quad . \tag{3.72}$$

Damit folgt für die Ableitung des skalaren elektrischen Potentials nach den kovarianten Koordinaten

$$\vec{g}_i \frac{\partial \varphi}{\partial x_i} = \vec{g}_0 \frac{\partial \varphi}{\partial (ct)} + \vec{g}_1 \frac{\partial \varphi}{\partial x_1} + \vec{g}_2 \frac{\partial \varphi}{\partial x_2} + \vec{g}_3 \frac{\partial \varphi}{\partial x_3} \quad , \tag{3.73}$$

und so für den Gradienten

$$\operatorname{grad}\varphi = \vec{g}_i \frac{\partial \varphi}{\partial x_i} = \vec{g}_0 \frac{\partial \varphi}{\partial (ct)} + \vec{g}_1 \frac{\partial \varphi}{\partial x_1} + \vec{g}_2 \frac{\partial \varphi}{\partial x_2} + \vec{g}_3 \frac{\partial \varphi}{\partial x_3} \quad . \tag{3.74}$$

Unter Beachtung von (3.72) gilt

$$\vec{g}_i \frac{\partial \varphi}{\partial x_i} = \left(\frac{1}{c}\frac{\partial \varphi}{\partial t}, -\nabla\varphi\right) \quad . \tag{3.75}$$

Diese kovariante Ableitung wird zur Bildung des Wellenoperators herangezogen, so daß sich wie von selbst der charakteristische Teil der Wellengleichung für das skalare elektrische Potential ergibt. Das Ziel besteht also in der Suche einer skalaren Invariante, die beim Übergang von einem Inertialsystem zu einem anderen erhalten bleibt.
Die zweimalige Anwendung eines Operators erster Stufe (im obigen Sinne) auf ein Skalar führt dann wieder auf einen Skalar, wenn zwischen beiden Operatoren ein Skalarprodukt

erklärt wird. In Übereinstimmung mit den Herleitungen zur Tensorrechnung, insbesondere den Vierervektoren, ist von außen gesehen zur Bildung einer skalaren Invariante ein kontravarianter Operator (Vektor, Tensor) auf einen kovarianten Operator (Vektor, Tensor) und dieser wiederum auf einen Skalar anzuwenden. Von innen gesehen, wird auf den Skalar zuerst der kovariante Operator angewendet, und auf dieses Ergebnis skalar verknüpft der kontravariante Operator angesetzt.

Bezeichnen wir diese vierdimensionalen Operatoren mit den Viereckoperatoren $\Box_{kov}$ bzw. $\Box^{kon}$, so folgt, angewendet auf das skalare elektrische Potential φ

$$\Box^{kon}(\Box_{kov}\,\varphi) = \Box^2\varphi \quad . \tag{3.76}$$

Der hochgestellte Index '2' bezeichnet eine zweifache Operatoranwendung und stellt nicht das Quadrat des Operators dar. Mit (3.70), (3.71) und (3.75) ergibt sich

$$\vec{g}^{\,i}\frac{\partial}{\partial x^i}\cdot\left[\vec{g}_i\,\frac{\partial}{\partial x^i}(\varphi)\right] = \left(\frac{1}{c}\frac{\partial}{\partial t},\,\nabla\right)\cdot\left[\left(\frac{1}{c}\frac{\partial}{\partial t},\,-\nabla\right)\varphi\right] = \Box^{kon}\cdot\Box_{kov}\,\varphi \quad . \tag{3.77}$$

Dieser Ansatz geht nach Differentiation und unter der Beachtung von $\vec{g}^{\,i}\cdot\vec{g}_j = \delta^i_j$ in

$$\left(\frac{1}{c}\frac{\partial}{\partial t},\,\nabla\right)\cdot\left[\left(\frac{1}{c}\frac{\partial}{\partial t},\,-\nabla\right)\varphi\right] \equiv \frac{1}{c^2}\frac{\partial^2\varphi}{\partial t^2} - \nabla^2\varphi = \Box^2\varphi \tag{3.78}$$

über. Dieser Wellenoperator, angewandt auf φ, führt mit der später noch zu bestimmenden Inhomogenität auf die Wellengleichung. Mit diesem Ergebnis bestätigt sich die sinnvolle Art und Weise der Einführung der Tensorrechnung und im besonderen die der Vierertensoren.

Die Reihenfolge von Tensoren ist im allgemeinen nicht vertauschbar. Hier kann wegen der Symmetrie des Skalarproduktes und der Anwendung auf einen Skalar eine Vertauschung vorgenommen werden, was zum selben Endergebnis führt. In unserem Beispiel wird auf einen Skalar mit dem kovarianten Operator die Gradientenbildung ausgeführt. Der so entstandene Vektor geht durch die Anwendung des kontravarianten Operators, was wegen des erklärten Skalarproduktes eine Divergenzbildung darstellt, in einen Skalar über.

3.3.5 Vierergeschwindigkeit

Die nachfolgende Behandlung von Bewegungsvorgängen in Elektrotechnik, Elektromechanik und von parametrischen Problemen in der Netzwerktechnik erfordern die Einführung einer Geschwindigkeit. Der bekannte dreidimensionale Geschwindigkeitsvektor kann zu einem Vierervektor erweitert werden. Die vierdimensionale Geschwindigkeit oder einfach Vierergeschwindigkeit ist durch

$$v^i = \frac{dx^i}{ds} \qquad i = 0,\,1,\,2,\,3 \tag{3.79}$$

definiert. Mit Gleichung (3.79), in der $\vec{v}$ die dreidimensionale Geschwindigkeit (zum Beispiel der Ladung, des Teilchens, des elektrischen Leiters oder des Körpers) darstellt, folgt für die kontravarianten Koordinaten der Vierergeschwindigkeiten v^0 und v^1

$$v^0 = \frac{dx^0}{ds} = \frac{d(ct)}{c\,dt\sqrt{1-\left(\frac{v}{c}\right)^2}} = \frac{1}{\sqrt{1-\left(\frac{v}{c}\right)^2}} \quad , \tag{3.80}$$

oder

$$v^1 = \frac{dx^1}{ds} = \frac{dx^1}{c\,dt\sqrt{1-\left(\frac{v}{c}\right)^2}} = \frac{v_{x^1}}{c\sqrt{1-\left(\frac{v}{c}\right)^2}} \quad . \tag{3.81}$$

Auf dieselbe Art und Weise errechnen sich die Koordinaten v^2 und v^3, so daß man allgemein v^i als

$$v^i = \left(\frac{1}{\sqrt{1-\left(\frac{v}{c}\right)^2}}, \frac{\vec{v}}{c\sqrt{1-\left(\frac{v}{c}\right)^2}}\right) \quad . \tag{3.82}$$

darstellen kann. Da der dreidimensionale Geschwindigkeitsvektor $\vec{v}$ und damit auch sein Betrag von den v_{x^1}, v_{x^2}, v_{x^3} abhängen, sind die Koordinaten der Vierergeschwindigkeit v^i nicht unabhängig. Für die kovarianten Koordinaten der Vierergeschwindigkeit gilt demzufolge in Übereinstimmung mit den vorangegangenen allgemeinen Herleitungen für Vierervektoren

$$v_i = \left(\frac{1}{\sqrt{1-\left(\frac{v}{c}\right)^2}}, \frac{-\vec{v}}{c\sqrt{1-\left(\frac{v}{c}\right)^2}}\right) \quad . \tag{3.83}$$

Damit berechnet sich das Betragsquadrat der Vierergeschwindigkeit zu

$$v^i v_i = \frac{1}{1-\left(\frac{v}{c}\right)^2} - \frac{\vec{v}^2}{c^2\left(1-\left(\frac{v}{c}\right)^2\right)} = 1 \quad . \tag{3.84}$$

Andererseits folgt aus dem Quadrat des infinitesimalen Längenelementes

$$ds^2 = dx^i\,dx_i = dx_i\,dx^i \tag{3.85}$$

für das Betragsquadrat mit (3.79) die Beziehung

$$v^i\,v_i = \frac{dx^i}{ds}\frac{dx_i}{ds} = \frac{dx^i\,dx_i}{dx^i\,dx_i} = 1 \quad , \tag{3.86}$$

also ebenfalls der Wert Eins.

Aus dem Vergleich der Dimension der dx^i mit der von ds geht hervor, daß die so definierte Vierergeschwindigkeit keine Dimension besitzt. Da ihr Betrag immer gleich Eins ist, läßt sie sich geometrisch als Einheitsvektor ansehen. Dieser Einheitsvektor tangiert jene Weltlinie, auf der sich das Teilchen bewegt.

3.4 Das Wirkungsintegral

Die Wirkung errechnet sich aus dem Produkt von Energie und Zeitdauer der Energieeinwirkung. Sie hat demzufolge in der Elektrotechnik die Dimension $VAs \cdot s$. Will man alle energetischen Einwirkungen erfassen, dann ist entweder über alle Energien entsprechend der tatsächlichen Zeitdauer der jeweiligen Energieeinwirkung zu summieren, oder bei infinitesimalen Größen ist über alle Wirkungen zu integrieren. Zur Bezeichnung bietet sich der Begriff **Wirkungsintegral** an. Als Symbol wird das Zeichen S verwendet.
Da entsprechend der Zielstellung die Wirkung des elektromagnetischen Feldes und der in ihm befindlichen Teilchen untersucht werden soll, setzt sich das Gesamtwirkungsintegral aus den Bestandteilen

$$S_{ges} = S_F + S_T + S_{FT} \tag{3.87}$$

zusammen.
S_F bezeichnet den nur von den Eigenschaften des Feldes abhängenden Anteil. Es ist das Wirkungsintegral des Feldes ohne vorhandene Ladungen.
Das Wirkungsintegral S_T beschreibt den Anteil der Wirkung, der nur von den Eigenschaften des Teilchens abhängt, also die Wirkungsfunktion eines freien Teilchens. Sind mehrere Teilchen vorhanden, so ist ihr Beitrag zur Wirkung aufzusummieren.
Das Wirkungsintegral S_{FT} wird durch die Wechselwirkung zwischen dem Feld und dem ladungsbehafteten Teilchen hervorgerufen.

3.4.1 Wirkungsintegral des Feldes

Den Ausgangspunkt zur allgemeinen Bestimmung des Wirkungsintegrals S_F bildet das Superpositionsprinzip als wichtige Eigenschaft des elektromagnetischen Feldes. Es besagt:

> Wird von einer Ladung ein Feld erzeugt, und von einer anderen Ladung ein zweites Feld, so berechnet sich das von beiden Ladungen zusammen hervorgerufene Feld durch die vektorielle Addition der Einzelfelder.

In Übereinstimmung mit dem Superpositionsprinzip muß die vektorielle Addition von beliebigen Feldern ein Feld ergeben, welches selbst auftreten kann und welches den Feldgleichungen genügen muß.
Bekanntlich sind die linearen Differentialgleichungen durch die wesentliche Eigenschaft gekennzeichnet, daß die Linearkombination zweier Lösungen wiederum eine Lösung darstellt. Die gesuchten Differentialgleichungen müssen infolgedessen in Übereinstimmung mit dem Superpositionsprinzip linear sein.

Die Größen des elektromagnetischen Feldes sind in einem Tensor (auch Feldtensor, Tensor des elektromagnetischen Feldes oder Tensor der Elektromagnetik genannt) zweiter Stufe der Form

$$F = F^{ij}\,\vec{g}_i\,\vec{g}_j = F_{ij}\,\vec{g}^i\,\vec{g}^j \qquad i, j = 0, 1, 2, 3 \tag{3.88}$$

erfaßbar, wobei die $\vec{g}_i$, $\vec{g}_j$ bzw. $\vec{g}^i$, $\vec{g}^j$ die kovarianten bzw. kontravarianten Grundvektoren eines beliebigen Koordinatensystems sind. Der Feldtensor ist antisymmetrisch und vierdimensional. Beide Arten von Koordinaten werden nachfolgend bestimmt.

Die Wirkung und damit das Wirkungsintegral stellen Skalare dar. Demzufolge muß der Integrand im Wirkungsintegral S_F selbst ein Skalar sein. Da dieses Wirkungsintegral eine Funktion des Feldtensors der Elektromagnetik sein soll, wird der gesuchte Skalar durch das Produkt aus kovariantem und kontravariantem Feldtensor, also durch $F_{ij}F^{ij}$ gebildet. Das Wirkungsintegral S_F infolge der Feldeigenschaften hat somit im betrachteten Volumen die Form

$$S_F = K \int_{t_0}^{t_1} \int_V F_{ij}F^{ij}\, dV dt \tag{3.89}$$

mit

$$dV = dx\, dy\, dz \quad , \quad (dV = dx^1\, dx^2\, dx^3 \quad \text{bzw.} \quad dV = dx_1\, dx_2\, dx_3) \quad . \tag{3.90}$$

Die Integration erfolgt über den gesamten betrachteten Raum sowie über ein Zeitintervall zwischen zwei festen Zeitpunkten. K ist eine noch zu wählende, vom Maßsystem abhängige Konstante.

Mit $d\Omega = c\, dx\, dy\, dz\, dt$ geht das Wirkungsintegral (3.89) in

$$S_F = \frac{K}{c} \int_{t_0}^{t_1} \int_V F_{ij}F^{ij}\, d\Omega \tag{3.91}$$

über. Die Wirkung läßt sich auch als Integral über die Zeit durch

$$S_F = \int_{t_0}^{t_1} L_F\, dt \tag{3.92}$$

darstellen. Die Funktion L_F bezeichnet die zum elektromagnetischen Feld gehörende Lagrange-Funktion und ist unschwer (3.89) zu entnehmen.

3.4.2 Wirkungsintegral auf Grund der Eigenschaften der Teilchen

Die Wirkung für ein freies Teilchen, das nicht unter der Einwirkung äußerer Kräfte steht, hat in der Mechanik die Form

$$S_T = -\alpha \int_{s_0}^{s_1} ds \quad , \tag{3.93}$$

oder ausgedrückt durch seine Lagrange-Funktion L_T

$$S_T = \int_{t_0}^{t_1} L_T \, dt \tag{3.94}$$

mit α als noch wählbarer Konstanten. Setzt man unter Beachtung des Zusammenhangs zwischen dem zurückgelegten Wegstück ds und der Geschwindigkeit v des materiellen Teilchens mit c als Lichtgeschwindigkeit nach (3.16)

$$\frac{ds}{c} = \sqrt{1 - \left(\frac{v}{c}\right)^2} \, dt \tag{3.95}$$

ein, dann folgt für die Wirkung des Teilchens

$$S_T = - \int_{t_0}^{t_1} \alpha c \sqrt{1 - \left(\frac{v}{c}\right)^2} \, dt \quad , \tag{3.96}$$

und aus dem Vergleich mit (3.94) für die Lagrange-Funktion

$$L_T = -\alpha c \sqrt{1 - \left(\frac{v}{c}\right)^2} \quad . \tag{3.97}$$

Die Konstante α kennzeichnet in der Mechanik ein bestimmtes Teilchen. In Übereinstimmung mit der Erfahrung besitzt in der klassischen Mechanik jedes Teilchen eine Masse m. Um einen Zusammenhang zwischen der Konstanten α und der konstanten Ruhemasse m zu finden, geht man von der Forderung aus, daß im "Grenzfall" für $c \to \infty$ die Lagrange-Funktion in die klassische Form

$$L_T = \frac{mv^2}{2} \tag{3.98}$$

übergeht. Der Wurzelausdruck in (3.96) wird nun nach Potenzen von v/c entwickelt, und man erhält bis auf Glieder höherer Ordnung

$$L_T = -\alpha c \sqrt{1 - \left(\frac{v}{c}\right)^2} \approx -\alpha c + \frac{\alpha v^2}{2c} \quad . \tag{3.99}$$

Die Konstanten in der Lagrange-Funktion haben keinen Einfluß auf den Wert des Funktionals, denn die Variation wird definitionsgemäß hinsichtlich einer oder mehrerer Variablen vorgenommen. Sie tragen daher nicht zum Extremum bei und haben deshalb auch keinen Einfluß auf die aus der Lagrange-Funktion ableitbaren Bewegungsgleichungen. Sie können weggelassen werden. Der Vergleich von (3.98) mit (3.99) führt deshalb bei Vernachlässigung der Konstanten αc auf $\alpha = mc$ und somit nach (3.93) auf das Wirkungsintegral eines freien Teilchens

$$S_T = - \int_{s_0}^{s_1} mc \, ds \quad . \tag{3.100}$$

Die Lagrange-Funktion nimmt damit die Form

$$L_T = -mc^2 \sqrt{1 - \left(\frac{v}{c}\right)^2} \tag{3.101}$$

an. Sind n Teilchen (Punktmassen) vorhanden, so berechnet sich ihr Beitrag zur Wirkung aus der Summe der Wirkungen für jedes einzelne Teilchen (Prinzip der Superposition der Wirkungen)

$$S_T = -\sum_{l=1}^{n} \int_{s_0}^{s_1} m_l \, c \, ds \quad . \tag{3.102}$$

3.4.3 Wirkungsintegral infolge der Wechselwirkung zwischen Feld und Teilchen

Dieses Wirkungsintegral muß sowohl Größen, die das Teilchen, als auch Größen, die das elektromagnetische Feld charakterisieren, enthalten.

Die Erfahrung beweist, daß die Eigenschaften eines Teilchens hinsichtlich seiner Wechselwirkung mit dem elektromagnetischen Feld stets nur durch einen Parameter beschrieben werden - den der Ladung q des Teilchens - die positive Werte, negative Werte oder den Wert Null annehmen kann.

Die Eigenschaften des Feldes drücken sich durch den Vierervektor des Potentials A_i aus. Das so definierte Viererpotential besteht aus den kovarianten Koordinaten, die selbst Funktion der Ortskoordinaten und der Zeit sind.

Ein in einem elektromagnetischen Feld bewegtes Teilchen erfährt jedoch nur dann eine Wirkung, wenn es selbst ladungsbehaftet ist. Die Einwirkung des Feldes auf diese Ladungträger kann auch durch die Potentiale erfaßt werden. In Übereinstimmung mit den Herleitungen über Vierervektoren wird das Integral eines Teilchens im Feld mit den kovarianten Koordinaten des Viererpotentials gebildet. Da hierzu die kovarianten Koordinaten eingesetzt werden, sind in Einklang mit der Tensorrechnung die kontravarianten Differentiale dx^i zu verwenden. Sie werden aus diesen Gründen in der Form

$$-\int_a^b q A_i \, dx^i \tag{3.103}$$

in die weiteren Rechnungen eingehen.

Der Vierervektor des Potentials A^k setzt sich in Analogie zu (3.53) ebenfalls aus zwei Anteilen zusammen. Die drei räumlichen Koordinaten des Vierervektors erfaßt man im dreidimesionalen Vektor $\vec{A}$, der das Vektorpotential des magnetischen Feldes darstellt. Die zeitliche Koordinate des Vierervektors in der Form $A^0 = \varphi/c$ bezeichnet das skalare Potential des elektrischen Feldes. Man faßt beide Potentiale in kontravarianten Koordinaten im sogenannten Potentialtensor

$$A^i = \left(\frac{\varphi}{c}, \vec{A}\right) \tag{3.104}$$

zusammen, oder man schreibt in Übereinstimmung mit (3.53) für die kovarianten Koordinaten des Potentialtensors

$$A_i = \left(\frac{\varphi}{c}, -\vec{A}\right) \quad . \tag{3.105}$$

Beides sind Vierervektoren oder Koordinaten von Tensoren erster Stufe.
Das Wirkungsintegral einer Ladung im elektromagnetischen Feld ergibt sich als Summe von (3.100) und (3.103) zu

$$S = \int_a^b \left(-mc\,ds - qA_i\,dx^i\right) \quad . \tag{3.106}$$

Um zur dreidimensionalen Schreibweise überzugehen, bedient man sich des Vierervektors x^i nach (3.55), so daß für die kontravarianten Differentiale

$$dx^k = (d(ct), d\vec{r}) \tag{3.107}$$

folgt. Die Gleichungen (3.105) und (3.107), eingesetzt in (3.106), ergeben somit den Ausdruck für das nun dreidimensional geschriebene Wirkungsintegral

$$S = \int_a^b \left(-mc\,ds - q\varphi\,dt + q\vec{A}\,d\vec{r}\right) \quad . \tag{3.108}$$

Führt man noch mit

$$\vec{v} = \frac{d\vec{r}}{dt} \tag{3.109}$$

die Geschwindigkeit der Ladung im Feld ein, dann geht (3.108) mit ds aus (3.16) in

$$S = \int_{t_0}^{t_1} \left(-mc^2\sqrt{1-\left(\frac{v}{c}\right)^2} - q\varphi + q\vec{A}\vec{v}\right) dt \tag{3.110}$$

über. In vierdimensionaler Form gilt in Erweiterung von (3.103) für das Wirkungsintegral S_{FT} infolge der Wechselwirkung zwischen dem Feld und mehreren Teilchen der Zusammenhang:

Bewegen sich n Teilchen mit den konstanten Ladungen q_l im elektromagnetischen Feld, so gilt für die Wirkung dieses Systems

$$S_{FT} = -\sum_{l=1}^{n} \int_a^b q_l A_i\,dx^i \quad . \tag{3.111}$$

Für die rechnerische Auswertung sei folgendes hinzugefügt: In jedem Glied dieser Summe ist für A_i das Potential (Vektorpotential, skalares Potential) an der Stelle der Raumzeit einzusetzen, an der sich das jeweilige Teilchen mit der Ladung q_l gerade befindet.

3.5 Die Lagrange-Funktionen der Wirkungsintegrale

3.5.1 Lagrange-Funktion einer Ladung im elektromagnetischen Feld

Die Lagrange-Funktion eines freien Teilchens ist durch Gleichung (3.101) gegeben. Die Lagrange-Funktion einer Ladung im elektromagnetischen Feld ist gleich dem Integranden von (3.110), also

$$L_T + L_{FT} = -mc^2\sqrt{1-\left(\frac{v}{c}\right)^2} - q\varphi + q\vec{A}\vec{v} \quad , \tag{3.112}$$

wobei die beiden rechten Summanden die Wechselwirkung der Ladung mit dem Feld beschreiben und sich die Ladung q auf der Masse m befindet.

3.5.2 Der Feldtensor und die Berechnung von Invarianten

In die Lagrange-Funktion zur Erfassung der Eigenschaften des elektromagnetischen Feldes gehen die Feldgrößen ein, die nach (3.89) im dazugehörigen Tensor zweiter Stufe enthalten sein müssen. Aus diesem Grunde ist die Herleitung des Tensors des elektromagnetischen Feldes, kurz auch Feldtensor genannt, erforderlich.

3.5.2.1 Der Tensor des elektromagnetischen Feldes

Den Ausgangsunkt zur Herleitung des Feldtensors bildet das Wirkungsintegral nach (3.106). Entsprechend dem Prinzip der kleinsten Wirkung besitzt dieses Wirkungsintegral für die tatsächliche Bewegung ein Extremum (Minimum), in welchem dessen erste Variation δS verschwindet.

Mathematisch ausgedrückt lautet hierfür - Gleichung (3.106) zufolge - das Prinzip der kleinsten Wirkung:

$$\delta S = -\delta \int_a^b \left(mc\,ds + qA_i\,dx^i\right) = 0 \tag{3.113}$$

Daraus folgt mit Gleichung (3.85) und der Vertauschung von Variation und Integration

$$\delta S = -\int_a^b \left(mc\frac{dx_i\,d\delta x^i}{ds} + qA_i\,d\delta x^i + q\delta A_i\,dx^i\right) \quad . \tag{3.114}$$

Mit der kovarianten dimensionslosen Vierergeschwindigkeit

$$v_i = \frac{dx_i}{ds} \tag{3.115}$$

geht (3.114) in

$$\delta S = -\int_a^b \left(mc\, v_i\, d\delta x^i + qA_i\, d\delta x^i + q\delta A_i\, dx^i \right) \tag{3.116}$$

über. Da in zwei Integranden der Ausdruck $d\delta x^i$ auftritt, sind diese partiell zu integrieren. Das rechte Integral bleibt unverändert. Nach erfolgter partieller Integration entsteht für die erste Variation der Ausdruck

$$\delta S = \int_a^b \left(mc\, dv_i\, \delta x^i + q\, dA_i\, \delta x^i - q\delta A_i\, dx^i \right) - \left[(mc\, v_i + qA_i)\, \delta x^i \right]_a^b = 0 \quad . \tag{3.117}$$

Der rechte Summand verschwindet, weil bei der Variation der x^i die Koordinatenwerte der Integrationsgrenzen konstant bleiben. In der Tat, eine Konstante liefert wegen Satz 1 in Abschnitt (2.1.2) keinen Beitrag zur Variation des Funktionals oder Wirkungsintegrals. Da weiterhin die Koordinaten des Viererpotentials von den Koordinaten x^j abhängen, gelten für dA_i und δA_i die Beziehungen

$$dA_i = \frac{\partial A_i}{\partial x^j}\, dx^j \quad , \qquad \delta A_i = \frac{\partial A_i}{\partial x^j}\, \delta x^j \quad , \tag{3.118}$$

so daß Gleichung (3.117) in

$$\int_a^b \left(mc\, dv_i\, \delta x^i + q\, \frac{\partial A_i}{\partial x^j}\, \delta x^i\, dx^j - q\, \frac{\partial A_i}{\partial x^j}\, \delta x^j\, dx^i \right) = 0 \tag{3.119}$$

übergeht. Wegen

$$dv_i = \frac{dv_i}{ds}\, ds \tag{3.120}$$

und (3.79) folgt aus (3.119) nach der Vertauschung der Indizes i und j im dritten Summanden die Beziehung

$$\int_a^b \left[mc\, \frac{dv_i}{ds} - q \left(\frac{\partial A_j}{\partial x^i} - \frac{\partial A_i}{\partial x^j} \right) v^j \right] \delta x^i\, ds = 0 \quad . \tag{3.121}$$

Die Größen x^i sind beliebig wählbar. Aus diesem Grunde muß in (3.121) zur Erfüllung der Forderung $\delta S = 0$ der Integrand in der Klammer verschwinden, also

$$mc\, \frac{dv_i}{ds} - q \left(\frac{\partial A_j}{\partial x^i} - \frac{\partial A_i}{\partial x^j} \right) v^j = 0 \tag{3.122}$$

sein. Die in diesen Bedingungsgleichungen enthaltenen kovarianten Koordinaten

$$F_{ij} = \frac{\partial A_j}{\partial x^i} - \frac{\partial A_i}{\partial x^j} \tag{3.123}$$

gehören zum Tensor des elektromagnetischen Feldes. Mit den kontravarianten Koordinaten F^{ij} des elektromagnetischen Feldstärketensors gehen die vier ($i = 0, 1, 2, 3$) Bewegungsgleichungen (3.122) in die Form

$$mc\, \frac{dv^i}{ds} - q\, F^{ij} v_j = 0 \tag{3.124}$$

über. Sowohl Gleichung (3.122) als auch (3.124) stellen für sich die Bewegungsgleichungen einer Ladung im elektromagnetischen Feld in vierdimensionaler Schreibweise dar. Der Feldstärketensor wurde damit folgerichtig aus dem Prinzip der kleinsten Wirkung abgeleitet.

Definiert man nun als Ansatz die elektrische Feldstärke aus den Potentialen in der Form

$$\vec{E} = -\frac{\partial \vec{A}}{\partial t} - \operatorname{grad} \varphi \tag{3.125}$$

und die magnetische Feldstärke durch

$$\vec{B} = \operatorname{rot} \vec{A} \quad , \tag{3.126}$$

so ergeben sich die kovarianten Koordinaten F_{ij} aus (3.123), indem dort (3.105) eingesetzt wird. Das Ergebnis läßt sich in einer Matrix (i = 0, 1, 2, 3 als Zeilenindex und j = 0, 1, 2, 3 als Index für die Spalten) darstellen:

$$F_{ij} = \begin{pmatrix} 0 & \frac{E_x}{c} & \frac{E_y}{c} & \frac{E_z}{c} \\ -\frac{E_x}{c} & 0 & -B_z & B_y \\ -\frac{E_y}{c} & B_z & 0 & -B_x \\ -\frac{E_z}{c} & -B_y & B_x & 0 \end{pmatrix} \tag{3.127}$$

Mit (3.123) folgt unter Beachtung von (3.104) für die kontravarianten Koordinaten des vierdimensionalen Tensors des elektromagnetischen Feldes

$$F^{ij} = \begin{pmatrix} 0 & -\frac{E_x}{c} & -\frac{E_y}{c} & -\frac{E_z}{c} \\ \frac{E_x}{c} & 0 & -B_z & B_y \\ \frac{E_y}{c} & B_z & 0 & -B_x \\ \frac{E_z}{c} & -B_y & B_x & 0 \end{pmatrix} \tag{3.128}$$

Vergleicht man beide Tensoren hinsichtlich der Vorzeichen an den Koordinaten, so bieten sich die abgekürzten Schreibformen

$$F_{ij} = \left(\frac{1}{c}\vec{E}, \vec{B}\right) \tag{3.129}$$

und

$$F^{ij} = \left(-\frac{1}{c}\vec{E}, \vec{B}\right) \tag{3.130}$$

an. Mit dem elektromagnetischen Feldtensor in den Koordinaten F_{ij}, F^{ij} entsprechend den Gleichungen (3.127) und (3.128) beziehungsweise in den Formen nach den Gleichungen (3.129) und (3.130) wurde eine physikalische Größe hergeleitet, die die elektrische Feldstärke und die magnetische Feldstärke in einem Tensor zweiter Stufe zusammenfaßt.

Ein Vorteil des Feldtensors hebt sich klar ab: Liegen die Feldstärken in einem Inertialsystem vor, dann sind diese auch infolge der Tensordarstellung in jedem anderen Inertialsystem gegeben.

Die Verbindung zwischen den Potentialen und den Feldstärken geben (3.125) und (3.126) in bekannter dreidimensionaler Darstellung an. Die Beziehungen (3.127) und (3.128) erfassen diese Zusammenhänge in vierdimensionaler Form. Beide Schreibweisen sind koordinateninvariant, also unabhängig in der Form vom jeweils ausgewählten Koordinatensystem.

Die Feldstärken in (3.125) und (3.126) lassen sich auch durch

$$\vec{E} = E_i \vec{g}^i = -\frac{\partial}{\partial t}\left(A_i \vec{g}^i\right) - \vec{g}^i \frac{\partial \varphi}{\partial x^i} \tag{3.131}$$

und

$$\vec{B} = \operatorname{rot} \vec{A} = \frac{1}{\sqrt{g}} A_{k,j} \left(\vec{g}^i \times \vec{g}^k\right) \tag{3.132}$$

oder

$$B^i = (\operatorname{rot} \vec{A})^i = \frac{1}{\sqrt{g}}\left(A_{k,j} - A_{j,k}\right) \qquad (ijk) \overset{zykl.}{=} (1,\, 2,\, 3) \tag{3.133}$$

ausdrücken.

Beispiel: Zur Berechnung der Feldtensorkoordinaten folgt mit (3.123) und (3.125) für F_{10}

$$F_{10} = \frac{\partial A_0}{\partial x^1} - \frac{\partial A_1}{\partial x^0} = \frac{1}{c}\left(\frac{\partial \varphi}{\partial x} + \frac{\partial A_x}{\partial t}\right) = -\frac{1}{c} E_x \quad . \tag{3.134}$$

Für F_{21} errechnet man mit $g = 1$ im kartesischen Koordinatensystem über (3.133) oder mit (3.123) und (3.126)

$$F_{21} = \frac{\partial A_1}{\partial x^2} - \frac{\partial A_2}{\partial x^1} = -\frac{\partial A_x}{\partial y} + \frac{\partial A_y}{\partial x} = B^z = B_z \quad . \tag{3.135}$$

Die Indizes i, j haben in (3.124) die Werte 0, 1, 2, 3. Demzufolge ergeben sich aus dieser vierdimensionalen Form der Bewegungsgleichungen vier Gleichungen, von denen aber nur drei unabhängig sind. Um das zu zeigen, wird (3.124) mit v^i erweitert:

$$mc \frac{dv^i}{ds} v^i - q\, F^{ij}\, v_j\, v^i = 0 \quad . \tag{3.136}$$

Beide Summanden sind Null. Der linke, weil die Vierergeschwindigkeit und ihre Ableitung nach ds senkrecht aufeinander stehen. Der rechte, weil der Feldtensor antisymmetrisch und $v_j\, v^i$ symmetrisch sind. Das Produkt einer antisymmetrischen mit einer symmetrischen Größe ergibt immer Null.

3.5.2.2 Invarianten des elektromagnetischen Feldes

Mit diesen Ergebnissen lassen sich invariante Größen finden. Das sind solche Größen, die beim Übergang von einem Inertialsystem zu einem anderen Inertialsystem erhalten bleiben, also keine Änderung erfahren.

Ausgehend von den beiden Formen des Feldtensors werden mit (3.127) und (3.128) in vierdimensionaler Form die Produkte

$$F_{ij}\,F^{ij} = \text{invariant} \tag{3.137}$$

$$e^{ijkl}\,F_{ij}\,F_{kl} = \text{invariant} \tag{3.138}$$

erhalten.

Der Tensor e^{ijkl} ist vollständig antisymmetrisch. Da in (3.138) das Produkt eines Tensors mit seinem dualen Tensor gebildet wird, ergibt sich ein Pseudoskalar und kein echter Skalar. Drückt man die kovarianten Koordinaten des Feldtensors mit (3.123) durch die kovarianten Viererpotentiale aus, dann geht (3.138) in die Form

$$e^{ijkl}\,F_{ij}\,F_{kl} = 4\,\frac{\partial}{\partial x^i}\left(e^{ijkl}\,A_j\,\frac{\partial}{\partial x^k}\,A_l\right) \tag{3.139}$$

über. Wegen der enthaltenen zweimaligen Verjüngung (vgl. Abschnitt 2.2.2.2) stellt dieser Ausdruck eine Viererdivergenz dar.

Die Viererdivergenz (oder anders bezeichnet als Divergenz im vierdimensionalen Raum) setzt sich aus der bekannten Divergenz des dreidimensionalen Raumes und der Differentiation der zeitlichen Koordinate des jeweiligen Vierervektors nach der Zeitkoordinate zusammen.

Man berechnet die Größe der Invariante nach (3.137), indem $i = 0, 1, 2, 3$ und $j = 0, 1, 2, 3$ durchlaufen:

$$\begin{aligned} F_{ij}\,F^{ij} &= F_{00}F^{00} + F_{01}F^{01} + F_{02}F^{02} + F_{03}F^{03} \\ &+ F_{10}F^{10} + F_{11}F^{11} + F_{12}F^{12} + F_{13}F^{13} \\ &+ F_{20}F^{20} + F_{21}F^{21} + F_{22}F^{22} + F_{23}F^{23} \\ &+ F_{30}F^{30} + F_{31}F^{31} + F_{32}F^{32} + F_{33}F^{33} \end{aligned} \tag{3.140}$$

Mit den Koordinaten aus (3.127) und (3.128) entsteht

$$\begin{aligned} F_{ij}\,F^{ij} &= 0 - \frac{E_x^2}{c^2} - \frac{E_y^2}{c^2} - \frac{E_z^2}{c^2} \\ &- \frac{E_x^2}{c^2} + 0 + B_z^2 + B_y^2 \\ &- \frac{E_y^2}{c^2} + B_z^2 + 0 + B_x^2 \\ &- \frac{E_z^2}{c^2} + B_y^2 + B_x^2 + 0 \\ &= 2(B_x^2 + B_y^2 + B_z^2) - 2\left(\frac{E_x^2}{c^2} + \frac{E_y^2}{c^2} + \frac{E_z^2}{c^2}\right) \end{aligned} \tag{3.141}$$

$$= 2\left(\vec{B}^2 - \frac{\vec{E}^2}{c^2}\right) \quad . \tag{3.142}$$

Mit dem Übergang von (3.127) und (3.128) durch Einsetzen und Ausrechnen nach (3.142) zur dreidimensionalen Schreibweise ergibt sich eine "echte" Invariante. Die Betragsquadrate der Dreiervektoren $\vec{B}$ und $\vec{E}$ behalten in jedem Koordinatensystem denselben Wert. Gleichung (3.138) führt auf den Ausdruck

$$e^{ijkl} F_{ij} F_{kl} = \frac{E}{c} B = \frac{\vec{E}}{c} \cdot \vec{B} \quad . \tag{3.143}$$

Die Koordinaten des vollständig antisymmetrischen Einheitstensors vierter Stufe nehmen für verschiedene i, j, k, l (i, j, k, $l = 0$, 1, 2, 3) den Wert +1 an, wenn die Vertauschung der Indizes durch eine gerade Anzahl in die Folge 0, 1, 2, 3 überführt werden kann, jedoch den Wert −1, wenn diese Anzahl ungerade ist. Der Wert der Koordinaten für zwei gleiche Indizes wird wegen der Antisymmetrie Null. Insgesamt finden sich $4! = 24$ von Null verschiedene Koordinaten. Das Ergebnis nach (3.143) stellt ein Pseudoskalar dar, weil es aus dem Produkt eines Tensors mit seinem dualen Tensor hervorgeht.

Aus den Invarianten von (3.142) und (3.143) lassen sich zwei Schlußfolgerungen ziehen:

1. Sind die Beträge von E/c und B in irgendeinem Inertialsystem gleich, so gilt das auch für jedes beliebige andere Inertialsystem.

2. Sind in irgendeinem Inertialsystem das elektrische und das magnetische Feld zueinander orthogonal, also $\vec{E} \cdot \vec{B} = 0$, dann sind sie es auch in jedem anderen Inertialsystem.

3.5.3 Dreidimensionale Darstellung des Wirkungsintegrals des Feldes und seine Lagrange-Funktion

Den Ausgangspunkt der weiteren Ausführungen bildet das Wirkungsintegral nach (3.88) beziehungsweise nach (3.91) unter der Berücksichtigung der Invariante nach (3.142).

Das elektrische Feld enthält wegen des Zusammenhangs (3.125) die Ableitung des Vektorpotentials nach der Zeit. Wegen des Quadrates in (3.142) geht $\left(\partial\vec{A}/\partial t^2\right)^2$ und damit auch $\vec{E}^2$ mit positivem Vorzeichen in das Wirkungsintegral (3.91) ein. Würde dies nicht der Fall sein, dann könnte durch eine ausreichend schnelle zeitliche Änderung des Vektorpotentials pro Zeiteinheit ein beliebig großer negativer Wert für die Wirkung S_F entstehen. Die Wirkung hätte dann kein Minimum, was der Forderung des Prinzips der kleinsten Wirkung widerspricht. Die Konstante K muß demzufolge negativ sein. Ihr Zahlenwert hängt allein von der Wahl des Maßsystems ab.

Der Integrand im Wirkungsintegral S_F selbst kann keine Ableitungen der Tensorkoordinaten F_{ik} enthalten, denn die Lagrange-Funktion hängt in diesem Zusammenhang außer von den Koordinaten des Systems nur noch von den ersten zeitlichen Ableitungen [4] der Koordinaten ab. Bezogen auf das elektromagnetische Feld sind die Vektorpotentiale hier die (verallgemeinerten) Koordinaten. Das heißt, es sind jene Veränderlichen, die im Wirkungsprozeß variiert werden. Der Aufbau des Wirkungsintegrals wird analog dem in der Mechanik vollzogen, wo die Lagrange-Funktion des zugrunde gelegten mechanischen Systems nur eine Funktion der Lagekoordinaten sowie ihrer ersten Ableitungen nach der Zeit ist.

Mit dem Ausdruck (3.142) für das Skalarprodukt $F_{ij}F^{ij}$ unter dem Integral geht das Wirkungsintegral S_F nach (3.88) in seine dreidimensionale Form

$$S_F = K \int_{t_0}^{t_1} \int_V 2 \left(\vec{B}^2 - \frac{\vec{E}^2}{c^2} \right) dV\, dt \tag{3.144}$$

über. Dreidimensional deshalb, weil die Feldvektoren $\vec{B}$ und $\vec{E}$ nur Koordinaten in den drei Ortsachsenrichtungen haben.

Der Vergleich von (3.92) mit (3.144) ergibt schließlich mit

$$L_F = \frac{K}{c} \int_V 2 \left(\vec{B}^2 - \frac{\vec{E}^2}{c^2} \right) dV \tag{3.145}$$

die Lagrange-Funktion des elektromagnetischen Feldes.

3.5.4 Gesamtwirkungsintegral von Feld und Ladungen

Nach diesen Herleitungen läßt sich das Hauptresultat für alle weiteren Darlegungen und Schlußfolgerungen in einer Gleichung zum Gesamtwirkungsintegral zusammenfassen.

Das Gesamtwirkungsintegral von elektromagnetischem Feld und der in ihm befindlichen Ladungen ergibt sich durch Einsetzen von (3.91), (3.102) und (3.111) in (3.87) als

$$S_{ges} = \frac{K}{c} \int_{t_0}^{t_1} \int_V F_{ij}\, F^{ij}\, d\Omega - \sum_{l=1}^{n} \int_{s_0}^{s_1} m_l\, c\, ds - \sum_{l=1}^{n} \int_a^b q_l\, A_i\, dx^i \quad . \tag{3.146}$$

In dieser Gleichung brauchen die Ladungen nicht klein im Verhältnis zur Gesamtgeometrie der elektromagnetischen Anordnung zu sein, wie das zum Beispiel beim Coulombschen Gesetz als Voraussetzung gilt. Die A_i und F_{ij} charakterisieren das gesamte elektromagnetische Feld, welches sich aus der Summe von äußerem Feld und dem von den Ladungen hervorgerufenen Feld zusammensetzt. Die Koordinaten A_i des Viererpotentials und der

[4] Es sei hier schon darauf hingewiesen, daß in der Theorie elektrischer Netzwerke - z.B. bei der Betrachtung von Elementen höherer Ordnung bzw. der Aufstellung der $\{L, D\}$-Modelle für den Bauelementevorrat zur Synthese nichtlinearer Netzwerke bzw. elektromechanischer Systeme - auch Ableitungen höherer als erster Ordnung der verallgemeinerten Lagekoordinaten auftreten.

Tensor des elektromagnetischen Feldes F_{ij} hängen dann sowohl von der Lage als auch von den Geschwindigkeiten der Ladungen ab.
Die beiden rechten Summanden in (3.146) ergeben für eine Ladung gerade wieder das Wirkungsintegral (3.106), das über die Variation nach (3.113) auf den Tensor des elektromagnetischen Feldes F_{ij} führt.

3.5.5 Die Lagrange-Funktion zum Gesamtwirkungsintegral

Die Lagrange-Funktion für die Wechselwirkung zwischen elektromagnetischem Feld und Ladungen setzt sich wie das Gesamtwirkungsintegral aus den Teilen

$$L_{ges} = L_F + L_T + L_{FT} \tag{3.147}$$

zusammen. Die Lagrange-Funktion L_F entnimmt man (3.145). Der Anteil L_T für ein Teilchen gibt (3.101) wieder.
Für ein System von Ladungen geht man zur Bestimmung der Lagrange-Funktion von (3.102) und (3.111) aus und erhält

$$S_T + S_{FT} = -\sum_{l=1}^{n} \int_{s_0}^{s_1} m_l\, c\, ds - \sum_{l=1}^{n} \int_a^b q_l\, A_i\, dx^i \quad . \tag{3.148}$$

Dieser Ausdruck läßt sich mit

$$A_i = (A_0, -A_1, -A_2, -A_3) = \left(\frac{\varphi}{c}, -\vec{A}\right) \tag{3.149}$$

und

$$dx^0 = c\, dt \quad , \quad dx^1 = dx \quad , \quad dx^2 = dy \quad , \quad dx^3 = dz \tag{3.150}$$

in

$$\begin{aligned} S_T + S_{FT} \quad &= \quad -\sum_{l=1}^{n} \int_{s_0}^{s_1} m_l\, c\, ds - \sum_{l=1}^{n} \int_{t_0}^{t_1} q_l\, \frac{\varphi}{c}\, c\, dt \\ &\quad -\sum_{l=1}^{n} \int_{r_0}^{r_1} q_l\, [-A_1\, dx - A_2\, dy - A_3\, dz] \end{aligned} \tag{3.151}$$

oder

$$S_T + S_{FT} = -\sum_{l=1}^{n} \int_{s_0}^{s_1} m_l\, c\, ds - \sum_{l=1}^{n} \int_{t_0}^{t_1} q_l\, \varphi\, dt + \sum_{l=1}^{n} \int_{\vec{r}_0}^{\vec{r}_1} q_l\, \vec{A}\, d\vec{r} \tag{3.152}$$

umschreiben.
Führt man $\vec{v}_l = d\vec{r}_l/dt$ als Geschwindigkeit des jeweiligen Teilchens ein und geht mit (3.16) überall zur Integration nach der Zeit über, so folgt bei Vertauschung von Summen-

und Integralzeichen

$$S_T + S_{FT} = \int_{t_0}^{t_1} \left[-\sum_{l=1}^{n} m_l c^2 \sqrt{1 - \left(\frac{v_l}{c}\right)^2} - \sum_{l=1}^{n} q_l \varphi + \sum_{l=1}^{n} q_l \vec{A} \vec{v}_l \right] dt \quad . \tag{3.153}$$

Die Lagrange-Funktion des Gesamtwirkungsintegrals lautet in dreidimensionaler Form unter Hinzufügung ihres Anteils L_F aus (3.144) oder nach (3.145):

$$L_{ges} = \frac{K}{c} \int_V 2 \left(\vec{B}^2 - \frac{\vec{E}^2}{c^2} \right) dV - \sum_{l=1}^{n} m_l c^2 \sqrt{1 - \left(\frac{v_l}{c}\right)^2} - \sum_{l=1}^{n} q_l \varphi + \sum_{l=1}^{n} q_l \vec{A} \vec{v}_l \tag{3.154}$$

Es sei nochmals betont, daß in jedem Summanden von (3.154) die Potentiale an der Stelle der Raumzeit einzusetzen sind, an der sich das jeweilige Teilchen mit der Ladung q_l gerade befindet.

3.6 Grundgleichungen der Elektromagnetik

Das Wirkungsintegral (3.146) erfaßt sowohl die Elektromagnetik, also die Vorgänge im elektromagnetischen Feld, als auch die Bewegung von Teilchen, die wiederum Ladungsträger sein können. Die über das Wirkungsintegral ableitbaren Grundgleichungen erfassen deshalb die Elektromagnetik, die elektrischen und magnetischen Netzwerke, die Mechanik und die Elektromechanik. Das wird durch die nachfolgenden theoretischen Herleitungen bewiesen und an Beispielen aus diesen Gebieten demonstriert. Das Wirkungsintegral als Grundlage geht damit über die Elektromagnetik hinaus und enthält selbige als einen wesentlichen, nicht aber alleinigen Bestandteil.
Die Elektromagnetik baut auf zwei Gruppen von Gleichungen auf:

1. Erste Gruppe der Maxwellschen Gleichungen

2. Zweite Gruppe der Maxwellschen Gleichungen

3.6.1 Die erste Gruppe der Maxwellschen Gleichungen

Den Ausgangspunkt zur vierdimensionalen Formulierung dieser Gleichungen bildet die Definition des Tensors des elektromagnetischen Feldes. Der Zusammenhang zwischen dem vierdimensionalen Feldstärketensor (3.127) und dem vierdimensionalen Vektorpotential A_i aus (3.105) ist durch

$$F_{ij} = \frac{\partial A_j}{\partial x^i} - \frac{\partial A_i}{\partial x^j} \tag{3.155}$$

gegeben und wurde aus der Variation des Wirkungsintegrals (3.113) hergeleitet.

Aus Gleichung (3.155) folgt durch Differentiation nach $\partial/\partial x^k$

$$\frac{\partial F_{ij}}{\partial x^k} - \frac{\partial}{\partial x^k}\left(\frac{\partial A_j}{\partial x^i} - \frac{\partial A_i}{\partial x^j}\right) = \frac{\partial F_{ij}}{\partial x^k} - \frac{\partial}{\partial x^i}\frac{\partial A_j}{\partial x^k} + \frac{\partial}{\partial x^j}\frac{\partial A_i}{\partial x^k} = 0 \quad , \tag{3.156}$$

oder durch Addition eines Summanden mit dem Wert Null

$$\frac{\partial F_{ij}}{\partial x^k} - \frac{\partial}{\partial x^i}\frac{\partial A_j}{\partial x^k} + \frac{\partial}{\partial x^j}\frac{\partial A_i}{\partial x^k} + \frac{\partial}{\partial x^i}\frac{\partial A_k}{\partial x^j} - \frac{\partial}{\partial x^i}\frac{\partial A_k}{\partial x^j} = 0 \quad . \tag{3.157}$$

Durch Ausklammerung ergibt sich

$$\frac{\partial F_{ij}}{\partial x^k} + \frac{\partial}{\partial x^i}\left(\frac{\partial A_k}{\partial x^j} - \frac{\partial A_j}{\partial x^k}\right) + \frac{\partial}{\partial x^j}\left(\frac{\partial A_i}{\partial x^k} - \frac{\partial A_k}{\partial x^i}\right) = 0 \quad , \tag{3.158}$$

oder umgeschrieben ein Tensor dritter Stufe

$$\frac{\partial F_{ij}}{\partial x^k} + \frac{\partial F_{jk}}{\partial x^i} + \frac{\partial F_{ki}}{\partial x^j} = 0 \quad . \tag{3.159}$$

Das Ergebnis in (3.159) geht damit aus (3.155) direkt hervor. Wie sich zeigen wird, liegt mit der Bestimmung des Tensors des elektromagnetischen Feldes fest, daß ohne weitere Bedingungen aus ihm über (3.159) die erste Gruppe der Maxwellschen Gleichungen folgt. Die Indizes i, j, k sind im Tensor (3.159) zyklisch angeordnet. Wegen der Antisymmetrie von (3.155) und wegen der zyklischen Vertauschung der Indizes in (3.159) ist dieser Tensor in allen drei Indizes selbst antisymmetrisch, und seine Koordinaten sind nur für $i \neq j \neq k$ von Null verschieden. Anders ausgedrückt: Gilt zum Beispiel in (3.155) $i = j$, so folgt wegen der Antisymmetrie

$$F_{jj} = \frac{\partial A_j}{\partial x^j} - \frac{\partial A_j}{\partial x^j} = 0 \quad , \tag{3.160}$$

und damit auch das Verschwinden der Ableitung von F_{jj}. Berücksichtigt man die vier möglichen Werte (0, 1, 2, 3) für jeden Index, so entstehen wegen $\begin{pmatrix} 4 \\ 3 \end{pmatrix} = 4$ aus (3.159) nur vier nicht identisch erfüllte Gleichungen.

In der Tat geht für $i = 0$, $j = 1$, $k = 2$ der Tensor dritter Stufe (3.159) über in

$$\frac{\partial F_{01}}{\partial x^2} + \frac{\partial F_{12}}{\partial x^0} + \frac{\partial F_{20}}{\partial x^1} = 0 \quad , \tag{3.161}$$

und mit den Koordinaten aus (3.44) und aus (3.127) gilt

$$\frac{\partial \frac{E_x}{c}}{\partial y} - \frac{\partial B_z}{\partial (ct)} - \frac{\partial \frac{E_y}{c}}{\partial x} = 0 \quad . \tag{3.162}$$

Dieser Ausdruck wird in die Form

$$\frac{\partial E_y}{\partial x} - \frac{\partial E_x}{\partial y} = -\frac{\partial B_z}{\partial t} \tag{3.163}$$

umgeschrieben, und man erkennt die z-Koordinate der dreidimensionalen inhomogenen Rotation der elektrischen Feldstärke. Diese Gleichung beinhaltet damit die z-Koordinate des Induktionsgesetzes in Differentialform.
Für die Indexwerte $i = 0$, $j = 1$ und $k = 3$ folgt aus (3.159)

$$\frac{\partial F_{01}}{\partial x^3} + \frac{\partial F_{13}}{\partial x^0} + \frac{\partial F_{30}}{\partial x^1} = \frac{\partial \frac{E_x}{c}}{\partial z} + \frac{\partial B_y}{\partial (ct)} - \frac{\partial \frac{E_z}{c}}{\partial x} = 0 \quad , \tag{3.164}$$

und umgeschrieben

$$\frac{\partial E_x}{\partial z} - \frac{\partial E_z}{\partial x} = -\frac{\partial B_y}{\partial t} \quad . \tag{3.165}$$

Diese Gleichung stellt die y-Koordinate des Induktionsgesetzes in Differentialform dar. In derselben Art und Weise ergibt sich für $i = 3$, $j = 0$ und $k = 2$ die dritte Koordinate der Rotation

$$\frac{\partial E_z}{\partial y} - \frac{\partial E_y}{\partial z} = -\frac{\partial B_x}{\partial t} \quad . \tag{3.166}$$

Alle drei Koordinaten zusammengefaßt liefern die bekannte Maxwellsche Gleichung

$$\operatorname{rot} \vec{E} = -\frac{\partial \vec{B}}{\partial t} \quad , \tag{3.167}$$

oder physikalisch ausgedrückt, das Induktionsgesetz in Differentialform.
Für die Indexwerte $i = 3$, $j = 2$ und $k = 1$ folgt aus (3.159) mit (3.127)

$$\frac{\partial F_{32}}{\partial x^1} + \frac{\partial F_{13}}{\partial x^2} + \frac{\partial F_{21}}{\partial x^3} = \frac{\partial B_x}{\partial x} + \frac{\partial B_y}{\partial y} + \frac{\partial B_z}{\partial z} = 0 \quad , \tag{3.168}$$

oder

$$\operatorname{div} \vec{B} = 0 \quad . \tag{3.169}$$

Diese Gleichung beinhaltet die physikalische Gegebenheit der Quellenfreiheit der magnetischen Flußdichte.
Die Gleichungen (3.167) und (3.168) bilden die erste Gruppe der Maxwellschen Gleichungen. Sie sind dreidimensional. Begrifflich ist zwischen dieser dreidimensionalen Darstellung und einem Tensor dritter Stufe streng zu unterscheiden. Ein Tensor dritter Stufe (ein Tensor mit drei freien Indizes) beschreibt nach (3.159) in vierdimensionaler Darstellung jedoch dieselben Vorgänge der Elektromagnetik.

3.6.2 Die zweite Gruppe der Maxwellschen Gleichungen

Die beiden Gleichungen (3.167) und (3.169) bestimmen die Eigenschaften des elektromagnetischen Feldes noch nicht vollständig. Sie erlauben zwar die Berechnung der zeitlichen Änderung des magnetischen Feldes, nicht aber die des elektrischen Feldes. Man erkennt dies hier daran, daß in ihnen die zeitliche Änderung der elektrischen Feldstärke fehlt.

Bei der Herleitung des Gesamtwirkungsintegrals (3.146) besteht keine Einschränkung hinsichtlich der geometrischen Abmessungen der Ladungen. Demzufolge brauchen die Ladungen bei der auf dem Prinzip der kleinsten Wirkung beruhenden Theorie nicht als punktförmig angesehen zu werden, sondern man kann sie als stetig im Raum verteilt annehmen. Um diese elektrotechnische Gegebenheit in (3.146) zu berücksichtigen, wird von der Ladung q zur Stromdichte übergegangen.

3.6.2.1 Vierervektor der Stromdichte

Die elektrische Ladung ist durch ihre Definition eine Invariante und somit vom Bezugssystem unabhängig. Die Raumladungsdichte ϱ hängt im Wert vom Bezugssystem ab, nicht aber die Größe $\varrho\, dV$. Um das zu zeigen, geht man von

$$dq = \varrho\, dV \tag{3.170}$$

aus und multipliziert auf beiden Seiten mit dem Vierervektor dx^i:

$$dq\, dx^i = \varrho\, dV\, dx^i = \varrho \frac{dx^i}{dt} dV\, dt \tag{3.171}$$

Da dx^i ein Vierervektor und dq ein Skalar sind, muß $dq\, dx^i$ ein Vierervektor sein. Demzufolge stellt auch die rechte Seite von (3.171) einen Vierervektor dar. Das Produkt $dV\, dt$ verkörpert selbst einen Skalar. Damit ist $\varrho\, dx^i/dt$ wiederum ein Vierervektor, der mit

$$j^i = \varrho \frac{dx^i}{dt} \tag{3.172}$$

bezeichnet wird. Seine kontravarianten Koordinaten setzen sich aus den drei räumlichen Koordinaten des gewöhnlichen räumlichen Stromdichtevektors ($\vec{v}$ bezeichnet die Geschwindigkeit der Ladungen)

$$\vec{j} = \varrho \vec{v} \tag{3.173}$$

und einer zeitlichen Koordinate $c\varrho$ zusammen, so daß in Analogie zu den Gleichungen (3.104) und (3.105)

$$j^i = (c\varrho,\, \vec{j}\,) \tag{3.174}$$

und

$$j_i = (c\varrho,\, -\vec{j}\,) \tag{3.175}$$

gelten.

Um im Gesamtwirkungsintegral (3.146) den Vierervektor der Stromdichte zu berücksichtigen, wird dort der rechte Summand umgeschrieben, indem die Punktladungen q_l durch die stetige Ladungsverteilung ϱ ersetzt werden. Die Integration wird über das Volumen

dV vorgenommen. Damit fällt das Summenzeichen weg und man erhält für diesen Summanden

$$\int_V \varrho A_i \, dx^i \, dV = \int_V \varrho A_i \frac{dx^i}{dt} dV \, dt = \frac{1}{c} \int_\Omega A_i \, j^i \, d\Omega \quad . \tag{3.176}$$

Eingesetzt in (3.146) nimmt das Gesamtwirkungsintegral des elektromagnetischen Feldes die Form

$$S_{ges} = \frac{K}{c} \int_{t_0}^{t_1} \int_V F_{ij} \, F^{ij} \, d\Omega - \sum_{l=1}^{n} \int_{s_0}^{s_1} m_l \, c \, ds - \frac{1}{c} \int_\Omega A_i \, j^i \, d\Omega \tag{3.177}$$

an.

3.6.2.2 Herleitung der zweiten Gleichungsgruppe aus dem Prinzip der kleinsten Wirkung

Den Ausgangspunkt bildet das Gesamtwirkungsintegral für stetige Ladungsverteilungen (3.177). Zur Herleitung der Gleichungen der Elektromagnetik aus dem Prinzip der kleinsten Wirkung ist einerseits die Bewegung der Ladung als vorgegeben anzusehen, und die Potentiale werden variiert. Andererseits hat man für die Herleitung der Bewegungsgleichungen das elektromagnetische Feld als gegeben zu betrachten, und es werden die Bahnkurven variiert. Bildet man nun vom Gesamtwirkungsintegral (3.177) die erste Variation und läßt die Bahnkurven unverändert, dann verschwindet der mittlere Summand. Die Viererstromdichte j^i darf nicht mit variiert werden, weil sie infolge der unveränderten Bahnkurven für die Ladungsträger selbst keine Veränderung erfährt. Es gilt der Ausdruck

$$\delta S = \frac{K}{c} \int_\Omega \delta \left(F_{ij} \, F^{ij} \right) d\Omega - \frac{1}{c} \int_\Omega \delta \left(A_i \, j^i \right) d\Omega = 0 \quad . \tag{3.178}$$

Führt man allgemein die Variation für beide Integranden aus, so folgt mit der Produktregel

$$\delta S = \frac{K}{c} \int_\Omega \left(\delta F^{ij} \, F_{ij} + F^{ij} \, \delta \, F_{ij} \right) d\Omega - \frac{1}{c} \int_\Omega j^i \delta A_i \, d\Omega \quad , \tag{3.179}$$

und mit (3.127) und (3.128)

$$\delta S = \int_\Omega \left[\frac{2K}{c} F^{ij} \delta F_{ij} - \frac{1}{c} j^i \delta A_i \right] d\Omega \quad . \tag{3.180}$$

Für den kovarianten Feldtensor F_{ij} setzt man (3.123) ein, um dann nach einigen Zwischenrechnungen einen Tensor dritter Stufe wie in (3.159) zu bilden, nur mit dem Unterschied, daß hierbei die kontravarianten Koordinaten zur Anwendung gelangen. Es ergeben sich

$$\delta S = \int_\Omega \left[\frac{2K}{c} \left(F^{ij} \frac{\partial}{\partial x^i} \delta A_j - F^{ij} \frac{\partial}{\partial x^j} \delta A_i \right) - \frac{1}{c} j^i \delta A_i \right] d\Omega \quad , \tag{3.181}$$

oder nach Vertauschung der Indizes i und j im ersten Summanden unter Beachtung der Antisymmetrie des Feldtensors ($F^{ji} = -F^{ij}$)

$$\delta S = \int_\Omega \left[-\frac{4K}{c} F^{ij} \frac{\partial}{\partial x^j} \delta A_i - \frac{1}{c} j^i \delta A_i \right] d\Omega \quad . \tag{3.182}$$

Nach der partiellen Integration des ersten Summanden und der Anwendung des vierdimensionalen Gaußschen Satzes [5] erhält man für δS

$$\delta S = \int_\Omega \left[\frac{4K}{c} \frac{\partial F^{ij}}{\partial x^j} - \frac{1}{c} j^i \right] \delta A_i \, d\Omega - \frac{4K}{c} \int_{S_j} F^{ij} \delta A_i \, dS_j \quad . \tag{3.183}$$

Das rechte Integral in (3.183) liefert keinen Beitrag zu δS, denn es sind die Werte von $F^{ij}\,\delta A_i$ an den vierdimensionalen Grenzen einzusetzen. Die drei räumlichen Integrationsgrenzen befinden sich im Unendlichen. Dort verschwindet das Feld. An den Zeitintegrationsgrenzen (Anfangs- und Endpunkt) verschwindet nach Voraussetzung (2.20) die Variation der Potentiale. Damit liefert dieses Integral immer den Wert Null und (3.183) geht in

$$\delta S = \int_\Omega \left[\frac{4K}{c} \frac{\partial F^{ij}}{\partial x^j} - \frac{1}{c} j^i \right] \delta A_i \, d\Omega = 0 \tag{3.184}$$

über. Da nach dem Prinzip der kleinsten Wirkung die Variationen für δA_i beliebig vorgenommen werden können, muß zur Erfüllung von (3.184) der Integrand selbst Null sein. Es gilt demzufolge die Tensorgleichung (im linken Summanden wird über den Index $j = 0, 1, 2, 3$ summiert)

$$\frac{4K}{c} \frac{\partial F^{ij}}{\partial x^j} - \frac{1}{c} j^i = 0 \tag{3.185}$$

oder

$$\frac{\partial F^{ij}}{\partial x^j} = \frac{1}{4K} j^i \quad . \tag{3.186}$$

Aus dieser Gleichung folgt für $i = 1$ und $j = 0, 1, 2, 3$

$$\frac{\partial F^{10}}{\partial x^0} + \frac{\partial F^{11}}{\partial x^1} + \frac{\partial F^{12}}{\partial x^2} + \frac{\partial F^{13}}{\partial x^3} = \frac{1}{4K} j^1 \quad . \tag{3.187}$$

Mit den Koordinaten des kontravarianten Tensors (3.128) geht (3.186) in die Form

$$\frac{\partial \frac{E_x}{c}}{\partial (ct)} - \frac{\partial B_z}{\partial y} + \frac{\partial B_y}{\partial z} = \frac{1}{4K} j_x \tag{3.188}$$

oder umgestellt

$$\frac{\partial B_z}{\partial y} - \frac{\partial B_y}{\partial z} = \frac{1}{c^2} \frac{\partial E_x}{\partial t} - \frac{1}{4K} j_x \tag{3.189}$$

[5] Landau, L.; Lifschitz, E.: Lehrbuch der Theoretischen Physik. Band II - Klassische Feldtheorie. Akademie-Verlag Berlin, 1989, S. 25

über. Mit den Werten $i = 2, 3$ und $j = 0, 1, 2, 3$ und den Koordinaten aus (3.128) kann (3.186) in die dreidimensionale vektorielle Gestalt

$$\operatorname{rot} \vec{B} = \frac{1}{c^2} \frac{\partial \vec{E}}{\partial t} - \frac{1}{4K} \vec{j} \tag{3.190}$$

überführt werden. Sie beinhaltet das Durchflutungsgesetz in Differentialform.
Für $i = 0$ und wiederum mit $j = 0, 1, 2, 3$ geht (3.186) in

$$\frac{\partial F^{00}}{\partial x^0} + \frac{\partial F^{01}}{\partial x^1} + \frac{\partial F^{02}}{\partial x^2} + \frac{\partial F^{03}}{\partial x^3} = \frac{1}{4K} j^0 \quad , \tag{3.191}$$

oder mit eingesetzten Tensorkoordinaten und umgeformt in den Ausdruck

$$\operatorname{div} \vec{E} = -\frac{1}{4K} c^2 \varrho \tag{3.192}$$

über.
Zusammenfassend bleibt festzustellen:
Mit (3.167), (3.169), (3.190) und (3.192) sind die vier Maxwell-Gleichungen über das Prinzip der kleinsten Wirkung hergeleitet worden. Für die Feldstärken der Elektromagnetik $\vec{E}$ und $\vec{B}$ wird je eine Aussage über ihre Wirbel und ihre Quellen getroffen.
Die Maxwellschen Gleichungen sind in (3.159) und (3.186) als Tensorgleichungen dargestellt. Auf der rechten Seite von (3.159) steht ohne besondere Kennzeichnung der Nulltensor. Gilt eine solche Gleichung in einem beliebigen Koordinatensystem, dann hat sie auch in jedem anderen Koordinatensystem wegen der Anwendung des gleichen Transformationsgesetzes auf beiden Seiten dieser Gleichung Gültigkeit.
Die zweite Gruppe der Maxwellschen Gleichungen bietet durch die freie Wählbarkeit der Konstanten K eine noch zu treffende Festlegung hinsichtlich des zu verwendenden Maßsystems. Beide Gleichungen enthalten den konstanten Faktor

$$c^2 = \frac{1}{\mu_0 \, \epsilon_0} \quad , \tag{3.193}$$

wobei μ_0 die absolute magnetische Permeabilität und ϵ_0 die absolute Dielektrizitätskonstante des Vakuums sind.
Unter Beachtung des negativen Vorzeichens des rechten Terms in (3.192) oder des positive Vorzeichens des linken Summanden in (3.176) wird die Festlegung

$$K = -\frac{1}{4\mu_0} \tag{3.194}$$

getroffen, so daß aus (3.190) und (3.192) die Gleichungen

$$\operatorname{rot} \vec{B} = \mu_0 \, \epsilon_0 \frac{\partial \vec{E}}{\partial t} + \mu_0 \, \vec{j} \tag{3.195}$$

und

$$\operatorname{div} \vec{E} = \frac{\varrho}{\epsilon_0} \tag{3.196}$$

hervorgehen. Beim Übergang von den Feldgrößen $\vec{B}$ und $\vec{E}$ zu denen von $\vec{H}$ und $\vec{D}$ folgen aus (3.195) und (3.196) mit

$$\vec{B} = \mu_0 \vec{H} \tag{3.197}$$

und

$$\vec{D} = \epsilon_0 \vec{E} \tag{3.198}$$

die Gleichungen

$$\operatorname{rot} \vec{H} = \frac{\partial \vec{D}}{\partial t} + \vec{j} \tag{3.199}$$

und

$$\operatorname{div} \vec{D} = \varrho \quad , \tag{3.200}$$

die von μ_0 und ϵ_0 unabhängig sind. Diese Gleichung wird auch als Gaußscher Satz (der Elektrostatik) bezeichnet.

Im Falle des Übergangs vom Vakuum zu einem beliebigen Medium stehen die Feldgrößen $\vec{B}$ und $\vec{H}$ beziehungsweise $\vec{D}$ und $\vec{E}$ über die allgemeineren Materialgleichungen

$$\vec{B} = \mu_0\, \mu_r\, \vec{H} \tag{3.201}$$

und

$$\vec{D} = \epsilon_0\, \epsilon_r\, \vec{E} \tag{3.202}$$

in Beziehung. Damit gelten die Maxwellschen Gleichungen auch für beliebige Medien.

Mit der Festlegung der Konstanten K nach (3.194) liegen die Maxwellschen Gleichungen (3.167), (3.169), (3.199) und (3.200) in einem genau festgelegten Maßsystem vor. Dieses Maßsystem nennt sich Internationales System (SI-Maßsystem).

Beide Gruppen der Maxwellschen Gleichungen sind das Ergebnis zweier Extremwertaufgaben in Integralform und unterliegen dem Prinzip der kleinsten Wirkung. Sie bestimmen das elektromagnetische Feld vollständig. Sie bilden die Berechnungsgrundlagen dieses Feldes und seiner Theorie, der **Elektromagnetik**. [6]

---

[6] Maxwell knüpfte im Jahre 1873 an experimentellen Ergebnissen und dem Begriffsystem des 19. Jahrhunderts an, faßte in seinen Gleichungen sämtliche Kenntnisse über die Elektrizität zusammen und beschrieb sie mit genialer Einfachheit. Maxwell erfaßte mit seinen Gleichungen nicht nur die bis dahin bekannten Versuchsergebnisse, sondern schuf auch die theoretischen Grundlagen für Experimente in den nachfolgenden Jahrzehnten.

3.7 Zusammenstellung der Formen von Gesamtwirkungsintegral und Gesamt-Lagrange-Funktion

Das Gesamtwirkungsintegral von elektromagnetischem Feld und der in ihm befindlichen Ladungen (3.146) hat in vierdimensionaler Schreibweise mit der nun festgelegten Konstanten $K = -1/4\mu_0$ die endgültige Form

$$S_{ges} = -\frac{1}{4\mu_0 c}\int_{t_0}^{t_1}\int_V F_{ij}F^{ij}\,d\Omega - \sum_{l=1}^{n}\int_{s_0}^{s_1} m_l\,c\,ds - \sum_{l=1}^{n}\int_a^b q_l\,A_i\,dx^i \quad . \tag{3.203}$$

Die Konstante K muß mit negativem Vorzeichen eingehen, denn bei sonst gleichen Bedingungen und positivem K hätte (3.203) kein Minimum, sondern einen größeren Wert, was dem Prinzip der kleinsten Wirkung widerspräche.
Wird im rechten Term von (3.203) die Summe der Ladungen durch die Integration über die stetige Ladungsverteilung im ganzen Raum ersetzt (3.176), so folgt

$$S_{ges} = -\frac{1}{4\mu_0 c}\int_{t_0}^{t_1}\int_V F_{ij}F^{ij}\,d\Omega - \sum_{l=1}^{n}\int_{s_0}^{s_1} m_l\,c\,ds - \frac{1}{c}\int_{t_0}^{t_1}\int_V A_i\,j^i\,d\Omega \quad . \tag{3.204}$$

Um aus diesem Wirkungsintegral die Gesamt-Lagrange-Funktion zu gewinnen, werden alle Terme in die Integration nach der Zeit t umgeschrieben. Mit den bekannten Größen für ds und $d\Omega$ ergibt sich

$$S_{ges} = \int_{t_0}^{t_1}\left[-\frac{1}{4\mu_0}\int_V F_{ij}F^{ij}\,dV - \sum_{l=1}^{n} m_l\,c^2\sqrt{1-\left(\frac{v_l}{c}\right)^2} - \int_V A_i\,j^i\,dV\right]dt \quad . \tag{3.205}$$

Der unter dem Integranden stehende Ausdruck ist die Lagrange-Funktion für stetige Ladungsverteilungen

$$L_{ges} = -\frac{1}{4\mu_0}\int_V F_{ij}F^{ij}\,dV - \sum_{l=1}^{n} m_l\,c^2\sqrt{1-\left(\frac{v_l}{c}\right)^2} - \int_V A_i\,j^i\,dV \quad , \tag{3.206}$$

wobei zu beachten ist, daß sich die Masse m_l sich mit der Geschwindigkeit $\vec{v_l}$ bewegt.
Befindet sich nur eine Masse bei stetiger Ladungsverteilung im elektromagnetischen Feld, dann haben (3.205) bzw. (3.206) die Form

$$S_{ges} = \int_{t_0}^{t_1}\left[-\frac{1}{4\mu_0}\int_V F_{ij}F^{ij}\,dV - mc^2\sqrt{1-\left(\frac{v}{c}\right)^2} - \int_V A_i\,j^i\,dV\right]dt \tag{3.207}$$

beziehungsweise

$$L_{ges} = -\frac{1}{4\mu_0}\int_V F_{ij}F^{ij}\,dV - mc^2\sqrt{1-\left(\frac{v}{c}\right)^2} - \int_V A_i\,j^i\,dV \quad . \tag{3.208}$$

Das Gesamtwirkungsintegral mit den dreidimensionalen Feldgrößen (Feldvektoren) für diskrete Ladungen liefert die Addition von (3.144) und (3.153) bei eingesetztem $K = -1/4\mu_0$ zu

$$S_{ges} = \int_{t_0}^{t_1} \left[-\frac{1}{2\mu_0} \int_V \left(\vec{B} - \frac{\vec{E}^2}{c^2} \right) dV - \sum_{l=1}^{n} \left(m_l c^2 \sqrt{1 - \left(\frac{v_l}{c}\right)^2} - q_l \varphi + q_l \vec{A} \vec{v}_l \right) \right] dt \quad , \tag{3.209}$$

woraus die Lagrange-Funktion gleich dem Integranden aus (3.209) zu entnehmen ist:

$$L_{ges} = -\frac{1}{2\mu_0} \int_V \left(\vec{B} - \frac{\vec{E}^2}{c^2} \right) dV - \sum_{l=1}^{n} \left(m_l c^2 \sqrt{1 - \left(\frac{v_l}{c}\right)^2} - q_l \varphi + q_l \vec{A} \vec{v}_l \right) \tag{3.210}$$

Für ein Teilchen der Ruhemasse m als Träger der Ladung q geht (3.209) in den Ausdruck

$$L_{ges} = -\frac{1}{2\mu_0} \int_V \left(\vec{B} - \frac{\vec{E}^2}{c^2} \right) dV - mc^2 \sqrt{1 - \left(\frac{v}{c}\right)^2} - q\varphi + q\vec{A}\vec{v} \tag{3.211}$$

über. Der erste Term gibt die Lagrange-Funktion des Feldes wieder, die anderen Terme bilden die Lagrange-Funktion einer Ladung im elektromagnetischen Feld. Die Wechselwirkung dieser Ladung mit dem Feld beschreibt der Anteil $q\vec{A}\vec{v} - q\varphi$.

3.8 Drei- und vierdimensionale Form der Kontinuitätsgleichung

Die im Raum V befindliche Ladung Q ist gleich dem Integral

$$Q = \int_V \varrho \, dV \quad . \tag{3.212}$$

Erfolgt diese Integration über eine zur x^0-Achse senkrechte Hyperfläche des vierdimensionalen Raumes, so erfaßt diese Integration den ganzen dreidimensionalen Raum. Mit (3.172) gilt für $i = 0$

$$\varrho = \frac{j^0}{c} \quad , \tag{3.213}$$

so daß (3.212) vierdimensional geschrieben in das Integral

$$Q = \int_V \varrho \, dV = \frac{1}{c} \int_V j^0 \, dV = \frac{1}{c} \int_{S_i} j^i \, dS_i \qquad \text{mit} \qquad i = 1, 2, 3 \tag{3.214}$$

übergeht. Das rechte Integral enthält die dreidimensionale Stromdichte $\vec{j}$ und liefert, integriert über den dreidimensionalen Raum, die in diesem befindliche Ladungsmenge. Wird die Gleichung (3.214) partiell nach der Zeit differenziert, dann gibt der Ausdruck

$$\frac{\partial}{\partial t} \int_V \varrho \, dV = \frac{1}{c} \frac{\partial}{\partial t} \int_{S_i} j^i \, dS_i \tag{3.215}$$

die zeitliche Änderung der im Integrationsgebiet enthaltenen Ladungsmenge an. Die Größe wird wiederum durch die Ladungsmenge bestimmt, die in der Zeiteinheit aus dem Integrationsgebiet heraus oder hineinfließt. Das Oberflächenelement dieses Gebietes sei $d\vec{A}_f$. Die sich pro Zeiteinheit durch das Oberflächenelement $d\vec{A}_f$ bewegende Ladungsmenge ist

$$\varrho \vec{v}\, d\vec{A}_f \quad , \tag{3.216}$$

wenn $\vec{v}$ die Geschwindigkeit der Ladungsmenge an der Stelle des Oberflächenelementes darstellt. Wird vereinbart, daß der Vektor $d\vec{A}_f$ des Oberflächenelementes vom zu untersuchenden Gebiet nach außen zeigt, dann ist (3.212) bei positivem ϱ selbst positiv. Die Ladung verläßt das Gebiet. Im Falle ihres Eintrittes in das Gebiet wird der Ausdruck negativ. Die gesamte Ladungsmenge, die je Zeiteinheit dieses Gebiet verläßt, errechnet sich aus dem über eine geschlossene Oberfläche erstreckten Integral. Die linke Seite von (3.215) ist demzufolge dreidimensional geschrieben auch gleich

$$\frac{\partial}{\partial t}\int_V \varrho\, dV = -\oint_{A_f} \varrho \vec{v}\, d\vec{A}_f \quad . \tag{3.217}$$

Diese Gleichung stellt die in Integralform geschriebene Kontinuitätsgleichung dar und drückt die Erhaltung der Ladung aus. Mit der dreidimensionalen Stromdichte in der Form

$$\varrho \vec{v} = \vec{j} \tag{3.218}$$

geht (3.217) in den Ausdruck

$$\frac{\partial}{\partial t}\int_V \varrho\, dV = -\oint_{A_f} \vec{j}\, d\vec{A}_f \tag{3.219}$$

über. Zum Verständnis von dS_i und $d\vec{A}_f$ sei auf folgenden Unterschied hingewiesen: Das Flächenelement dS_i ist ein infinitesimales Flächenelement auf einer Hyperfläche im vierdimensionalen Raum, wobei diese den ganzen dreidimensionalen Raum umschließt. Das Flächenelement $d\vec{A}_f$ ist ebenfalls ein infinitesimales Flächenelement, jedoch auf der Oberfläche des dreidimensionalen Raumes. Die Integrationen auf den rechten Seiten in (3.215) bzw. in (3.219) erstrecken sich demzufolge über dasselbe Gebiet.

Aus (3.219) leitet sich die geläufige Differentialform der Kontinuitätsgleichung her, wenn ihre rechte Seite mit dem Gaußschen Satz (der Mathematik) umgeformt wird. Es gilt dann

$$\frac{\partial}{\partial t}\int_V \varrho\, dV = -\int_V \operatorname{div}\vec{j}\, dV \tag{3.220}$$

oder

$$\int_V \left(\operatorname{div}\vec{j} + \frac{\partial}{\partial t}\varrho\right) dV = 0 \quad . \tag{3.221}$$

Diese Gleichung muß für beliebige Integrationsgebiete gelten. Das ist genau dann der Fall, wenn der Integrand verschwindet, also

$$\operatorname{div}\vec{j} + \frac{\partial \varrho}{\partial t} = 0 \tag{3.222}$$

ist. Die Gleichung (3.222) stellt die Kontinuitätsgleichung in Differentialform im dreidimensionalen Raum dar. Mit der Viererstromdichte nach (3.172) erhält die Kontinuitätsgleichung ihre vierdimensionale Form durch

$$\frac{\partial j^i}{\partial x^i} = 0 \quad , \tag{3.223}$$

was summiert über $i = 0, 1, 2, 3$ gleichbedeutend mit

$$\frac{\partial j^0}{\partial x^0} + \frac{\partial j^1}{\partial x^1} + \frac{\partial j^2}{\partial x^2} + \frac{\partial j^3}{\partial x^3} = 0 \tag{3.224}$$

ist und mathematisch die vierdimensionale Divergenz ausdrückt. Mit $j^0 = c\varrho$ und $x^0 = ct$ erkennt man unschwer die dreidimensionale Gestalt in (3.222) wieder.

An dieser Stelle zeigt sich der Vorteil der Definition des Abstandes ds zweier infinitesimaler Ereignisse nach (3.6). Wären dort die imaginäre Einheit eingeführt und somit lauter positive Vorzeichen festgelegt worden, so müßten folgerichtig $x^0 = i\,ct$ und $j^0 = i\,c\varrho$ (i - imaginäre Einheit) angesetzt werden, damit die vierdimensionale Kontinuitätsgleichung (3.223) erfüllt bliebe. Denn der Tatbestant der Erhaltung der elektrischen Ladung kann nicht von der Definition des Abstandsquadrates abhängen. Die Ladungserhaltung ist ein rein elektrotechnisches Phänomen, das Abstandsquadrat jedoch eine rein geometrische Größe.

Auf wesentlich kürzerem Wege läßt sich die Kontinuitätsgleichung herleiten, wenn von (3.186) ausgegangen wird. Diese Gleichung ist das Ergebnis der ersten Variation des Wirkungsintegrales und liefert folglich ein Extremum hinsichtlich der Wirkung. Anders ausgedrückt: Die Kontinuitätsgleichung ist eine notwendige Bedingung zur Erfüllung des Prinzips der kleinsten Wirkung in der Elektromagnetik. Die Bedingungsgleichung (3.186) wird auf beiden Seiten nach den ∂x^i partiell differenziert:

$$\frac{\partial^2 F^{ij}}{\partial x^i\,\partial x^j} = \frac{1}{4K}\,\frac{\partial j^i}{\partial x^i} = 0 \tag{3.225}$$

Es ist gleichgültig, ob ein Ausdruck partiell zuerst nach den x^i und dann nach den x^j differenziert wird. Aus diesem Grund gilt für den Differentiationsoperator auf der linken Seite von (3.225)

$$\frac{\partial^2}{\partial x^i\,\partial x^j} = \frac{\partial^2}{\partial x^j\,\partial x^i} \tag{3.226}$$

als Symmetrieeigenschaft hinsichtlich der partiellen Differentiation.

Da der Tensor F^{ij}, wie früher gezeigt worden ist, antisymmetrischer Natur ist, verschwindet in (3.225) die linke Seite, denn das "Produkt" einer symmetrischen mit einer antisymmetrischen Größe (Operator, Tensor, Matrix) ergibt immer Null. Es folgt somit aus (3.225) das Ergebnis in (3.223).

Die beiden Herleitungen mit demselben Ergebnis der Kontinuitätsgleichung wurden bewußt so gewählt, um zu zeigen, welchen weiteren Vorteil die Tensorformulierung aufweist. Folgerichtig kommt aus (3.225) auch sofort ihre Gültigkeit unabhängig von einem konkreten Maßsystem zum Ausdruck. Da die Konstante K dort als Faktor für alle Summanden (Summation für $i = 0, 1, 2, 3$) auftritt, ist K beliebig verschieden von Null wählbar und erlaubt damit auch aus dieser Sicht eine Anpassung an das zu wählende Maßsystem.

3.9 Dimensionen und Bezeichnung der Feldgrößen

3.9.1 Die Dimensionen der drei- und vierdimensionalen Feldgrößen

Aus den Dimensionen des Vektorpotentials und des skalaren Potentials

$$[\vec{A}] = \frac{\mathrm{Vs}}{\mathrm{m}} \qquad \text{und} \qquad [\varphi] = \mathrm{V} \tag{3.227}$$

bestimmen sich die Dimensionen der Feldstärken der Elektromagnetik mit (3.125) und (3.126) zu

$$[\vec{E}] = \frac{\mathrm{V}}{\mathrm{m}} \qquad \text{und} \qquad [\vec{B}] = \frac{\mathrm{Vs}}{\mathrm{m}^2} \quad . \tag{3.228}$$

Die kovarianten und kontravarianten Koordinaten des Feldstärketensors der Elektromagnetik in (3.127) und (3.128) haben demzufolge die Dimension

$$[F_{ij}] = [F^{ij}] = \frac{\mathrm{Vs}}{\mathrm{m}^2} \quad . \tag{3.229}$$

Aus dem rechten Term in (3.204) oder (3.205) folgt mit der Dimension für die Stromdichte nach (3.172)

$$[j^i] = \frac{\mathrm{A}}{\mathrm{m}^2} \tag{3.230}$$

die Dimension des Wirkungsintegrals zu

$$[S] = \mathrm{VAs}^2 = \mathrm{VAs} \cdot \mathrm{s} \quad . \tag{3.231}$$

Die Wirkung bestimmt sich demzufolge aus der während eines Zeitintervalls umgesetzten Energie. Die Dimensionen der Erregungen der Elektromagnetik folgen aus (3.199) und (3.200) zu

$$[\vec{H}] = \frac{\mathrm{A}}{\mathrm{m}} \qquad \text{und} \qquad [\vec{D}] = \frac{\mathrm{As}}{\mathrm{m}^2} \quad . \tag{3.232}$$

Symbol	traditionelle Bezeichnung	neuere Bezeichnung
$\vec{E}$	elektrische Feldstärke	elektrische Feldstärke
$\vec{H}$	magnetische Feldstärke	magnetische Erregung
$\vec{B}$	magnetische Induktion	magnetische Feldstärke
$\vec{D}$	dielektrische Verschiebung	elektrische Erregung

Tabelle 3.1: Bezeichnungen in der Elektromagnetik

3.9.2 Bezeichnung der Feldgrößen der Elektromagnetik

Die Symbole und Bezeichnungen der Feldgrößen der Elektromagnetik sind in Tabelle 3.1 zusammengestellt. Eine kurze Diskussion ist erforderlich, weil in der Literatur unterschiedliche Bezeichnungen für ein und dieselbe elektrotechnische Größe gebraucht werden. Aus der Tradition heraus haben die Begründer der Elektrotechnik folgende Begriffe festgelegt:

$\vec{E}$ - elektrische Feldstärke

$\vec{H}$ - magnetische Feldstärke

$\vec{B}$ - magnetische Flußdichte

$\vec{D}$ - dielektrische Verschiebung

Diese Feldgrößen besitzen, wie oben gezeigt, die Maßeinheiten:

$$[\vec{E}] = \frac{\mathrm{V}}{\mathrm{m}} \quad , \quad [\vec{B}] = \frac{\mathrm{Vs}}{\mathrm{m}^2} \quad , \quad [\vec{H}] = \frac{\mathrm{A}}{\mathrm{m}} \quad , \quad [\vec{D}] = \frac{\mathrm{As}}{\mathrm{m}^2} \tag{3.233}$$

Betrachtet man diese Maßeinheiten, so drückt das Volt eine Intensität und das Ampere eine Quantität aus. Nach dem "Wesen" dieser Feldgrößen sind $\vec{E}$ und $\vec{B}$ Intensitätsgrößen, $\vec{H}$ und $\vec{D}$ beide Quantitätsgrößen. Es liegt also auf der Hand, neben der traditionellen Bezeichnung in Übereinstimmung mit dem elektrotechnischen Wesen der Feldgrößen, zwei Bezeichnungen [7] anzuerkennen (Tabelle 3.1).

Will der Ingenieur zum Beispiel die Dimensionierung einer elektrischen Maschine, eines elektrischen Haushaltsgerätes oder einer mikroelektronischen Schaltung vornehmen, so muß er von der geforderten elektrischen Leistung und der umzusetzenden Energiemenge ausgehen. Es genügt nicht, allein die Energiemenge zu kennen, sondern in der Elektrotechnik ist auch noch die Energie pro Volumeneinheit maßgebend. Diese spezifische

[7]Schmutzer, E.: Relativistische Physik, B.G. Teubner Verlagsgesellschaft, Leipzig 1968, Seite 389

Energie wird in VAs/m^3 angegeben. Schreibt man diese Maßeinheit um, dann wird der tiefe physikalische Inhalt der Energie sichtbar. Es gilt

$$\frac{\mathrm{VAs}}{\mathrm{m}^3} = \frac{\mathrm{V}}{\mathrm{m}}\frac{\mathrm{As}}{\mathrm{m}^2} = \frac{\mathrm{Vs}}{\mathrm{m}^2}\frac{\mathrm{A}}{\mathrm{m}} \quad . \tag{3.234}$$

Unabhängig davon, ob die elektrotechnischen Vorgänge relativistisch oder nichtrelativistisch betrachtet werden und unabhängig davon, ob ein elektrisches oder ein magnetisches Feld vorliegt, gehören zur vollständigen Erfassung der Vorgänge genau eine Intensitäts- sowie eine Quantitätsgröße. Die spezifische Energie vereint in sich Intensität und Quantität.

3.10 Die Eichinvarianz

In das Gesamtwirkungsintegral von elektromagnetischem Feld und den darin befindlichen Ladungen (3.146) sowie in die dazugehörige Gesamt-Lagrange-Funktion (3.154) gehen der Feldtensor oder die Feldvektoren $\vec{E}$ und $\vec{B}$ einschließlich der Potentiale $A_i = \left(\varphi/c, -\vec{A}\right)$ ein, wobei über (3.125) und (3.126) der Zusammenhang hergestellt ist. Nach allen vorliegenden Herleitungen bleibt noch die Frage zu klären, inwieweit die Potentiale der Elektromagnetik eindeutig bestimmt sind.

Ein elektromagnetisches Feld ist durch seinen Feldtensor oder durch seine Feldvektoren charakterisiert. Zwei Felder sind demzufolge physikalisch identisch, wenn sie dieselben Feldvektoren $\vec{E}$ und $\vec{B}$ besitzen. Sind die Potentiale gegeben, so sind wegen der Gültigkeit von (3.125) und (3.126) die Feldvektoren eindeutig bestimmt und das Feld ist in seinem Verlauf bekannt. Es wird differenziert, um aus den Potentialen die Feldvektoren zu bestimmen.

Zu ein und demselben Feld lassen sich jedoch mehrere Potentiale finden. Das heißt, umgekehrt ist der Zusammenhang zwischen den Feldvektoren und den Potentialen nicht eindeutig herstellbar. Es existiert also ein anderes Double von Potentialen, die zu denselben Feldgrößen führen. Die Suche nach solchen Potentialen verbirgt sich hinter den Begriffen "Eichvarianz" und "Eichtransformation".

Mit dem Ausdruck

$$\tilde{\vec{A}} = \vec{A} + \operatorname{grad} f(ct, -\vec{r}) \quad , \tag{3.235}$$

in der f eine frei wählbare Funktion (Eichfunktion) der Variablen $x_i = (ct, -\vec{r})$ ist, kann in (3.126) in der Form

$$\vec{B} = \operatorname{rot} \vec{A} = \operatorname{rot} \tilde{\vec{A}} - \operatorname{rot} \operatorname{grad} f \tag{3.236}$$

eingegangen werden, was wegen

$$\operatorname{rot} \operatorname{grad} f = \nabla \times (\nabla f) = 0 \tag{3.237}$$

wieder auf

$$\vec{B} = \operatorname{rot} \tilde{\vec{A}} \tag{3.238}$$

führt. Eine frei wählbare Funktion heißt hier, daß gewisse Stetigkeits- bzw. Differenzierbarkeitseigenschaften als erfüllt angenommen werden. Damit ist das Vektorpotential $\tilde{\vec{A}}$ ein solches geeignetes Potential, welches dieselbe magnetische Feldstärke $\vec{B}$ zur Folge hat. Wird nun (3.235) in (3.125) eingesetzt, so folgt für die elektrische Feldstärke

$$\vec{E} = -\frac{\partial \tilde{\vec{A}}}{\partial t} - \operatorname{grad}\left(\varphi - \frac{\partial f}{\partial t}\right) = -\frac{\partial \tilde{\vec{A}}}{\partial t} - \operatorname{grad} \tilde{\varphi} \quad . \tag{3.239}$$

Damit ist bewiesen worden, daß das skalare Potential

$$\tilde{\varphi} = \varphi - \frac{\partial f}{\partial t} \tag{3.240}$$

ebenfalls ein geeignetes Potential für die Eichinvarianz darstellt, denn es ruft dieselbe elektrische Feldstärke hervor.

Die beiden Transformationsgleichungen (3.235) und (3.240) bilden zusammen die *Eichtransformation.* Mit ihr kann unter Benutzung der Eichfunktion f von den Potentialen $\vec{A}$ und φ zu den gleichwertigen ungeeichten Potentialen $\tilde{\vec{A}}$ und $\tilde{\varphi}$ übergegangen werden, ohne daß die meßbaren Feldstärken $\vec{E}$ und $\vec{B}$ einer Änderung unterliegen.

Forminvarianz bedeutet, daß eine oder mehrere Gleichungen vor und nach der Ausführung einer ganz bestimmten Transformation (hier Potentialtransformationen) dieselbe Struktur aufweisen. Wird nun noch die Erhaltung der Form der Ausgangsgleichungen (3.125) und (3.126), also

$$\tilde{\vec{E}} = -\frac{\partial \tilde{\vec{A}}}{\partial t} - \operatorname{grad} \tilde{\varphi} \tag{3.241}$$

und

$$\tilde{\vec{B}} = \operatorname{rot} \tilde{\vec{A}} \tag{3.242}$$

gefordert, so folgt aus dem Vergleich von (3.125) mit (3.241) und (3.126) mit (3.242) die Forminvarianz der Feldstärken $\vec{E}$ und $\vec{B}$. Es gelten dementsprechend

$$\vec{E} = \tilde{\vec{E}} \qquad \text{und} \qquad \vec{B} = \tilde{\vec{B}} \quad . \tag{3.243}$$

Diese Erhaltung der Form der Feldgrößen ist vor allem deshalb sinnvoll, weil meßbare Größen durch eine Umeichung nicht beeinflußt werden sollen.

In der ersten Gruppe der Maxwellschen Gleichungen (3.167) und (3.169) kommen nur die Feldstärken $\vec{E}$ und $\vec{B}$ des elektromagnetischen Feldes vor. Aus diesem Grunde behalten diese beiden Gleichungen bei der Ausführung von Eichtransformationen ihre Form. Man sagt, sie sind eichinvariant, und es gelten

$$\operatorname{rot} \tilde{\vec{E}} = -\frac{\partial \tilde{\vec{B}}}{\partial t} \qquad \text{und} \qquad \operatorname{div} \tilde{\vec{B}} = 0 \quad . \tag{3.244}$$

3.11 Gliederung der elektromagnetischen Felder

Bei den Ausführungen zum Wirkungsintegral sind die Maxwellschen Gleichungen (3.167), (3.169), (3.199) und (3.200) als Resultat einer integralen Extremwertaufgabe hergeleitet worden. Damit ist ein Übergang zur deduktiven Darstellung der Maxwell-Theorie gegeben und es kann eine Gliederung der elektromagnetischen Felder vorgenommen werden. Die Gliederung erfolgt einerseits nach den Eigenschaften der Materialien und andererseits nach dem Zeitverhalten der elektromagnetischen Feldgrößen.

3.11.1 Gliederung nach den Materialeigenschaften

In den Materialgleichungen

$$\vec{B} = \mu \vec{H} \tag{3.245}$$

$$\vec{D} = \epsilon \vec{E} \tag{3.246}$$

$$\vec{j} = \kappa \vec{E} \tag{3.247}$$

sind die Materialkenngrößen μ (Permeabilität), ϵ (Dielektrizität oder Permittivität) und κ (Leitfähigkeit) enthalten. Bei isotropen Medien sind diese Kenngrößen Skalare, das heißt Tensoren nullter Stufe, und somit skalare Invarianten. Im Falle anisotroper Medien stellen sie Tensoren zweiter Stufe dar. Die über die Materialkenngrößen in Zusammenhang stehenden Feldvektoren zeigen im allgemeinen Fall nicht in dieselbe Richtung. Zum Beispiel wird im magnetischen Feld der Vektor $\vec{H}$ durch den Tensor μ in den Vektor $\vec{B}$ gedreht und im Betrag verändert.

Die Felder heißen homogen, wenn die Materialkenngrößen Konstanten sind. Sie werden inhomogen genannt für den Fall, bei dem die Materialkenngrößen Funktionen der räumlichen Koordinaten sind.

Weiterhin unterscheidet man nach relaxationsfreien oder relaxationsbehafteten Vorgängen. Relaxationserscheinungen können in jedem Medium auftreten. Es muß dann über ihre Vernachlässigung entschieden werden. So existieren Polarisationsvorgänge, die auf der Einstellung permanenter Dipole beruhen und mit einer, wenn auch geringfügigen, Veränderung des Feldes (Lorenzfeldes) verbunden sind. Diese Polarisationserscheinungen erfordern aufgrund der dazu erforderlichen Umordnung von Atomen oder Molekülen im Festkörper eine Relaxationszeit von etwa $10^{-11}\,s$. Nach dem Anlegen eines elektrischen Feldes erhöht sich die Polarisation im Dielektrikum exponentiell und sinkt nach seiner Beseitigung exponentiell wieder ab. Einem schnellen elektrischen Wechselfeld kann die Polarisation nur verzögert folgen, so daß Trägheitserscheinungen auftreten.

3.11.2 Gliederung nach dem Zeitverhalten

Bei der Einteilung der elektromagnetischen Felder nach dem Zeitverhalten wird zwischen statischen, stationären, quasistationären (langsam veränderliche Felder) und rasch veränderlichen Feldern unterschieden.

3.11.2.1 Statische Felder

In diesen Feldern sind alle Feldgrößen zeitlich konstant (sie können deshalb sehr wohl von den Ortskoordinaten abhängen) und es findet keine Bewegung von Ladungen statt. Es existieren ein elektrostatisches Feld und ein mit ihm nicht verbundenes magnetisches Feld. Von den Maxwellschen Gleichungen ausgehend gilt für

a) elektrostatische Felder: in Nichtleitern

$$\operatorname{rot} \vec{E} = 0 \quad , \quad \operatorname{div} \vec{D} = \varrho \quad , \quad \vec{D} = \epsilon \vec{E} \tag{3.248}$$

beziehungsweise in elektrischen Leitern

$$|\vec{E}| = 0 \quad , \quad |\vec{D}| = 0 \ . \tag{3.249}$$

b) magnetische Felder:

$$\operatorname{rot} \vec{H} = 0 \quad , \quad \operatorname{div} \vec{B} = 0 \quad , \quad \vec{B} = \mu \vec{H} \ . \tag{3.250}$$

3.11.2.2 Stationäre Felder

In diesen Feldern hängen die Feldgrößen nicht von der Zeit ab, aber sie können sich von Ort zu Ort ändern. Die Ladungen bewegen sich mit konstanter Geschwindigkeit. Die Ladungsträger unterliegen demzufolge keinen äußeren Kräften. Sie sind als sich frei bewegende Körper anzusehen. Aus den Maxwellschen Gleichungen folgen:

a) stationäre elektrische Felder:

$$\operatorname{rot} \vec{E} = 0 \ , \ \operatorname{div} \vec{D} = \varrho \ , \ \operatorname{div} \vec{j} = 0 \ , \ \vec{j} = \kappa \vec{E} \ , \ \frac{\partial \vec{D}}{\partial t} = \vec{0} \ . \tag{3.251}$$

b) stationäre magnetische Felder:

$$\operatorname{rot} \vec{H} = \vec{j} \ , \ \operatorname{div} \vec{B} = 0 \ , \ \vec{B} = \mu \vec{H} \ , \ \frac{\partial \vec{B}}{\partial t} = \vec{0} \ . \tag{3.252}$$

Die Gleichungen (3.251) sagen aus, daß das stationäre elektrische Feld unabhängig vom magnetischen Feld bestimmt werden kann, weil magnetische Größen nicht eingehen. Das stationäre magnetische Feld hat wegen der Stromdichte in (3.252) seine Ursache im stationären Strömungsfeld.

3.11.2.3 Quasistationäre Felder

Bei diesen Feldern wird die Veränderung der elektrischen Erregung $\vec{D}$ in der Zeit gegenüber dem Betrag des elektrischen Stromdichte $\vec{j}$ vernachlässigt. Es gilt

$$\left|\frac{\partial \vec{D}}{\partial t}\right| \ll |\vec{j}| \quad . \tag{3.253}$$

Die Gleichungen des elektromagnetischen Feldes besitzen unter dieser Annahme die Formen

$$\operatorname{rot} \vec{H} = \vec{j} \quad , \quad \operatorname{div} \vec{B} = 0 \quad , \quad \vec{B} = \mu \vec{H} \tag{3.254}$$

und

$$\operatorname{rot} \vec{E} = -\frac{\partial \vec{B}}{\partial t} \quad , \quad \operatorname{div} \vec{D} = \varrho \quad , \quad \vec{D} = \epsilon \vec{E} \quad . \tag{3.255}$$

3.11.2.4 Rasch veränderliche elektromagnetische Felder

Da keine Einschränkungen hinsichtlich des Zeitverhaltens mehr zugelassen sind, erfolgt die Anwendung der Maxwellschen Gleichungen in ihrer vollständigen Form einschließlich der Materialbeziehungen.

3.12 Aufgaben

In diesem Abschnitt werden dem Leser zusammengefaßt Aufgaben mit den Zielen angeboten, einmal die Vorteile der vorangestellten mathematischen Inhalte am Beispiel hervorzuheben und zum anderen das Verständnis des Kapitels 3 zu vertiefen.

Aufgabe 1: Man leite die Kontinuitätsgleichung

$$\operatorname{div} \vec{j} + \frac{\partial \varrho}{\partial t} = 0 \tag{3.256}$$

für elektrische Ladungen her. Strom- und Raumladungsdichte sind Funktionen der Ortskoordinaten, zusammengefaßt in $\vec{r}$, und der Zeit t.

Hinweis: Das Phänomen der Erhaltung der elektrischen Ladung bei physikalischen, technischen und chemischen Vorgängen ist als eine gesicherte Erfahrung (Tatsache) anzusehen. Dieser Tatbestand braucht nicht als Zusatzannahme postuliert werden, weil er sich als Folgerung aus der Maxwell-Theorie ableiten läßt. Das Phänomen der Ladungserhaltung enthält die Maxwell-Gleichung (3.199) mit (3.200) als Nebenbedingung. (Gleichung (3.199) trägt auch die Bezeichnung "Durchflutungsgesetz in Differentialform".)

Es bieten sich auf Grund der vorangestellten Mathematik zwei Lösungswege an:

Lösungsvariante 1: Um zur Kontinuitätsgleichung (3.256) zu gelangen, wendet man auf beiden Seiten von (3.199) die Operation der Divergenz an. Da die dreidimensional geschriebene Gleichung (3.199) in dieser Form unabhängig von der Wahl eines Koordinatensystems vorliegt, genügt es, formal vorzugehen. Es folgt

$$\operatorname{div} \operatorname{rot} \vec{H} = \operatorname{div} \frac{\partial \vec{D}}{\partial t} + \operatorname{div} \vec{j} \quad . \tag{3.257}$$

Die linke Seite dieser Gleichung ist immer Null, weil durch die Operation der Rotation zuerst aus dem Vektorfeld $\vec{H}$ die Wirbelanteile bestimmt werden. Die Quellen des Feldes fallen dadurch aus den weiteren Betrachtungen heraus. Das verbleibende Wirbelfeld weist also keine Quellen mehr auf und folgerichtig ergibt dann die Anwendung der Divergenzbildung den Wert Null. Das eben Erklärte gilt auch für andere, gewissen Stetig- und Differenzierbarkeitsbedingungen genügenden, Vektorfelder (elektrische Felder, magnetische Felder, Kraft- oder Geschwindigkeitsfelder). Aus (3.257) ergibt sich also

$$\operatorname{div} \vec{j} + \operatorname{div} \frac{\partial \vec{D}}{\partial t} = 0 \quad . \tag{3.258}$$

Wegen der Vertauschbarkeit der Divergenzoperation (partielle räumliche Ableitung) und der partiellen zeitlichen Ableitung geht das Ergebnis in (3.258) mit (3.200) in (3.256) über. Die Gleichung (3.256) trägt auch die Bezeichnung "Satz von der Erhaltung der Ladung", oder kurz Ladungserhaltungssatz. Sie sagt aus:

> Verläßt eine bestimmte Ladungsmenge, beschrieben durch die Stromdichte $\vec{j}$, ein gegebenes Volumen V durch dessen geschlossene Oberfläche A, so bedingt das einen zeitlichen Abfall der elektrischen Raumladungsdichte in diesem Volumen.

Anmerkung:

Hängt die Raumladungsdichte in (3.256) nicht explizit von der Zeit ab (stationäres Feld), dann gilt

$$\operatorname{div} \vec{j} = 0 \quad . \tag{3.259}$$

Die Divergenz der elektrischen Stromdichte ist Null. Das heißt, die Ladungen, die in ein Volumen V mit der geschlossenen Oberfläche A hineinfließen, müssen an anderer Stelle dieses Volumen wieder verlassen. Gleichung (3.259) heißt deshalb auch *Knotensatz in Differentialform*.

Lösungsvariante 2: Der zweite, elegantere Weg zur Herleitung der Kontinuitätsgleichung geht von der Viererstromdichte $j^i(x^i)$ nach (3.174) aus. Die Viererstromdichte vereint die Raumladungsdichte $\varrho(x^i)$ und die dreidimensionale Stromdichte

$\vec{j}$. Man differenziert die Viererstromdichte nach den x^i und setzt dann den so gewonnenen Ausdruck gleich Null (Nulltensor), weil die vorhandene Ladungsmenge im vierdimensionalen Raum erhalten bleiben soll. Es gilt

$$\frac{\partial j^i}{\partial x^i} = 0 \qquad \text{mit} \qquad i = 0,\, 1,\, 2,\, 3 \quad , \tag{3.260}$$

was wegen der geforderten Summation (der Index i steht sowohl als oberer als auch unterer Index) auf die Form

$$\frac{\partial(c\varrho)}{\partial(ct)} + \frac{\partial j^1}{\partial x^1} + \frac{\partial j^2}{\partial x^2} + \frac{\partial j^3}{\partial x^3} = 0 \tag{3.261}$$

führt. Man erkennt unschwer, daß (3.261) mit (3.256) identisch ist. Die drei rechten Summanden in (3.261) stellen die dreidimensionale (räumliche) Divergenzbildung der elektrischen Stromdichte dar.

Die Ausdrücke (3.260) bzw. (3.261) sind Tensorgleichungen. Wegen der Summation über alle Werte von i bleibt kein freier Index (Verjüngung nach Gleichung (2.228)) übrig, so daß hier skalare Gleichungen vorliegen. Wegen des Tensorcharakters, insbesondere hier eines Tensors nullter Stufe, bleibt das Ergebnis invariant beim Übergang von einem Koordinatensystem (nicht Bezugssystem!) zu einem anderen.

Das Koordinatensystem bleibt frei wählbar. Demzufolge können geradlinige Koordinaten mit den konstanten Grundvektoren $\vec{g}^i$ als Basis gewählt werden. Das heißt, die $\vec{g}^i$ sind keine Funktionen der Koordinaten x^k. Auf den Vierervektor der Stromdichte j^k wird die Divergenzbildung analog nach (2.315) für $i,\, k = 0,\, 1,\, 2,\, 3$ vorgenommen, was auf den Ausdruck

$$\vec{g}^i \nabla_i (j^k \vec{g}_k) = \delta^i_k\, \nabla_i\, j^k = \delta^i_k\, \frac{\partial j^k}{\partial x^i} = \frac{\partial j^i}{\partial x^i} = 0 \tag{3.262}$$

führt. Dieses Ergebnis stimmt mit jenem von (3.256) beziehungsweise (3.261) überein.

Aufgabe 2: Die Kontinuitätsgleichung (3.256) bleibt beim Übergang von einem Bezugssystem (Inertialsystem) $\sum$ zu einem anderen, relativ dazu mit konstanter Geschwindigkeit bewegten Bezugssystem $\bar{\sum}$, in seiner Form erhalten. Man spricht aus diesem Grund von einer Forminvarianz oder von Kovarianz. Ausgeschrieben bedeutet diese Tatsache mit (3.256) in kartesischen Koordinaten:

$$\frac{\partial j_1}{\partial x} + \frac{\partial j_2}{\partial y} + \frac{\partial j_3}{\partial z} + \frac{\partial \varrho}{\partial t} = \frac{\partial \bar{j}_1}{\partial \bar{x}} + \frac{\partial \bar{j}_2}{\partial \bar{y}} + \frac{\partial \bar{j}_3}{\partial \bar{z}} + \frac{\partial \bar{\varrho}}{\partial \bar{t}} = 0 \tag{3.263}$$

Zeigen Sie, wie sich im Einzelnen die Stromdichte und die Raumladungsdichte transformieren, damit diese Forminvarianz gilt!

Lösung: Nach der Lorentz-Transformation (3.30) bleiben beim Übergang von einem Bezugssystem $\sum$ zu einem anderen $\bar{\sum}$ die Koordinaten $y = \bar{y}$, $z = \bar{z}$ unverändert, da vorausgesetzt wird, daß die Bewegung mit der positiven x-Achse zusammenfällt.

Für die Differentiale $\partial/\partial x$ und $\partial/\partial t$ ist ein Zusammenhang zu den Differentialen $\partial/\partial\bar{x}$ und $\partial/\partial\bar{t}$ herzustellen. Man geht von einer zweimal stetig differenzierbaren Funktion

$$f(x,t) = f[x(\bar{x},\bar{t}),\, t(\bar{x},\bar{t})] \tag{3.264}$$

aus und bildet formal die ersten Ableitungen, was sich nach (3.263) als sinnvoll anbietet. Es gilt

$$\frac{\partial f}{\partial x} = \frac{\partial f}{\partial \bar{x}}\cdot\frac{\partial \bar{x}}{\partial x} + \frac{\partial f}{\partial \bar{t}}\cdot\frac{\partial \bar{t}}{\partial x} \quad . \tag{3.265}$$

Nimmt man nun die Funktion f heraus, so entsteht der Operator

$$\frac{\partial}{\partial x} = \frac{\partial}{\partial \bar{x}}\cdot\frac{\partial \bar{x}}{\partial x} + \frac{\partial}{\partial \bar{t}}\cdot\frac{\partial \bar{t}}{\partial x} \quad , \tag{3.266}$$

welcher mit den Transformationsformeln(3.43) in die Form

$$\frac{\partial}{\partial x} = \frac{1}{\sqrt{1-\left(\frac{v}{c}\right)^2}}\left(\frac{\partial}{\partial \bar{x}} - \frac{v}{c^2}\frac{\partial}{\partial \bar{t}}\right) \tag{3.267}$$

übergeht. Auf analoge Art und Weise bestimmt sich der Operator $\partial/\partial t$ als

$$\frac{\partial}{\partial t} = \frac{1}{\sqrt{1-\left(\frac{v}{c}\right)^2}}\left(\frac{\partial}{\partial \bar{t}} - v\frac{\partial}{\partial \bar{x}}\right) \quad . \tag{3.268}$$

Mit diesen beiden Operatoren geht man ohne Beachtung der Anteile in Richtung y, $\bar{y}$ beziehungsweise z, $\bar{z}$ in (3.263) ein und erhält den Ausdruck:

$$\begin{aligned}\frac{\partial j_1}{\partial x} + \frac{\partial \varrho}{\partial t} &= \frac{1}{\sqrt{1-\left(\frac{v}{c}\right)^2}}\left[\left(\frac{\partial}{\partial \bar{x}} - \frac{v}{c^2}\frac{\partial}{\partial \bar{t}}\right) j_1 + \left(\frac{\partial}{\partial \bar{t}} - v\frac{\partial}{\partial \bar{x}}\right)\varrho\right] \\ &= \frac{\partial \bar{j}_1}{\partial \bar{x}} + \frac{\partial \bar{\varrho}}{\partial \bar{t}}\end{aligned} \tag{3.269}$$

Nach wenigen Umformungen entsteht die Form:

$$\frac{\partial}{\partial \bar{x}}\left[\frac{1}{\sqrt{1-\left(\frac{v}{c}\right)^2}}(j_1 - v\varrho)\right] + \frac{\partial}{\partial \bar{t}}\left[\frac{1}{\sqrt{1-\left(\frac{v}{c}\right)^2}}\left(\varrho - \frac{v}{c^2}j_1\right)\right] = \frac{\partial \bar{j}_1}{\partial \bar{x}} + \frac{\partial \bar{\varrho}}{\partial \bar{t}} \tag{3.270}$$

Da die Gleichung (3.270) für stetige und mindestens einmal differenzierbare, ansonsten beliebige Funktionen j_1, ϱ, $\bar{j}_1$, $\bar{\varrho}$ gilt, sind beide Seiten nur gleich, wenn folgende Transformationsformeln für Raumladungsdichten und Stromdichten erfüllt sind:

$$\bar{\varrho} = \frac{\varrho - \frac{v}{c^2}j_1}{\sqrt{1-\left(\frac{v}{c}\right)^2}} \quad , \quad \bar{j}_1 = \frac{j_1 - v\varrho}{\sqrt{1-\left(\frac{v}{c}\right)^2}} \quad , \quad \bar{j}_2 = j_2 \quad , \quad \bar{j}_3 = j_3 \tag{3.271}$$

Die an den Anfang gestellte Forderung nach der Forminvarianz der Kontinuitätsgleichung führt somit auf eine Transformation von Strom- und Raumladungsdichte entsprechend der Gleichung (3.271).

Um die Relativität dieser Vorgänge zu verdeutlichen, wird die Frage gestellt: *Was stellt ein Beobachter im als ruhend angenommenen Bezugssystem fest, wenn er sich mit diesem mitbewegt, und was erkennt ein anderer Beobachter im bewegten Bezugssystem?*

1. Es wird angenommen, daß im als ruhend angenommenen Bezugssystem die Stromdichte $|\vec{j}| = 0$ ist. Der Beobachter im ruhenden Bezugssystem stellt nur eine Raumladungsdichte fest, die sich in seinem System selbstverständlich nicht bewegt. Mit $j_1 = 0$ geht das Ergebnis in (3.271) in

$$\bar{\varrho} = \frac{\varrho}{\sqrt{1-\left(\frac{v}{c}\right)^2}} \quad , \quad \bar{j}_1 = \frac{-v\varrho}{\sqrt{1-\left(\frac{v}{c}\right)^2}} \tag{3.272}$$

über. Der sich im bewegten Bezugssystem befindende Beobachter erkennt neben der Raumladungsdichte $\bar{\varrho}$ zusätzlich noch die Stromdichte $\bar{j}_1$. Das heißt, obwohl im ruhenden Bezugssystem nur eine Raumladungsdichte angenommen wurde, existieren für den bewegten Beobachter sowohl eine Raumladungsdichte als auch eine Stromdichte.

Die Raumladungsdichte $\bar{\varrho}$ ist nach (3.272) wegen $0 < v < c$ gegenüber ϱ vergrößert. Diesen Tatbestand kann der Beobachter im bewegten Bezugssystem nicht feststellen. Er kann $\bar{\varrho}$ nur als eine für ihn so gemessenen Größe bestimmen.

2. Im ruhenden Bezugssystem sei die Raumladungsdichte ϱ gleich Null. Wegen (3.271) folgt für den bewegten Beobachter

$$\bar{\varrho} = \frac{-\frac{v}{c^2}j_1}{\sqrt{1-\left(\frac{v}{c}\right)^2}} \quad , \quad \bar{j}_1 = \frac{j_1}{\sqrt{1-\left(\frac{v}{c}\right)^2}} \quad . \tag{3.273}$$

Obwohl im ruhenden Bezugssystem keine Raumladungsdichte angenommen wurde, erkennt der Beobachter im bewegten Bezugssystem sowohl eine Raumladungsdichte $\bar{\varrho}$ als auch eine Stromdichte $\bar{j}_1$. Die Stromdichte $\bar{j}_1$ erscheint dem bewegten Beobachter wegen $0 < v < c$ vergrößert.

Anmerkungen:

1. Die Gleichung (3.263) kann unter Beachtung von (3.256) auch in den Ausdruck

$$\operatorname{div}\vec{j} + \frac{\partial \varrho}{\partial t} = \overline{\operatorname{div}}\,\bar{\vec{j}} + \frac{\partial \bar{\varrho}}{\partial \bar{t}} = 0 \tag{3.274}$$

umgeschrieben werden. Sie sagt ebenfalls aus, daß die Kontinuitätsgleichung in allen Inertialsystemen dieselbe Form aufweist. Aus dieser Gleichung kann nicht erkannt werden, welches räumliche Koordinatensystem zur Anwendung gelangt. In unserem Beispiel werden kartesische Koordinaten benutzt. Sollten Zylinderkoordinaten zur Anwendung gelangen, so ist die dreidimensionale Divergenz in diese umzuschreiben. Dann sind auch die Differentialoperatoren (3.267) und (3.268) umzurechnen.

2. In vierdimensionaler Schreibweise hat die Kontinuitätsgleichung die Form (3.260). Beim Übergang zu bewegten Bezugssystemen gilt dann als Ausdruck der Kovarianz

$$\frac{\partial j^i}{\partial x^i} = \frac{\partial \bar{j}^i}{\partial \bar{x}^i} = 0 \quad . \tag{3.275}$$

Aufgabe 3: Zeigen Sie die Invarianz der Ladungsmenge beim Übergang von einem Bezugssystem zu einem anderen!

Lösung: Vom bewegten Bezugssystem $\bar{\sum}$ aus wird eine ruhende Ladungsmenge im Bezugssystem $\sum$ betrachtet. Demzufolge gilt in $\sum$ für den Betrag der Stromdichte $|\vec{j}| = 0$, oder wegen (3.271) für die Raumladungsdichte im bewegten System

$$\bar{\varrho}(\vec{r}, t) = \frac{\varrho(\vec{r}, t)}{\sqrt{1 - \left(\frac{v}{c}\right)^2}} \quad . \tag{3.276}$$

Man gelangt nun durch die Integration über das Volumen $\bar{V}$, V in (3.276) zu den Ladungsmengen sowohl im bewegten als auch im als ruhend angenommenen Bezugssystem. Wegen der Längenkontraktion nach (3.33) und der Gleichheit von $\bar{y} = y$, $\bar{z} = z$ gilt für den Zusammenhang zwischen den infinitesimalen Volumenelementen $d\bar{\tau}$ und $d\tau$

$$d\bar{\tau} = \sqrt{1 - \left(\frac{v}{c}\right)^2}\, d\tau \quad . \tag{3.277}$$

Damit folgt aus (3.276)

$$\int_{\bar{V}} \bar{\varrho}(\vec{r}, t)\, d\bar{\tau} = \int_V \frac{\varrho(\vec{r}, t)}{\sqrt{1 - \left(\frac{v}{c}\right)^2}} \sqrt{1 - \left(\frac{v}{c}\right)^2}\, d\tau = \int_V \varrho(\vec{r}, t)\, d\tau \quad , \tag{3.278}$$

oder

$$\bar{Q} = Q \quad . \tag{3.279}$$

Damit wurde die Gleichheit der Ladungsmengen in beiden Inertialsystemen nachgewiesen.

Aufgabe 4: Man zeige, daß sich die elektrodynamischen Potentiale nach (3.125) und (3.126) beim Übergang von einem Inertialsystem zu einem anderen in der kovarianten Form

$$\varphi = \frac{\bar{\varphi} + v\bar{A}_1}{\sqrt{1 - \left(\frac{v}{c}\right)^2}} \quad , \quad A_1 = \frac{\bar{A}_1 + \frac{v}{c^2}\bar{\varphi}}{\sqrt{1 - \left(\frac{v}{c}\right)^2}} \quad , \quad A_2 = \bar{A}_2 \quad , \quad A_3 = \bar{A}_3 \tag{3.280}$$

transformieren!

Lösung: Wir nutzen die Vorteile der Darstellung von physikalischen Vorgängen durch Vierervektoren in Abschnitt 3.3.1. Nach (3.50) gelten für diese die Transformationsgleichungen

$$A_0 = \frac{\bar{A}_0 - \frac{v}{c}\bar{A}_1}{\sqrt{1 - \left(\frac{v}{c}\right)^2}} \quad , \quad A_1 = \frac{\bar{A}_1 - \frac{v}{c}\bar{A}_0}{\sqrt{1 - \left(\frac{v}{c}\right)^2}} \quad , \quad A_2 = \bar{A}_2 \quad , \quad A_3 = \bar{A}_3 \quad . \tag{3.281}$$

Den Zusammenhang zu den elektrodynamischen Potentialen liefert für kovariante Koordinaten Gleichung (3.105) im ruhenden Bezugssystem

$$A_i = \left(\frac{\varphi}{c}, -\vec{A}\right) \qquad \text{mit} \qquad i = 0, 1, 2, 3 \quad , \tag{3.282}$$

und im bewegten Bezugssystem

$$\bar{A}_i = \left(\frac{\bar{\varphi}}{c}, -\bar{\vec{A}}\right) \qquad \text{mit} \qquad i = 0, 1, 2, 3 \quad . \tag{3.283}$$

Geht man mit (3.282) und (3.283) in (3.51) ein, so folgt nach wenigen Umformungen das gesuchte Ergebnis in (3.280).

Anmerkungen:

Um einen strukturellen Vergleich mit den Ergebnissen in (3.271) für die Strom- und Raumladungsdichten vorzunehmen, bildet man entweder zu (3.271) oder zu (3.280) die Umkehrtransformation. Aus (3.280) folgt unschwer die Umkehrtransformation

$$\bar{\varphi} = \frac{\varphi - vA_1}{\sqrt{1 - \left(\frac{v}{c}\right)^2}} \quad , \quad \bar{A}_1 = \frac{A_1 - \frac{v}{c^2}\varphi}{\sqrt{1 - \left(\frac{v}{c}\right)^2}} \quad , \quad \bar{A}_2 = A_2 \quad , \quad \bar{A}_3 = A_3 \quad . \tag{3.284}$$

Man erkennt, daß sich die skalaren Größen ϱ, φ einerseits und die Koordinaten der dreidimensionalen Vektoren $\vec{j}$, $\vec{A}$ andererseits nach Gleichungen mit derselben Struktur beim Übergang von einem zu einem anderen Inertialsystem transformieren.

Betrachten wir einen Sonderfall mit $\vec{A} = 0$. Aus (3.284) folgt

$$\bar{\varphi} = \frac{\varphi}{\sqrt{1 - \left(\frac{v}{c}\right)^2}} \qquad \text{und} \qquad \bar{A}_1 = \frac{-\frac{v}{c^2}\varphi}{\sqrt{1 - \left(\frac{v}{c}\right)^2}} \quad . \tag{3.285}$$

Der Beobachter im bewegten Bezugssystem stellt sowohl ein skalares Potential als auch ein Vektorpotential fest, obwohl im ruhenden Bezugssystem nur ein skalares Potential existiert. Das skalare Potential $\bar{\varphi}$ erscheint ihm vergrößert.

Der zweite Sonderfall gilt für $\varphi = 0$ und führt auf die Tatsache, daß der bewegte Beobachter sowohl ein skalares Potential als auch ein Vektorpotential vorfindet.

Aufgabe 5: Leiten Sie die Wellengleichungen für das Vektorpotential und das skalare elektrische Potential aus den Maxwellschen Gleichungen ab!

Lösung: Die Wellengleichung ist mit dem Wellenoperator nach (3.78) untrennbar verbunden. Am günstigsten geht man von der Definition des Vektorpotentials nach (3.126) aus und setzt in der ersten Maxwellschen Gleichung (3.199) die Materialgleichung (3.202) ein. Es gilt

$$\operatorname{rot} \vec{B} = \mu \vec{j} + \epsilon\mu \frac{\partial \vec{E}}{\partial t} \qquad \text{mit} \qquad \mu = \text{const.} \quad , \quad \epsilon = \text{const.} \quad . \tag{3.286}$$

Mit (3.126) und der Umwandlung der zweifachen Anwendung der Rotation folgt

$$\operatorname{grad} \operatorname{div} \vec{A} - \nabla^2 \vec{A} = \mu \vec{j} + \epsilon\mu \frac{\partial \vec{E}}{\partial t} \quad . \tag{3.287}$$

Mit (3.126) muß man nun in die zweite Maxwellsche Gleichung (3.167) eingehen, so daß sich

$$\operatorname{rot} \vec{E} = -\frac{\partial}{\partial t} \operatorname{rot} \vec{A} = -\operatorname{rot} \frac{\partial \vec{A}}{\partial t} \quad , \tag{3.288}$$

oder wegen der Eichinvarianz, wiederum der Zusammenhang zwischen der elektrischen Feldstärke und den Potentialen nach (3.125) ergibt. Die Definition (3.125) erweist sich mehrfach als sehr sinnvoll. Den Ausdruck (3.125) differenziert man nun nach der Zeit und geht mit dem Ergebnis in (3.287) ein:

$$\operatorname{grad} \left(\operatorname{div} \vec{A} + \epsilon\mu \frac{\partial \varphi}{\partial t} \right) - \nabla^2 \vec{A} + \epsilon\mu \frac{\partial^2 \vec{A}}{\partial t^2} = \mu \vec{j} \tag{3.289}$$

Wird der Klammerausdruck unter dem Gradienten Null gesetzt, so ergibt sich die inhomogene Wellengleichung für das Vektorpotential

$$\nabla^2 \vec{A} - \epsilon\mu \frac{\partial^2 \vec{A}}{\partial t^2} = \Box^2 \vec{A} = -\mu \vec{j} \quad . \tag{3.290}$$

Diese Gleichung wird auch als (vektorielle) *d' Alembertsche Gleichung* bezeichnet. Anders ausgedrückt: Mit $\vec{B} = \operatorname{rot} \vec{A}$ wurde nur eine Festlegung hinsichtlich der Wirbel des Vektorpotentials getroffen. Nun ist noch eine Festlegung in Bezug auf die Quellen des Vektorpotentials getroffen worden. Unter Verwendung von

$$\operatorname{div} \vec{A} + \epsilon\mu \frac{\partial \varphi}{\partial t} = 0 \tag{3.291}$$

und der Nebenbedingung (3.200) für das elektrische Feld leitet sich die Wellengleichung für das skalare elektrische Potential aus (3.290) in der Form

$$\nabla^2 \varphi - \epsilon\mu \frac{\partial^2 \varphi}{\partial t^2} = \Box^2 \varphi = -\frac{\varrho}{\epsilon} \tag{3.292}$$

her. Die Wellengleichungen für das Vektorpotential beziehungsweise für das skalare elektrische Potential haben also dieselbe charakteristische Form und unterscheiden sich nur durch die Inhomogenitäten auf den rechten Seiten.

Aufgabe 6: Zeigen Sie die Forminvarianz (Kovarianz) der homogenen Wellengleichung für das skalare elektrische Potential bei Übergang von einem Bezugssystem zu einem anderen!

Lösung: Im homogenen Fall lautet die Wellengleichung für das skalare elektrische Potential nach (3.78) oder (3.292)

$$\Box^2\varphi = 0 \quad . \tag{3.293}$$

Setzt man in (3.293) ohne Berücksichtigung der gleichbleibenden y- und z-Koordinaten die Operatoren nach (3.267) und (3.268) aus Aufgabe 2 ein, so folgt unmittelbar die gesuchte Lösung

$$\frac{\partial^2}{\partial x^2} - \frac{1}{c^2}\frac{\partial^2}{\partial t^2} = \frac{\partial^2}{\partial \bar{x}^2} - \frac{1}{c^2}\frac{\partial^2}{\partial \bar{t}^2} \quad , \tag{3.294}$$

oder angewandt auf das Potential

$$\frac{\partial^2\varphi}{\partial x^2} - \frac{1}{c^2}\frac{\partial^2\varphi}{\partial t^2} = \frac{\partial^2\bar{\varphi}}{\partial \bar{x}^2} - \frac{1}{c^2}\frac{\partial^2\bar{\varphi}}{\partial \bar{t}^2} = 0 \quad . \tag{3.295}$$

Mit den Koordinaten y und z erhält man schließlich

$$\Box^2\varphi = \bar{\Box}^2\bar{\varphi} = 0 \quad . \tag{3.296}$$

Dieselbe Kovarianz gilt auch für das Vektorpotential

$$\Box^2\vec{A} = \bar{\Box}^2\bar{\vec{A}} = 0 \quad , \tag{3.297}$$

was leicht nachzuweisen ist.

Kapitel 4

Tensoren der Elektromagnetik

Im Kapitel 3 sind auf der Grundlage der Variationsrechnung unter Bezug auf die Tensorrechnung der Tensor des elektromagnetischen Feldes und Maxwellschen Gleichungen hergeleitet worden. In diesem Kapitel wird anfangs auf wesentliche Aussagen zur Energieströmung, Leistungsbilanz und den Poynting-Vektor eingegangen.

Der Poynting-Vektor weist aus, daß bei jeder elektrotechnischen Anordnung, bei jedem elektrischen Gerät die Energie vom Energieerzeuger zum Verbraucher im Medium um den elektrischen Leiter herum und *nicht* in diesem transportiert wird. Im elektrischen Leiter wird nur die durch ihn entstehende Verlustenergie befördert. Soll also an einer Stelle eines elektromagnetischen Feldes (zum Beispiel im Plattenkondensator, im Transformator, entlang von Freileitungen, in Schaltungen der Mikroelektronik oder in elektromechanischen Anordnungen) die Richtung der Energieströmung bestimmt werden, dann ist aus der elektrischen Feldstärke und der magnetischen Erregung der Poynting-Vektor zu bestimmen. Seine Richtung zeigt in jedem Punkt des Raumes die Richtung des Energietransportes an. Sein Betrag gibt eine Aussage über die Leistungsdichte.

Mit dem Ausbau der Theorie wird anschließend der Energie-Impuls-Tensor aus dem Prinzip der kleinsten Wirkung hergeleitet. Dem Leser wird gezeigt, daß die Energiedichte, die Koordinaten des Poynting-Vektors und die Impulsstromdichten in diesem Tensor zusammengefaßt sind. Die Impulsstromdichten bilden den sogenannten Spannungstensor. Diese Aussage enthält gemäß den Herleitungen zur Tensorrechnung den Vorteil, eine physikalische Größe gefunden zu haben, die beim Übergang von einem beliebigen Koordinatensystem zu einem anderen Koordinatensystem erhalten bleibt.

Faraday entdeckte und vertrat die Auffassung des elektromagnetischen Spannungszustandes. Ohne den Energie-Impuls-Tensor läßt sich diese Auffassung nur unvollständig erklären. Zusätzlich zum Inhalt des Spannungstensors der Elektrotechnik bestehen Vorstellungen und analoge Vorgehensweisen, wie sie in der Spannungslehre der Mechanik üblich sind.

4.1 Tensor des elektromagnetischen Feldes

Die Koordinaten des Tensors des elektromagnetischen Feldes (kurz auch als Feldtensor oder als Feldstärketensor bezeichnet) ist nach (3.113) aus der ersten Variation des Wirkungsintegrales für die tatsächliche Bewegung eines Teilchens der Masse m, behaftet mit der Ladung q, hergeleitet worden. Es ist ein kovarianter Tensor zweiter Stufe in der Form (3.127) beziehungsweise in kontravarianter Gestalt nach (3.128). Sind von einem bestimmten Koordinatensystem die Basisvektoren $\vec{g}^i$ bzw. $\vec{g}_i$ bekannt, dann folgt für den Feldtensor

$$F^{(2)} = F = F_{ij}\,\vec{g}^i\vec{g}^j \tag{4.1}$$

beziehungsweise

$$F^{(2)} = F = F^{ij}\vec{g}_i\,\vec{g}_j \quad . \tag{4.2}$$

Der Feldtensor erscheint einerseits in der komponentenfreien Schreibweise auf der linken Seite mit der Angabe seiner Stufe und andererseits in seiner Komponentenform auf den rechten Seiten. Tensoren höherer Stufe werden meistens in ihrer Komponentenform dargestellt und weiter behandelt.

Aus den Transformationsgleichungen (2.154) bis (2.158) folgt für den Übergang zu einem beliebigen anderen Koordinatensystem für (4.1):

$$F = \bar{a}^i_l\,\bar{a}^j_m\,\bar{F}_{ij}\,\underline{a}^k_i\,\underline{a}^l_j\,\bar{\vec{g}}^i\,\bar{\vec{g}}^j = \bar{F} \quad . \tag{4.3}$$

Da nach (2.148) jeweils zwei Transformationsmatrizen multipliziert das Kroneckersymbol ergeben, gilt

$$F = F_{ij}\,\vec{g}^i\,\vec{g}^j = \bar{F}_{ij}\,\bar{\vec{g}}^i\bar{\vec{g}}^j = \bar{F} \quad . \tag{4.4}$$

Der Feldtensor F zur Beschreibung des elektromagnetischen Feldes stellt nach (4.4) beim Übergang von einem Koordinatensystem zu einem anderen Koordinatensystem eine unveränderliche Größe, eine Invariante dar. Da sich die Basisvektoren wie gezeigt transformieren, müssen sich die Tensorkoordinaten dazu kontragredient (invers transponiert) transformieren. Die Tensorkoordinaten stellen also für sich allein keine unveränderlichen Größen beim Übergang zu einem anderen Koordinatensystem dar. Demzufolge müssen sich im allgemeinen Fall diese Koordinaten beim Übergang zu einem anderen Koordinatensystem verändern. Ein solcher Vorgang kann immer nur für eine ganz bestimmte Koordinatentransformation untersucht werden.

Die Behandlung der Differentiation von Tensoren zweiter Stufe im Abschnitt 2.2.4 hat gezeigt, daß im Fall der Abhängigkeit von einem Parameter, der auch die Zeit t sein kann,

Tensorfelder mit erfaßt werden. Was in diesem Zusammenhang für Tensoren zweiter Stufe gilt, trifft auch für Tensoren erster bzw. nullter Stufe, also sowohl für Vektorfelder als auch für skalare Felder zu.
Die Maxwellschen Gleichungen sind sofort in Tensorgleichungen, hier in Koordinatenform geschrieben, überführbar. Um das zu zeigen, wird von der Maxwellschen Gleichung (3.167) ausgegangen. Mit dem vollständig antisymmetrischen Tensor dritter Stufe in Analogie zu (3.143) gilt für (3.167) in Koordinatenschreibweise

$$e^{ijk}E_{k,j} = -\frac{\partial B^i}{\partial t} \quad , \tag{4.5}$$

oder mit der Zuordnung

$$B^i = \frac{1}{2} e^{ijk} B_{jk} \tag{4.6}$$

die Beziehung

$$E_{k,j} - E_{j,k} = -\frac{\partial B_{jk}}{\partial t} \quad . \tag{4.7}$$

Damit ist der Zusammenhang zwischen den Feldstärken in drei- (4.5) und vierdimensionaler (4.6) Schreibweise hergestellt. Die magnetische Feldstärke tritt in dreidimensionaler Form in kontravarianten Vektorkoordinaten B^i auf. Ihre vierdimensionalen Koordinaten sind die eines kovarianten Tensors zweiter Stufe.

4.2 Energieströmung, Leistungsbilanz und Poynting-Vektor

Zur Herleitung des überaus wichtigen Energie-Impuls-Tensors ist die Energiedichte erforderlich. Wir gehen von (3.167) und (3.199) aus und multiplizieren erstere mit dem Vektor $\vec{H}$, die zweite mit dem Vektor $\vec{E}$. Es folgt nach der Subtraktion beider Gleichungen

$$\vec{H} \operatorname{rot} \vec{E} - \vec{E} \operatorname{rot} \vec{H} = -\frac{\partial \vec{B}}{\partial t} \vec{H} - \vec{j}\,\vec{E} - \frac{\partial \vec{D}}{\partial t} \vec{E} \quad , \tag{4.8}$$

und nach der Anwendung der vektoranalytischen Formel

$$-\operatorname{div}[\vec{E}\vec{H}] = -\nabla(\vec{E} \times \vec{H}) = \vec{E} \operatorname{rot} \vec{H} - \vec{H} \operatorname{rot} \vec{E} \tag{4.9}$$

der Ausdruck

$$-\operatorname{div}[\vec{E}\vec{H}] = +\frac{\partial \vec{B}}{\partial t} \vec{H} + \frac{\partial \vec{D}}{\partial t} \vec{E} + \vec{j}\,\vec{E} \quad . \tag{4.10}$$

Der Vektor $\vec{S}_p$, gebildet aus dem Vektor der elektrischen Feldstärke und dem Vektor der magnetischen Erregung $\vec{H}$ heißt Poynting-Vektor und ist durch

$$\vec{S}_p = [\vec{E}\vec{H}] = \vec{E} \times \vec{H} \tag{4.11}$$

gegeben. Nun wird (4.10) umgeformt und über ein räumliches Gebiet des $\mathbf{R}^3$ integriert:

$$-\int_V \operatorname{div}[\vec{E}\vec{H}]\,dV = \int_V \left[\frac{\partial \vec{B}}{\partial t}\vec{H} + \frac{\partial \vec{D}}{\partial t}\vec{E}\right] dV + \int_V \vec{j}\,\vec{E}\,dV \quad . \tag{4.12}$$

Nach Anwendung des Gaußschen Satzes (der Mathematik) auf die rechte Seite ergibt sich

$$-\oint_A \vec{S}_p\,d\vec{A} = \int_V \left[\frac{\partial \vec{B}}{\partial t}\vec{H} + \frac{\partial \vec{D}}{\partial t}\vec{E}\right] dV + \int_V \vec{j}\,\vec{E}\,dV \quad . \tag{4.13}$$

Die Gleichung (4.13) wird in der Literatur als der *Satz von Poynting* bezeichnet. Erfahrungsgemäß strebt das elektromagnetische Feld im unendlichen betragsmäßig gegen Null. Deshalb verschwindet das Oberflächenintegral auf der rechten Seite in (4.13), wobei über den gesamten dreidimensionalen Raum integriert wird.

Man kann dies auch anders erklären: Der Betrag der elektrischen Feldstärke verändert sich umgekehrt proportional zum Quadrat des Abstandes. Der Betrag der magnetischen Erregung fällt umgekehrt proportional mit dem Abstand, während die Oberfläche A in (4.13) mit dem Quadrat des Abstandes wächst. Damit strebt das Flächenintegral gegen Null für einen ins Unendliche wachsenden Abstand.

Mit $\vec{j} = \varrho\vec{v}$ aus (3.173) kann das Integral

$$\int_V \vec{j}\,\vec{E}\,dV = \sum_{l=1}^{n} q_l\,\vec{v}_l\,\vec{E} \tag{4.14}$$

in die Summe über alle elektrischen Ladungen im Feld umgeschrieben werden, so daß Gleichung (4.8) in

$$\int_V \left[\frac{\partial \vec{B}}{\partial t}\vec{H} + \frac{\partial \vec{D}}{\partial t}\vec{E}\right] dV + \sum_{l=1}^{n} q_l\,\vec{v}_l\,\vec{E} = 0 \tag{4.15}$$

übergeht. Die Summe in (4.15) besitzt die Dimension einer Leistung und ist demzufolge gleich der zeitlichen Ableitung der mit den Teilchen verbundenen kinetischen Energie (einschließlich der Ruheenergie):

$$\sum_{l=1}^{n} q_l\,\vec{v}_l\,\vec{E} = \sum \frac{\partial E_{kin}}{\partial t} \tag{4.16}$$

Alle weiteren Darlegungen folgen unter der Voraussetzung, daß sich die zeitlichen Ableitungen in (4.8) in der Form

$$\frac{\partial \vec{B}}{\partial t}\vec{H} + \frac{\partial \vec{D}}{\partial t}\vec{E} = \frac{\partial \xi}{\partial t} = \frac{\partial}{\partial t}\left[\frac{1}{2}\left(\vec{B}\vec{H} + \vec{D}\vec{E}\right)\right] \quad , \tag{4.17}$$

also als Zeitableitung einer Größe ξ darstellen lassen. Diese Voraussetzung sei erfüllt. Im Vakuum gelten

$$\vec{B} = \mu_0\,\vec{H} \quad \text{und} \quad \vec{D} = \epsilon_0\,\vec{E} \quad , \tag{4.18}$$

und es gilt als Folge aus (4.17)

$$\xi_{Vak.} = \frac{\mu_0}{2}\vec{H}^2 + \frac{\epsilon_0}{2}\vec{E}^2 \quad . \tag{4.19}$$

Anmerkungen:

1. Das Vakuum kann als isotrop angesehen werden. Bei allen anderen isotropen Medien gelten die Gleichungen (4.18) analog, und die Feldgrößen erfüllen die Bedingung (4.17).
2. Unter dem Differentiationszeichen auf der rechten Seite im Ausdruck (4.17) steht die Energiedichte des elektromagnetischen Feldes. Diese Dichte, gemessen in Ws/m^3, erscheint später als Koordinate T^{00} des Energie-Impuls-Tensors. Sie ist einerseits jener Skalar, der die in einer Volumeneinheit enthaltene Energie des Feldes wiedergibt und andererseits wegen den in (4.17) auftretenden elektrischen und magnetischen Größen Verbindungen (mathematisch, physikalisch, technisch) zwischen dem elektrischen Feld und dem magnetischen Feld herstellt.

Mit (4.16) und (4.17) folgt aus (4.15) bei der Vertauschung von Integration und Differentiation

$$\frac{\partial}{\partial t}\left\{\int \frac{1}{2}\left[\vec{B}\vec{H} + \vec{D}\vec{E}\right] dV + \sum E_{kin}\right\} = 0 \quad . \tag{4.20}$$

Das heißt, der in Klammern stehende Ausdruck bleibt deshalb für das abgeschlossene System erhalten. Dieses System setzt sich aus dem elektromagnetischen Feld und den sich in diesem Feld bewegenden elektrischen Ladungen zusammen. Der linke Summand stellt ebenfalls eine Energie dar und kann aus diesem Grunde als Eigenenergie des elektromagnetischen Feldes gedeutet werden. Der Ausdruck unter dem Integral beschreibt die Feldenergie pro Volumeneinheit und heißt Energiedichte des elektromagnetischen Feldes. Sie wird mit w bezeichnet.

Erfolgt die Integration nicht über den unendlich ausgedehnten Raum, sondern nur über einen Teil von ihm, dann besitzt gemäß den Erläuterungen zu (4.13) im allgemeinen das dort vorkommende Oberflächenintegral eine von Null verschiedenen Wert. Es gilt dann

$$\int_V \left[\frac{\partial \vec{B}}{\partial t}\vec{H} + \frac{\partial \vec{D}}{\partial t}\vec{E}\right] dV + \frac{\partial}{\partial t}\sum E_{kin} = -\oint_A \vec{S}_p\, d\vec{A} \quad . \tag{4.21}$$

Das Summenzeichen bezieht sich dabei nur auf die im Teilvolumen enthaltenen Teilchen. Die linke Seite erfaßt für dieses Teilvolumen die Energie von Feld und Teilchen. Unter der Voraussetzung (4.17) geht (4.21) in

$$\frac{\partial}{\partial t}\left\{\frac{1}{2}\int \left[\vec{B}\vec{H} + \vec{D}\vec{E}\right] dV + \sum E_{kin}\right\} = -\oint_A \vec{S}_p\, d\vec{A} \tag{4.22}$$

über. Damit ist das Integral $-\oint \vec{S}_p\, d\vec{A}$ gleich der zeitlichen Änderung der Energie von elektromagnetischem Feld und den in ihm befindlichen Ladungen. Das Integral gibt dabei den Energiestrom des Feldes durch die Oberfläche des betrachteten Teilvolumens an. Da

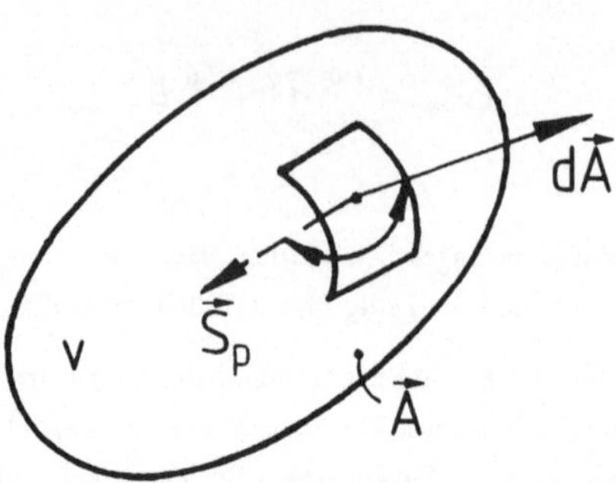

Abbildung 4.1: Richtung des Poynting-Vektors

über eine Fläche integriert wird, gibt der Poynting-Vektor $\vec{S}_p$ die Energiestromdichte und somit denjenigen Energiebetrag an, der in der Zeiteinheit durch das Oberflächenelement fließt.

In (4.21) und (4.22) wurde angenommen, daß sich auf der Hüllfläche des Teilvolumens zum betrachteten Zeitpunkt keine Ladungen befinden. Wäre das der Fall, dann müßten auf den rechten Seiten zur Energiebilanz die von diesen Ladungen hervorgerufenen Energiestöme hinzugefügt werden.

Das Integral auf der rechten Seite von (4.22) gibt den Fluß des Vektors $\vec{S}_p$, der die Hüllfläche A durchsetzt, an. Seine Dimension ist die einer Leistung pro Fläche: W/m^2. Der Poynting-Vektor drückt damit auch die Flächendichte des Leistungsflusses im elektromagnetischen Feld aus. Das Minuszeichen in (4.21) und (4.22) drückt aus, daß der Leistungsfluß oder der Energiestromanteil durch das Flächenelement $d\vec{A}$ positiv gezählt wird, wenn dieser in das Innere des Volumens V gerichtet ist. Der Winkel α zwischen dem Poyntingvektor und dem Vektor $d\vec{A}$ in Bild 4.1 hat einen Betrag größer $+\pi/2$ und kleiner $+3/2\pi$. Im anderen Fall ist für $-\pi/2 \leq \alpha \leq +\pi/2$ der Kosinus im Skalarprodukt positiv, und der Poynting-Vektor zeigt nach außen. Das heißt, der Leistungsflußanteil bzw. der Energiestromanteil durch das Flächenelement $d\vec{A}$ wird negativ gezählt.

Das Integral über $\vec{j}\vec{E}$ in (4.13) kann neben der schon angegebenen Energieinterpretation wegen der vorkommenden elektrischen Leitungsstromdichte $\vec{j}$ auch als jene Leistung angesehen werden, die im Teilvolumen (Volumen) in Wärme umgesetzt wird.

Der Poynting-Vektor $\vec{S}_p$ erhält durch die in der Herleitung enthaltene Energiebilanz für das elektromagnetische Feld und den in ihm befindlichen, mit Ladungen versehenen Teilchen eine physikalische Realität, die mathematisch durch

$$\oint_A \vec{S}_p \, d\vec{A} = \oint_A (\vec{E} \times \vec{H}) \, d\vec{A} \tag{4.23}$$

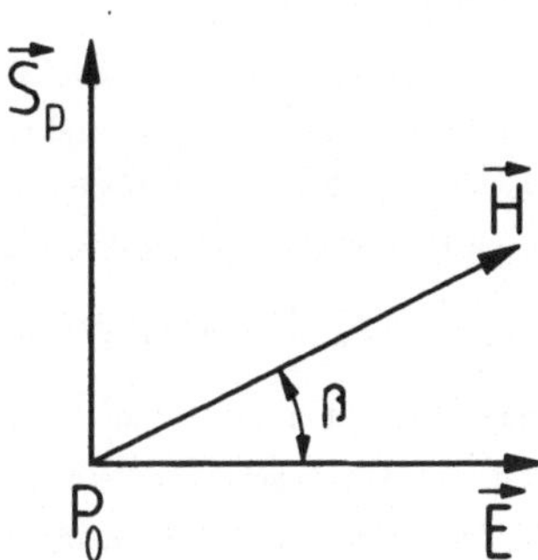

Abbildung 4.2: Richtung des Poynting-Vektors in Abhängigkeit von den Feldgrößen

erfaßt werden kann. Da mit $\vec{S}_p$ die Leistungsdichte in einem gegebenen Volumen untersucht worden ist, muß das Integral in (4.23) über eine geschlossene Fläche gebildet werden.

Den Ausgangspunkt der bisherigen Darlegungen in den vorangestellten Kapiteln bildet das Wirkungsintegral. Der Poynting-Vektor als Produkt einer Intensitäts- und einer Quantitätsgröße der Elektromagnetik führte folgerichtig auf eine Integralform und bestätigt dieses Vorgehen. Auch experimentell kann die Beziehung (4.23) nur in der Integralform nachgewiesen werden.

Oft genügt es jedoch, eine Aussage über die Richtung der Energieströmung zu erhalten. Zu diesem Zweck werden im betreffenden Punkt der Vektor der elektrischen Feldstärke $\vec{E}$ und die magnetische Erregung $\vec{H}$ bestimmt. Der Poynting-Vektor und beide Feldvektoren bilden ein Rechtssystem, so daß nach Bild 4.2 die Richtung des Poynting-Vektors und damit die Richtung des Energieflusses feststehen.

Gleichung (4.23) erlaubt nicht, in allen Fällen eindeutig auf die Energieströmung zu schließen. Das ist sofort erkennbar, wenn zum Poynting-Vektor $\vec{S}_p$ ein beliebiger Vektor $\vec{S}_D$ hinzuaddiert wird, dessen Divergenz überall Null ist. Aus (4.23) folgt mit dem Gaußschen Satz (der Mathematik)

$$\oint_A \left(\vec{S}_p + \vec{S}_D\right) d\vec{A} = \oint_A \vec{S}_p \, d\vec{A} + \int_V \operatorname{div} \vec{S}_D \, dV = \oint_A \vec{S}_p \, d\vec{A} \quad . \tag{4.24}$$

In beiden Fällen ergibt sich die gleiche Energieströmung durch die geschlossene Hüllfläche. Wie anschaulich und nützlich der Poynting-Vektor bei der Untersuchung von Problemen des elektromagnetischen Feldes ist, soll an zwei Beispielen gezeigt werden.

Beispiel 1:

Gegeben sei eine elektrische Doppelleitung vom Leiterradius $r_0 = 0,5\,cm$ mit einer Leiterstromdichte $j = 3\,A/mm^2$ und einer elektrischen Feldstärke von $E = 15\,kV/cm$. Der für die folgenden Überlegungen unwesentliche Spannungsabfall längs des Leiters soll vernachlässigt werden, so daß nur eine Komponente (Koordinate) der elektrischen Feldstärke auftritt und $E \approx E_r$ gilt. Die elektrische Feldstärke zeigt also radial zur Leiterachse. Die magnetische Erregung zeigt tangential zu einem Kreis um den Leiter. Die elektrische Feldstärke $\vec{E}$ und die magnetische Erregung $\vec{H}$ bilden unter diesen Voraussetzungen einen rechten Winkel. Aus (4.11) folgt für den Betrag des Poynting-Vektors $\vec{S}_p$

$$S_p = E_r H_\varphi = \vec{E}_r \frac{j\, r_0}{2} = 1125\,\mathrm{kW/cm^2} \quad . \tag{4.25}$$

Interpretiert man diese realen Ergebnisse, so stellt sich direkt an der Oberfläche ($r_0 = 0,5\,cm$) eines jeden Leiters der Doppellleitung im Medium Luft eine beachtliche Leistungsdichte ein. Die Betrachtung über den Poynting-Vektor zeigt, daß nicht der metallische Leiter, sondern das ihn umgebende Dielektrikum zur Fortleitung der Energie dient. Der Poynting-Vektor steht senkrecht auf dem Vektorprodukt von $\vec{E}$ und $\vec{H}$ und ist in Richtung der Stromdichte gerichtet.

Der Vergleich der Zahlenwerte für die Leistungsdichte im Dielektrikum Luft mit der in aus hochwertigem Stahl gefertigten Antriebswellen für mechanische Energieübertragungen (z.B Antriebswelle eines größeren Schiffes) weist nach, daß die Luft um ein vielfaches höher belastet wird. Je nach Drehzahl treten bei solchen Stahlwellen Leistungsdichten zwischen 25 und 50 kW/cm^2 auf.

Es stellt sich die Frage: *Wozu wird der elektrische Leiter gebraucht, wenn die nutzbare Energie im Medium Luft transportiert wird?*

Der elektrische Leiter kanalisiert die Energieströmung von der Energiequelle zum Verbraucher. Da längs eines mit einem ohmschen Widerstand behafteten Leiters eine Tangentialfeldstärke infolge des Spannungsabfalles entsteht, existiert somit auch eine Tangentialkomponente der elektrischen Feldstärke. Diese Komponente des Poynting-Vektors zeigt vom Dielektrikum zum Leiter, also in den metallischenLeiter hinein und gibt dem Betrag nach die in Wärme umgesetzte spezifische Leistung an.

Beispiel 2:

Das zweite Beispiel demonstriert die Energieströmung im statischen Feld eines Zylinderkondensators nach Bild 4.3.

Für die anschaulichen Betrachtungen im erstem Beispiel reichte die Differentialdarstellung des Poynting-Vektors nach (4.11) aus, um in wichtigen Punkten qualitative bzw. quantitative Angaben über die Energieströmung und die spezifische Leistung zu geben.

Bei diesem Beispiel muß unbedingt die Integralform des Poynting-Vektors nach (4.23) oder nach (4.24) zugrunde gelegt werden.

Der Zylinderkondensator in Bild 4.3 befindet sich in einem zur Zylinderachse parallelen homogenen magnetischen Feld. Die Integralform liefert auch dann richtige Ergebnisse, wenn dem Auftreten einer Energieströmung keine physikalische Realität zukommt. Das trifft für dieses Beispiel zu, denn die elektrische Feldstärke $\vec{E}$ und die magnetische Erregung $\vec{H}$ haben im Inneren dieses Zylinderkondensators von Null verschiedene Werte und stehen senkrecht aufeinander. Demzufolge hat der Poynting-Vektor einen von Null verschiedenen Betrag und zeigt die Richtung der "Energieströmung" an. Die Linien der Energieströmung sind Kreise, so daß die Divergenz des Poynting-Vektors überall selbst Null ist. Nach dem Gaußschen Satz ergibt sich für eine geschlossene Fläche keine Energieströmung, was zusammengefaßt bedeutet:

> Der Poynting-Vektor zeigt an jeder Stelle des Raumes die Richtung der Energieströmung an und gibt die Leistung wieder, die durch eine Fläche senkrecht zur Richtung der Energieströmung hindurch geht.

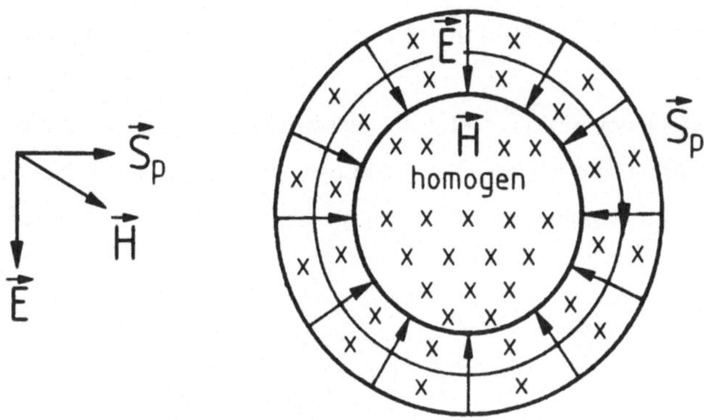

Abbildung 4.3: Energieströmung im Zylinderkondensator bei überlagertem homogenem Magnetfeld

Die Integralform (4.24) widerspricht auch dann dem Satz von der Erhaltung der Energie nicht, wenn ein Poynting-Vektor zwar existiert, der Energieströmung jedoch keine physikalische Realität zukommt.

4.3 Der Energie-Impuls-Tensor

4.3.1 Herleitung des Energie-Impuls-Tensors aus dem Prinzip der kleinsten Wirkung

Im voranstehenden Unterabschnitt wurde in (4.22) unter Verwendung des Poynting-Vektors (4.11) ein Ausdruck für die Energie des elektromagnetischen Feldes hergeleitet. In Vorbereitung von Erweiterungen, auch im Hinblick auf die Elektromechanik, ist ein Energieausdruck zusammen mit dem Feldimpuls in vierdimensionaler Form herzuleiten. Die Herleitungen werden vorgenommen, ohne sich auf ein bestimmtes physikalisches (elektrotechnisches) System zu spezialisieren.

Den Ausgangspunkt bildet demzufolge irgendein System, dessen Wirkungsintegral bei Bezug auf (3.146) die Form

$$S = \int_{t_0}^{t_1} \int_V l(q, \dot{q}, t)\, dV\, dt = \int_{t_0}^{t_1} \int_V l\left(q, \frac{\partial q}{\partial x^i}\right) dV\, dt \tag{4.26}$$

oder

$$S = \frac{1}{c} \int_\Omega l\left(q, \frac{\partial q}{\partial x^i}\right) d\Omega = \frac{1}{c} \int_\Omega l(q, q_{,i})\, d\Omega \tag{4.27}$$

hat. l ist eine Funktion der verallgemeinerten Koordinaten q, die den Zustand des physikalischen beziehungsweise technischen Systems beschreiben, und ih er verallgemeinerten

Geschwindigkeiten, die in Gestalt der räumlichen und zeitlichen Ableitungen der q auftreten. Die zeitliche Ableitung ist in den Ableitungen $\partial q/\partial x^i$ enthalten, was ein Vergleich mit (3.44) zeigt.

Als verallgemeinerte Koordinaten treten im elektromagnetischen Feld die Potentiale, in elektrischen Netzwerken die elektrischen Ladungen beziehungsweise die verketteten magnetischen Flüsse, in mechanischen Systemen die Lagekoordinaten im direkten Sinne des Wortes auf.

Das Raumintegral

$$L = \int_V l\left(q, \frac{\partial q}{\partial x^i}\right) dV \tag{4.28}$$

bezeichnet die Lagrange-Funktion des Systems, so daß die Funktion l die Lagrange-Dichte desselben Systems darstellt.

Die Bewegungsgleichungen des Systems folgen dem Prinzip der kleinsten Wirkung über die Bildung der Variation. In Übereinstimmung mit den Herleitungen zur Variationsrechnung wird für (4.27) die erste Variation

$$\delta S = \frac{1}{c}\int_\Omega \left(\frac{\partial l}{\partial q}\,\delta q + \frac{\partial l}{\partial q_{,i}}\,\delta q_{,i}\right) d\Omega \quad , \tag{4.29}$$

gebildet, die sich gemäß Abschnitt 2.1 formal bei Beachtung der Produktregel in die Gleichung

$$\delta S = \frac{1}{c}\int_\Omega \left[\frac{\partial l}{\partial q}\,\delta q + \frac{\partial}{\partial x^i}\left(\frac{\partial l}{\partial q_{,i}}\,\delta q\right) - \delta q\,\frac{\partial}{\partial x^i}\,\frac{\partial l}{\partial q_{,i}}\right] d\Omega = 0 \tag{4.30}$$

umformen läßt. Wird über den ganzen Raum integriert, dann verschwindet das nach dem Gaußschen Satz umgeformte Integral des zweiten Summanden, weil mit dem "Feld" im Unendlichen seine Lagrange-Funktion L und damit auch die Lagrange-Dichte l verschwinden.

Anmerkung:

Dazu ist eine Erklärung erforderlich: Im Beispiel 1.2.2 zur 'Bewegung einer Ladung im elektromagnetischen Feld' gilt die Voraussetzung der Homogenität des elektrischen Feldes aus energetischen Gründen nur in einem begrenzten Raum. Außerhalb dieses Raumes muß der Betrag der elektrischen Feldstärke mit zunehmender Entfernung fallen, da die das elektrische Feld erzeugende Energie nicht beliebig wachsen kann. Ebenso, nur mit anderer Proportionalität, fällt der Betrag der magnetischen Feldstärke $\vec{B}$ mit steigender Entfernung. Die Wirkung der Felder, ausgedrückt durch die Feldgrößen oder die Lagrange-Funktionen oder die Lagrange-Dichte, auf die elektrische Ladung nimmt mit zunehmender Entfernung ab und verschwindet schließlich. Auf die Ladung erfolgt keine Energieeinwirkung mehr. Die Lagrange-Funktion und die Lagrange-Dichte als Ausdruck dieser Energieeinwirkungen müssen dann ebenfalls Null sein.

Aus der Gleichung (4.30) folgt der Ausdruck

$$\delta S = \frac{1}{c}\int_\Omega \left[\frac{\partial l}{\partial q}\delta q - \delta q \frac{\partial}{\partial x^i}\frac{\partial l}{\partial q'_i}\right] d\Omega = 0 \tag{4.31}$$

oder

$$\delta S = \frac{1}{c}\int_\Omega \left[\frac{\partial l}{\partial q} - \frac{\partial}{\partial x^i}\frac{\partial l}{\partial q'_i}\right] \delta q \, d\Omega = 0 \quad . \tag{4.32}$$

Nach (2.21) folgt als notwendige Bedingung für $\delta S = 0$ in Analogie zu (2.22), daß der Klammerausdruck für beliebige δq selbst gleich Null sein muß, und umgestellt

$$\frac{\partial}{\partial x^i}\frac{\partial l}{\partial q'_i} - \frac{\partial l}{\partial q} = 0 \qquad \text{mit} \qquad i = 0,\, 1,\, 2,\, 3 \tag{4.33}$$

gilt. Nun ist unter der Bedingung (4.33) eine für das System bestehende invariante Größe, also eine Erhaltungsgröße zu suchen. Zu diesem Zweck wird die Divergenz der Lagrange-Dichte l durch

$$\frac{\partial l}{\partial x^i} = \frac{\partial l}{\partial q}\frac{\partial q}{\partial x^i} + \frac{\partial l}{\partial q'_j}\frac{\partial q'_j}{\partial x^i} \tag{4.34}$$

gebildet. Nach einem bekannten Satz der Analysis kann unter den gemachten Voraussetzungen die Reihenfolge der Differentiationen vertauscht werden. Dann gilt die Formel $q'_{i,j} = q'_{j,i}$. Damit und durch Einsetzen von (4.33) in (4.34) ergibt sich der Ausdruck

$$\frac{\partial l}{\partial x^i} = \frac{\partial}{\partial x^j}\left(\frac{\partial l}{\partial q'_j}\right) q'_i + \frac{\partial l}{\partial q'_j}\frac{\partial q'_i}{\partial x^j} = \frac{\partial}{\partial x^j}\left(q'_i \frac{\partial l}{\partial q'_j}\right) \quad . \tag{4.35}$$

Mit dem Kronecker-Symbol gilt die Identität der Tensorrechnung

$$\frac{\partial l}{\partial x^i} = \delta_i^j \frac{\partial l}{\partial x^j} \quad , \tag{4.36}$$

so daß mit der Form des Tensors zweiter Stufe

$$T_i^j = q'_i \frac{\partial l}{\partial q'_j} - \delta_i^j\, l \tag{4.37}$$

die gesuchte Invarianz in

$$\frac{\partial T_i^j}{\partial x^j} = 0 \tag{4.38}$$

umgeschrieben werden kann. Die vierdimensionale Divergenz dieses Tensors zweiter Stufe muß Null sein, damit hinsichtlich der verallgemeinerten Koordinate eine Invarianz auftritt. Trifft diese Aussage für mehrere verallgemeinerte Koordinaten $q^{(r)}$ zu, dann ist auf der rechten Seite von (4.37) der Summenausdruck

$$T_i^j = \sum q'^{(r)}_i \frac{\partial l}{\partial q'^{(r)}_k} - \delta_i^j\, l \tag{4.39}$$

einzusetzen. Aus (3.223) geht hervor, daß beim Verschwinden der Viererdivergenz des Vierervektors A^i, also

$$\frac{\partial A^i}{\partial x^i} = 0 \qquad \text{mit} \qquad i = 0,\, 1,\, 2,\, 3 \tag{4.40}$$

infolge der Gültigkeit des vierdimensionalen Gaußschen Satzes für das Umlaufintegral über eine geschlossene Hyperfläche

$$\oint A^i \, dS_i = 0 \tag{4.41}$$

gelten muß. Das Integral des Vektors A^i

$$\int A^i \, dS_i = K_1 \tag{4.42}$$

bleibt erhalten, wenn über eine den ganzen dreidimensionalen Raum umfassenden Hyperfläche integriert wird. Ein analoger Sachverhalt besteht demzufolge in Erweiterung der Darlegungen über die Tensorrechnung auch für die Viererdivergenz eines Tensors zweiter Stufe. Die Gleichung (4.42) ergab für einen Tensor erster Stufe einen Skalar als Erhaltungsgröße, so daß für einen Tensor zweiter Stufe ein Vektor als eine solche hervortritt. Die Gleichung

$$P^i = K_2 \int T^{ij} \, dS_j \tag{4.43}$$

drückt mathematisch aus: Der Tensor erster Stufe P^i bleibt erhalten. Der Tensor T^{ij} wird Energie-Impuls-Tensor genannt. Der Tensor P^i heißt auch der Impulsvierervektor des Systems.

Es sei betont, daß nur bei mechanischen Systemen dieser Vektor auch einen Impuls im mechanischen Sinne verkörpert. Mit dem Begriff "Impulsvierervektor" wird hier ein verallgemeinerter Impuls bezeichnet.

Die zweifach kontravarianten Koordinaten T^{ij} des Energie-Impuls-Tensors berechnen sich aus den T_i^j mit Hilfe des metrischen Tensors

$$T^{ij} = g^{ik} T_k^j \quad . \tag{4.44}$$

Nach den Ergebnissen zur Behandlung von Vierervektoren und Vierertensoren kann von den T_i^j direkt zu den T^{ij} mittels (3.57) übergegangen werden. So gilt zum Beispiel

$$T_0^0 = T^{00} \quad . \tag{4.45}$$

Im weiteren Verlauf der Überlegungen sind die Konstante K_2 und die Koordinaten des Energie-Impuls-Tensors zu bestimmen. Die Konstante K_2 in (4.43) wird so gewählt, daß die zeitliche Koordinate P^0 gleich der mit $1/c$ multiplizierten Energie des zu untersuchenden Systems ist. Wie im Zusammenhang mit (4.43) hinsichtlich der Integration über eine Hyperfläche dargelegt wurde, gilt

$$P^0 = K_2 \int_{S_j} T^{0j}\, dS_j = K_2 \int_V T^{00}\, dV \quad , \tag{4.46}$$

wobei die Integration über die Hyperfläche $x^0 = constant$ erfolgt. Wegen (4.37) folgt mit Gleichung (4.45)

$$T^{00} = \dot{q}\, \frac{\partial l}{\partial \dot{q}} - l \quad . \tag{4.47}$$

Da die Lagrange-Funktion sich als Energiedifferenz von kinetischer und potentieller Systemenergie darstellen läßt und l als Lagrange-Dichte bereits eingeführt wurde, können die Tensorkoordinaten T^{00} als Energiedichte und ihr Integral $\int T^{00}\, dV$ als Gesamtenergie des Systems gedeutet werden. Die Konstante K_2 ist somit durch $1/c$ festgelegt und aus (4.43) folgt für den Viererimpuls des Systems die endgültige Form

$$P^i = \frac{1}{c} \int_{S_j} T^{ij}\, dS_j \quad . \tag{4.48}$$

Die Lagrange-Funktion L und die Lagrange-Dichte l finden eine immer breitere Anwendung, weil die Lagrange-Gleichungen bei einer großen Anzahl von Basistransformationen sowie im Besonderen bei Transformationen zwischen Inertialsystemen den Vorteil der Invarianz aufweisen.

Die meisten Wellengleichungen lassen sich als Lagrange-Gleichungen sowohl in der bisher angegebenen als auch in erweiterter Form schreiben. Bei der Verwendung der Lagrange-Dichte in der Wellentheorie wird die Rolle der Ortskoordinaten durch die Wellenfunktion übernommen, die im hier verwendeten Kontext als verallgemeinerte Koordinate anzusehen ist. Im Zusammenhang mit dem Energie-Impuls-Tensor wird noch in diesem Kapitel darauf eingegangen.

4.3.2 Die Koordinaten des Energie-Impuls-Tensors

Zum Energie-Impuls-Tensor gehören wegen $i, j = 0, 1, 2, 3$ sechzehn Koordinaten, die in ihrem physikalischen Inhalt zu bestimmen sind. Für die schon erwähnte Integration über die Hyperfläche $x^0 = constant$, oder was dasselbe ist, über den ganzen dreidimensionalen Raum, nimmt (4.48) wegen $j = 0$ die Form

$$P^i = \frac{1}{c} \int_V T^{i0}\, dV \tag{4.49}$$

an. Die so erfaßten räumlichen Koordinaten von P^i ($i = 1, 2, 3$) bilden den dreidimensionalen Impulsvektor des Systems. Die zeitliche Koordinate von P^i ($i = 0$) enthält die mit dem konstanten Faktor $1/c$ multiplizierte Energie des Impulsvektors. Die Tensorkoordinaten

$$\frac{1}{c}T^{10} \quad , \quad \frac{1}{c}T^{20} \quad , \quad \frac{1}{c}T^{30} \tag{4.50}$$

ergeben die Impulsdichte und können im Impulsdichtevektor zusammengefaßt werden. Die Koordinate T^{00} ist die Energiedichte

$$w = T^{00} \tag{4.51}$$

des Systems. Aus dem vierdimensionalen Erhaltungssatz (4.38) folgt mit $x^0 = ct$ die dreidimensionalen Formen dieser Invarianz

$$\frac{\partial T^{0j}}{\partial x^j} = \frac{1}{c}\frac{\partial T^{00}}{\partial t} + \frac{\partial T^{01}}{\partial x^1} + \frac{\partial T^{02}}{\partial x^2} + \frac{\partial T^{03}}{\partial x^3} = \frac{1}{c}\frac{\partial T^{00}}{\partial t} + \frac{\partial T^{0j}}{\partial x^j} = 0 \tag{4.52}$$

und

$$\begin{aligned}
\frac{1}{c}\frac{\partial T^{10}}{\partial t} + \frac{\partial T^{11}}{\partial x^1} + \frac{\partial T^{12}}{\partial x^2} + \frac{\partial T^{13}}{\partial x^3} &= \frac{1}{c}\frac{\partial T^{10}}{\partial t} + \frac{\partial T^{1j}}{\partial x^j} = 0 \\
\frac{1}{c}\frac{\partial T^{20}}{\partial t} + \frac{\partial T^{21}}{\partial x^1} + \frac{\partial T^{22}}{\partial x^2} + \frac{\partial T^{23}}{\partial x^3} &= \frac{1}{c}\frac{\partial T^{20}}{\partial t} + \frac{\partial T^{2j}}{\partial x^j} = 0 \\
\frac{1}{c}\frac{\partial T^{30}}{\partial t} + \frac{\partial T^{31}}{\partial x^1} + \frac{\partial T^{32}}{\partial x^2} + \frac{\partial T^{33}}{\partial x^3} &= \frac{1}{c}\frac{\partial T^{30}}{\partial t} + \frac{\partial T^{3j}}{\partial x^j} = 0
\end{aligned} \tag{4.53}$$

Die Gleichung (4.52) wird über das dreidimensionale Volumen integriert und man erhält

$$\frac{1}{c}\frac{\partial}{\partial t}\int_V T^{00}\,dV + \int_V \frac{\partial T^{0j}}{\partial x^j}\,dV = 0 \quad . \tag{4.54}$$

Mit dem dreidimensionalen Gaußschen Satz ergibt sich aus (4.54) der Ausdruck

$$\frac{\partial}{\partial t}\int_V T^{00}\,dV = -c\int_{A_j} T^{0j}\,dA_j \quad . \tag{4.55}$$

Auf der linken Seite steht die zeitliche Änderung des Integrals über die Energiedichte, also die Änderung der im Teilvolumen V befindlichen Energie je Zeiteinheit. Da auf der rechten Seite die Integration über die Oberflächenelemente in den drei Raumrichtungen vorgenommen wird, gibt dieser Ausdruck die durch diese Flächen in der Zeiteinheit strömende Energie an. Die Größen

$$cT^{01} \quad , \quad cT^{02} \quad , \quad cT^{03} \tag{4.56}$$

sind deshalb die Koordinaten des Poynting-Vektors $\vec{S}_p$.

Aus diesen Ergebnissen lassen sich mehrere wichtige Schlußfolgerungen ziehen:

1. Die Gleichung (4.38) ist eine Tensorgleichung, oder anders ausgedrückt, die Größen $T_i^{\,j}$ besitzen Tensorcharakter. Aus diesem Grunde erfüllt (4.38) die Forderung der relativistischen Invarianz und bleibt zum Beispiel beim Übergang von einem Inertialsystem zu einem anderen Inertialsystem erhalten.

2. Dies wiederum führt auf den Zusammenhang zwischen der Energiestromdichte nach (4.56) und der Impulsdichte in (4.50), woraus auch der Name "Energie-Impuls-Tensor" herrührt.

3. Unter der Voraussetzung der Symmetrie dieses Tensors folgt aus dem Vergleich von (4.50) mit (4.56), daß sich die Dichte des Energiestromes aus der mit c^2 multiplizierten Impulsdichte errechnet.

Weiterhin ist nun noch die Symmetrie

$$T^{ij} = T^{ji} \tag{4.57}$$

des Energie-Impuls-Tensors nachzuweisen. Aus rein mathematischen Gründen, also ohne jede Betrachtung eines physikalischen beziehungsweise technischen Inhaltes, erfüllt nicht nur der Tensor T^{ij} die Forderung (4.38), sondern auch jeder Tensor der Form

$$T^{ij} + \frac{\partial}{\partial x^k} T^{ijk} \quad , \tag{4.58}$$

wenn $T^{ijk} = -T^{ikj}$ gilt. Denn wegen dieser Antisymmetrie folgt aus der Differentiation nach den x^j (wie schon früher bewiesen)

$$\frac{\partial^2}{\partial x^j \partial x^k} T^{ijk} = 0 \quad . \tag{4.59}$$

Der Impulsvierervektor eines beliebigen Systems ist eine eindeutig bestimmte Größe. Um das wiederum zu zeigen, wird (4.58) in (4.48) eingesetzt. Die Integration über den rechten Summanden muß Null ergeben. In der Tat erhalten wir, den Gausschen Satz vierdimensional auf T^{ijk} angewendet, den Ausdruck

$$\int_{S_j} \frac{\partial T^{ijk}}{\partial x^k} dS_j = \frac{1}{2} \int_{S_j} \left(\frac{\partial T^{ijk}}{\partial x^k} dS_j - \frac{\partial T^{ijk}}{\partial x^j} dS_k \right) = \int_{f^*_{jk}} T^{ijk} \, df^*_{jk} \quad . \tag{4.60}$$

Die Integration rechts erstreckt sich über eine zweidimensionale Fläche, die die Hyerfläche berandet und über die auf der linken Seite integriert wird. Diese zweidimensionale Fläche liegt räumlich im Unendlichen. Dort sind weder ein Feld noch Teilchen vorhanden, und das Integral verschwindet. Zum Integral des Impulsvektors P^i in (4.48) kommt kein Betrag durch den Übergang nach (4.58) hinzu, womit die Behauptung bewiesen ist.

Damit der Energie-Impuls-Tensor eindeutig definiert wird, muß zu (4.48) noch eine weitere Forderung gestellt werden, die darin besteht, daß der verallgemeinerte vierdimensionale Drehimpulstensor D^{ij} des betrachteten Systems mit dem Viererimpuls P^i über

$$D^{ij} = \int_{P^j} \left(x^i \, dP^j - x^j \, dP^i \right) \tag{4.61}$$

oder mit (4.48) über

$$D^{ij} = \frac{1}{c}\int_{S_k}\left(x^i\,T^{jk} - x^j\,T^{ik}\right)\,dS_k \quad . \tag{4.62}$$

in Verbindung steht. Ein Erhaltungssatz in differentieller Form drückt das Verschwinden der Divergenz des Integranden in (4.62) aus. Es gilt

$$\frac{\partial}{\partial x^k}\left(x^i\,T^{jk} - x^j\,T^{ik}\right) = 0 \quad . \tag{4.63}$$

Durch die Anwendung der Produktregel der Differentialrechnung folgt

$$\frac{\partial x^i}{\partial x^k}\,T^{jk} + x^i\,\frac{\partial T^{jk}}{\partial x^k} - \frac{\partial x^j}{\partial x^k}\,T^{ik} - x^i\,\frac{\partial T^{ik}}{\partial x^k} = 0 \quad . \tag{4.64}$$

Nun sind die Ableitungen

$$\frac{\partial x^i}{\partial x^k} = \delta^i_k \tag{4.65}$$

gleich dem Kroneckersymbol. Wegen (4.38) gilt

$$\frac{\partial T^{jk}}{\partial x^k} = 0 \quad , \tag{4.66}$$

so daß

$$\delta^i_k\,T^{jk} - \delta^j_k\,T^{ik} = T^{ji} - T^{ij} = 0 \tag{4.67}$$

folgt. Zusammengefaßt bedeutet das: Der Energie-Impuls-Tensor ist genau dann eindeutig bestimmt, wenn er diese Symmetrieeigenschaft aufweist.

Aus (4.54) folgt nach der Integration über das Volumen V der Ausdruck

$$\frac{\partial}{\partial t}\int_V \frac{1}{c}\,T^{m0}\,dV + \int_V \frac{\partial T^{mn}}{\partial x^n}\,dV = 0 \quad , \tag{4.68}$$

oder

$$\frac{\partial}{\partial t}\int_V \frac{1}{c}\,T^{m0}\,dV = -\oint_{f_n} T^{mn}\,df_n \quad . \tag{4.69}$$

Die linke Seite gibt die Änderung des Impulses pro Zeiteinheit im Volumen V an. Rechts in (4.69) steht deshalb die verallgemeinerte Impulsmenge, die das Volumen V in der Zeiteinheit verläßt. Die Größen T^{mn} $(m,\,n = 1,\,2,\,3)$ sind die Dichten des Impulsstromes und bilden den **Spannungstensor**. Die Dichte des Energiestromes ist ein Tensor erster Stufe, die des Impulsstromes einer zweiter Stufe. Die Koordinaten des Energie-Impuls-Tensors können nun übersichtlich in einer quadratischen Matrix angeordnet werden:

$$T^{ij} = \begin{pmatrix} T^{00} & T^{01} & T^{02} & T^{03} \\ T^{10} & T^{11} & T^{12} & T^{13} \\ T^{20} & T^{21} & T^{22} & T^{23} \\ T^{30} & T^{31} & T^{32} & T^{33} \end{pmatrix} = \begin{pmatrix} w & \frac{S_x}{c} & \frac{S_y}{c} & \frac{S_z}{c} \\ \frac{S_x}{c} & \sigma_{xx} & \sigma_{xy} & \sigma_{xz} \\ \frac{S_y}{c} & \sigma_{yx} & \sigma_{yy} & \sigma_{yz} \\ \frac{S_z}{c} & \sigma_{zx} & \sigma_{zy} & \sigma_{zz} \end{pmatrix} \tag{4.70}$$

Die Energiedichte w, die Koordinaten des Poynting-Vektors (multipliziert mit einer Konstanten) und die Koordinaten der Vektoren der Impulsstromdichten bilden zusammengefaßt eine höhere Einheit, einen Tensor zweiter Stufe. Der Spannungstensor mit den Koordinaten $T^{mn} = \sigma_{mn}$ kann auch als Zusammenfassung von drei Vektoren angesehen werden. Bei festem n und laufendem $m = 1, 2, 3$ gehören die σ_{mn} zu je einem dreidimensionalen Vektor, dessen Betrag gerade jene Impulsmenge bestimmt, die pro Zeiteinheit durch die senkrecht zur x^n-Achse stehende Flächeneinheit hindurchströmt. Auf die Inhalte der einzelnen Tensorkoordinaten wird bei der nachfolgenden Herleitung des Energie-Impuls-Tensors des elektromagnetischen Feldes eingegangen.

4.3.3 Energie-Impuls-Tensor der Elektromagnetik

Gleichung (4.38) oder der ihr äquivalente Ausdruck

$$\frac{\partial T^{ij}}{\partial x^j} = 0 \tag{4.71}$$

drückt das Verschwinden der vierdimensionalen Tensordivergenz des Energie-Impuls-Tensors aus. Hier liegt demzufolge eine Erhaltungsgröße vor, die beim Übergang von einem Bezugssystem (nicht Koordinatensystem) zu einem anderen erhalten bleibt. Im besonderen gilt das für Inertialsysteme. Der Ausdruck (4.71) beinhaltet also einen Erhaltungssatz. Die Invarianz dieser Divergenz genügt demzufolge den Forderungen der speziellen Relativitätstheorie.

Die Gleichung (4.71) enthält noch eine Verallgemeinerung. Da dort ein Differentialausdruck steht, gelten die aus ihm folgenden Ergebnisse für infinitesimale Bereiche auch bei nichtinertialen Bezugssystemen. Das Verschwinden der Viererdivergenz drückt somit einen vierdimensionalen lokalen Erhaltungssatz der Allgemeinen Relativitätstheorie aus.

Aus welchen Koordinaten setzt sich nun der Energie-Impuls-Tensor des elektromagnetischen Feldes zusammen?

Um diese Inhalte herzuleiten, sei an (3.91) erinnert, worin später $K = -1/\mu_0$ gesetzt worden ist. Der Vergleich von (3.91) mit (4.28) ergibt für die Lagrange-Dichte l

$$l\left(q, \frac{\partial q}{\partial x^i}\right) = -\frac{1}{4\mu_0} F_{ij} F^{ij} \quad . \tag{4.72}$$

Die verallgemeinerten Koordinaten q des elektromagnetischen Feldes sind die Koordinaten des Viererpotentials A_i nach (3.105). Mit diesen Potentialen folgt aus (4.37)

$$T_i^j = \frac{\partial A_k}{\partial x^i} \frac{\partial l}{\partial \left(\frac{\partial A_k}{\partial x^j}\right)} - \delta_i^j \, l \quad . \tag{4.73}$$

Das Wirkungsintegral S besitzt bekanntlich die Dimension $VAs^2 = VAs \cdot s$. Die Dimension der Lagrange-Funktion berechnet sich zu $[L] = VAs$, so daß die Lagrange-Dichte die Dimension

$$[l] = \frac{\mathrm{VAs}}{\mathrm{m}^3} \tag{4.74}$$

haben muß. Dieses Resultat folgt auch unmittelbar aus (4.72), weil für die Dimension von $F_{ij} = Vs/m^2$ einzusetzen ist. Die Koordinaten des Tensors $T_i^{\,j}$ in (4.73) haben demzufolge die Dimension einer Energie pro Volumeneinheit. (Das Kronecker-Symbol ist dimensionslos.) Damit kann nun über (4.71) auf die Dimension der vierdimensionalen Divergenz geschlossen werden. Die Koordinaten T^{ij} haben dieselbe Dimension wie die Koordinaten des Tensors $T_i^{\,j}$, so daß

$$\left[\frac{\partial T_i^{\,j}}{\partial x^i}\right] = \frac{\mathrm{VAs}}{\mathrm{m}^4} \tag{4.75}$$

folgt. Die vierdimensionale Tensordivergenz beinhaltet also die Energie in einem vierdimensionalen Raumzeitvolumen.

Die Koordinaten des Feldtensors der Elektromagnetik sind über die erste Variation eines Wirkungsintegrals bestimmt worden. Um nun die Koordinaten des Energie-Impuls-Tensors der Elektromagnetik zu gewinnen, wird analog vorgegangen, und die ersta Variation δl der Lagrange-Dichte gebildet. Dieses Vorgehen erlaubt ein sinnvolles Weiterrechnen mit der Gleichung (4.73). Zuerst ist der Zusammenhang zwischen den Koordinaten des Feldtensors und den Potentialen des elektromagnetischen Feldes erforderlich, der mit (3.127) bereits vorliegt. Bei der Vertauschung von kovarianten mit kontravarianten Koordinaten folgt aus (4.72)

$$\delta l = -\frac{1}{2\mu_0} F^{jk}\,\delta\,F_{jk} = -\frac{1}{2\mu_0} F^{jk}\,\delta\left(\frac{\partial A_k}{\partial x^j} - \frac{\partial A_j}{\partial x^k}\right) \quad , \tag{4.76}$$

oder unter Beachtung der Antisymmetrie des Feldtensors $F_{jk} = -F_{kj}$ gilt

$$\delta l = -\frac{1}{\mu_0} F^{jk}\,\delta\left(\frac{\partial A_k}{\partial x^j}\right) \quad . \tag{4.77}$$

Aus dieser Gleichung, abgeleitet nach dem in den Klammern stehenden Ausdruck und der Vertauschung von Variation und Differentiation, folgt

$$\frac{\partial l}{\partial\left(\frac{\partial A_k}{\partial x^j}\right)} = -\frac{1}{\mu_0} F^{jk} \quad . \tag{4.78}$$

Damit berechnen sich die Tensorkomponenten $T_i^{\,j}$ aus (4.73) zu

$$T_i^{\,j} = -\frac{1}{\mu_0}\frac{\partial A_k}{\partial x^i} F^{jk} + \frac{1}{4\mu_0}\delta_i^j\left(F_{kl}\,F^{kl}\right) \quad . \tag{4.79}$$

Um nun eine Analogiebetrachtung zu den Ergebnissen im vorangegangenen Abschnitt zu haben und um zum Beispiel die vierdimensionale Tensordivergenz nach (4.71) berechnen zu können, ist der Index i mit Hilfe des metrischen Tensors g^{ir} nach (2.263) heraufzuziehen. Dafür gilt allgemein (siehe Abschnitt 2.2)

$$T^{ij} = g^{ir} T_r^j \quad , \tag{4.80}$$

so daß nach der Überschiebung mit g^{ir} der Ausdruck

$$g^{ir} T_r^j = -\frac{1}{\mu_0} \frac{\partial A_k}{\partial x^r} g^{ir} F^{jk} + \frac{1}{4\mu_0} g^{ir} \delta_r^j F_{kl} F^{kl} \tag{4.81}$$

folgt. Diesen Ausdruck schreiben wir $\delta_r^j = 1$ für $r = j$ in die Form

$$T^{ij} = -\frac{1}{\mu_0} \frac{\partial A_k}{\partial x^r} g^{ir} \delta_m^k F^{jm} + \frac{1}{4\mu_0} g^{ij} F_{kl} F^{kl} \tag{4.82}$$

oder in

$$T^{ij} = -\frac{1}{\mu_0} \frac{\partial A_k}{\partial x^r} g^{ir} g^{kn} g_{nm} F^{jm} + \frac{1}{4\mu_0} g^{ij} F_{kl} F^{kl} \tag{4.83}$$

um. Nach der zweifachen Anwendung von (2.263) folgt

$$\frac{\partial A_k}{\partial x^r} g^{ik} g^{jr} = \frac{\partial A^i}{\partial x_j} \quad , \tag{4.84}$$

und es ergibt sich aus (4.83) der Tensor zweiter Stufe

$$T^{ij} = -\frac{1}{\mu_0} \frac{\partial A^k}{\partial x_i} F^j_{\ k} + \frac{1}{4\mu_0} g^{ij} F_{kl} F^{kl} \quad . \tag{4.85}$$

Dieser Tensor ist wegen des linken Summanden nicht symmetrisch. Um seine Symmetrie zu erreichen, wird der Anteil

$$\frac{1}{\mu_0} \frac{\partial A^i}{\partial x_k} F^j_{\ k} \tag{4.86}$$

hinzugefügt. Das ist erlaubt, weil bei fehlenden Ladungen und in stromfreien Gebieten die vierdimensionale Stromdichte Null sein muß und demzufolge wegen (3.186)

$$\frac{\partial F^i_{\ k}}{\partial x_k} = 0 \tag{4.87}$$

gilt. Dadurch wiederum gilt bei der Beachtung der Produktregel für die Differentiation

$$\frac{1}{\mu_0} \frac{\partial A^i}{\partial x_k} F^j_{\ k} = \frac{1}{\mu_0} \frac{\partial}{\partial x_k} (A^i F^j_{\ k}) \quad . \tag{4.88}$$

Damit ist die Transformation des Tensors T^{ij} nach (4.58) erfüllt und für den Energie-Impuls-Tensor der Elektromagnetik folgt

$$T^{ij} = -\frac{1}{\mu_0} \left(\frac{\partial A^i}{\partial x_k} - \frac{\partial A_k}{\partial x_i} \right) F^j_{\ k} + \frac{1}{4\mu_0} g^{ij} F_{kl} F^{kl} \quad . \tag{4.89}$$

Der Tensor F_{ij} aus (3.123) läßt sich in seine kontravariante Form

$$F^{ij} = \left(\frac{\partial A^j}{\partial x_i} - \frac{\partial A^i}{\partial x_j}\right) \tag{4.90}$$

umrechnen. Der Energie-Impuls-Tensor geht somit in die endgültige Form

$$T^{ij} = \frac{1}{\mu_0}\left(-F^{ik}\,F^j_{\ k} + \frac{1}{4}\,g^{ij}\,F_{kl}\,F^{kl}\right) \tag{4.91}$$

über. Dieser Tensor ist symmetrisch. Nun werden seine Koordinaten T^{ij} durch die Koordinaten der Feldstärken ausgedrückt. Das sind die elektrische Feldstärke $\vec{E}$ und die magnetische Feldstärke $\vec{B}$. Zu diesem Zweck werden die Feldtensoren F_{ij} und F^{ij} nach (3.127) und (3.128) herangezogen.

Wir beginnen mit dem Nachweis, daß die Koordinate T^{00} des Energie-Impuls-Tensors tatsächlich die Energiedichte w des elektromagnetischen Feldes ist. In (4.91) sind $i = j = 0$ zu setzen, k und l laufen von 0 bis 3. Es gilt

$$T^{00} = \frac{1}{\mu_0}\left\{-F^{0k}F^0_{\ k} + \frac{1}{4}\,g^{00}\,F_{kl}\,F^{kl}\right\} \quad . \tag{4.92}$$

Nun wird $k = 0$ gesetzt und l läuft von 0 bis 3. Dann wird $k = 1$ gesetzt, und l läuft wiederum von 0 bis 3 und so weiter. Dadurch ergibt sich der Ausdruck:

$$\begin{aligned} T^{00} = \frac{1}{\mu_0}\{ \quad & - \quad F^{00}F^0_{\ 0} + \frac{g^{00}}{4}\left[F_{00}F^{00} + F_{01}F^{01} + F_{02}F^{02} + F_{03}F^{03}\right] \\ & - \quad F^{01}F^0_{\ 1} + \frac{g^{00}}{4}\left[F_{10}F^{10} + F_{11}F^{11} + F_{12}F^{12} + F_{13}F^{13}\right] \\ & - \quad F^{02}F^0_{\ 2} + \frac{g^{00}}{4}\left[F_{20}F^{20} + F_{21}F^{21} + F_{22}F^{22} + F_{23}F^{23}\right] \\ & - \quad F^{03}F^0_{\ 3} + \frac{g^{00}}{4}\left[F_{30}F^{30} + F_{31}F^{31} + F_{32}F^{32} + F_{33}F^{33}\right]\ \} \end{aligned} \tag{4.93}$$

Um diese Gleichung auszuwerten, sind die Tensorkoordinaten von (3.128) in (4.93) einzusetzen. Wir bedienen uns außerdem der Ergebnisse in (3.142), so daß (4.93) in

$$T^{00} = \frac{1}{\mu_0}\left\{-F^{0k}\,F^0_{\ k} + \frac{2g^{00}}{4}\left(\vec{B}^{\,2} - \frac{\vec{E}^{\,2}}{c^2}\right)\right\} \tag{4.94}$$

übergeht. Durch den Übergang von den gemischten Koordinaten $F^0_{\ k}$ zu den kovarianten Koordinaten F_{ik} des Feldtensors mittels der Gleichung

$$F^j_{\ k} = g^{ji}\,F_{ik} \tag{4.95}$$

folgt für die Tensorkoordinate T^{00} die Formel

$$T^{00} = \frac{1}{\mu_0}\left\{-F^{0k}\,g^{0i}\,F_{ik} + \frac{g^{00}}{2}\left(\vec{B}^{\,2} - \frac{\vec{E}^{\,2}}{c^2}\right)\right\} \quad , \tag{4.96}$$

oder ausgeschrieben

$$\begin{aligned} T^{00} = \frac{1}{\mu_0}\{ \quad & \frac{E_x}{c}\left(g^{00}F_{01} + g^{01}F_{11} + g^{02}F_{21} + g^{03}F_{31}\right) \\ + \quad & \frac{E_y}{c}\left(g^{00}F_{02} + g^{01}F_{12} + g^{02}F_{22} + g^{03}F_{32}\right) \\ + \quad & \frac{E_z}{c}\left(g^{00}F_{03} + g^{01}F_{13} + g^{02}F_{23} + g^{03}F_{33}\right) \\ + \quad & \frac{g^{00}}{2}\left(\vec{B}^2 - \frac{\vec{E}^2}{c^2}\right)\} \quad . \end{aligned} \tag{4.97}$$

Die Feldstärkekoordinaten sind bekannt, so daß nur noch eine Aussage hinsichtlich der metrischen Koeffizienten zu geben ist. Nach (3.85) gelten für das infinitesimale Abstandsquadrat die beiden mit Hilfe der metrischen Tensoren umgerechneten Formen

$$(ds)^2 = g_{ij}\, dx^i\, dx^j = g^{ij}\, dx_i\, dx_j \quad . \tag{4.98}$$

Beide Gleichungen gelten gleichermaßen in Inertial- wie in Nichtinertialsystemen, wobei im letzteren Fall die metrischen Koeffizienten selbst von den Koordinatendifferentialen abhängen. Also gilt

$$g_{ij} = g_{ij}\left(x^a\right) \quad . \tag{4.99}$$

Die g_{ij} können immer als symmetrisch angesehen werden, weil sie aus den symmetrischen Formen (4.98) hervorgehen, in die g_{ij} und g_{ji} beziehungsweise g^{ij} und g^{ji} mit jeweils demselben Faktor multipliziert eingehen. In einem Inertialsystem nehmen bei der Verwendung von räumlichen kartesischen Koordinaten $x^1 = x$, $x^2 = y$, $x^3 = z$ und der Zeitkoordinate $x^0 = ct$ die metrischen Koeffizienten die Werte

$$g_{00} = 1 \quad , \quad g_{11} = -1 \quad , \quad g_{22} = -1 \quad , \quad g_{33} = -1 \tag{4.100}$$

an, während für $i \neq j$ die Beziehung $g_{ij} = 0$ gilt. Dieses Ergebnis kann auch unmittelbar aus der Definition des Abstandsquadrates (3.12) beim Vergleich mit (4.98) entnommen werden. Da die kartesischen Koordinaten zu sich selbst orthogonal sind, folgt sofort

$$g^{00} = 1 \quad , \quad g^{11} = -1 \quad , \quad g^{22} = -1 \quad , \quad g^{33} = -1 \quad , \tag{4.101}$$

und $g^{ij} = 0$ für $i \neq j$. Die metrischen Koeffizienten können in einem Matrixschema zusammengefaßt werden:

$$(g_{ij}) = (g^{ij}) = \begin{pmatrix} 1 & 0 & 0 & 0 \\ 0 & -1 & 0 & 0 \\ 0 & 0 & -1 & 0 \\ 0 & 0 & 0 & -1 \end{pmatrix} \quad . \tag{4.102}$$

Das vierdimensionale Koordinatensystem mit diesen Werten der metrischen Tensorkoordinaten wird galileisches Koordinatensystem genannt.
Aus (4.102) folgt mit (i = 0, 1, 2, 3)

$$|g_{ij}| = |g^{ij}| = -1 \quad . \tag{4.103}$$

Was im allgemeinen für das Produnkt von kovarianten mit den kontravarianten Koodinaten des metrischen Tensors gilt, hat im Besonderen für galileische Koordinatensysteme Gültigkeit:

$$g_{ik}\, g^{kj} = g^{ik}\, g_{kj} = g_i^j = g^j_i \tag{4.104}$$

oder

$$\delta_i^j = \begin{pmatrix} 1 & 0 & 0 & 0 \\ 0 & 1 & 0 & 0 \\ 0 & 0 & 1 & 0 \\ 0 & 0 & 0 & 1 \end{pmatrix} \quad . \tag{4.105}$$

Mit (4.102) kann sofort der Zusammenhang zu den Vierervektoren und Vierertensoren zweiter Stufe hergestellt werden (vgl. Abschnitt 3.3.1). Ein und dieselbe vektorielle physikalische Größe ist sowohl in kontravarianten als auch in kovarianten Koordinaten darstellbar. Dabei gelten die Beziehungen

$$A^i = g^{ij} A_j \quad , \quad A_i = g_{ij} A^j \quad . \tag{4.106}$$

In zeitlichen und räumlichen Koordinaten ausgedrückt heißt das

$$A^0 = A_0 \quad , \quad A^1 = -A_1 \quad , \quad A^2 = -A_2 \quad , \quad A^3 = -A_3 \quad . \tag{4.107}$$

Für die Übergänge zwischen den Formen ein und desselben physikalischen Tensors wird, wie eben angewendet, ebenfalls der metrische Tensor

$$F^k_j = g^{ki}\, F_{ij} \quad , \quad F^{ij} = g^{il}\, g^{jm}\, F_{lm} \tag{4.108}$$

herangezogen. Mit dem Ergebnis in (4.102) ergeben sich die Zusammenhänge zwischen den Koordinaten in Analogie zu (3.57) als

$$F^0_0 = F_{00} \quad , \quad F^0_1 = F_{01} \quad , \quad F^1_1 = -F_{11} \quad , \quad F^1_2 = -F_{12} \quad , \quad \ldots \tag{4.109}$$

beziehungsweise als

$$F^{00} = F_{00} \quad , \quad F^{11} = F_{11} \quad , \quad F^{10} = -F_{10} \quad , \quad F^{01} = -F_{01} \quad , \ldots \tag{4.110}$$

und demzufolge die Zusammenhänge zwischen den Koordinaten des Tensors der Elektromagnetik nach (3.127) und (3.128).

Die gemischten Koordinaten des Feldtensors lassen sich nun leicht berechnen:

$$F_i^{\ j} = \begin{pmatrix} 0 & -\frac{E_x}{c} & -\frac{E_y}{c} & -\frac{E_z}{c} \\ -\frac{E_x}{c} & 0 & B_z & -B_y \\ -\frac{E_y}{c} & -B_z & 0 & B_x \\ -\frac{E_z}{c} & B_y & -B_x & 0 \end{pmatrix} \tag{4.111}$$

$$F^i_{\ j} = \begin{pmatrix} 0 & \frac{E_x}{c} & \frac{E_y}{c} & \frac{E_z}{c} \\ \frac{E_x}{c} & 0 & B_z & -B_y \\ \frac{E_y}{c} & -B_z & 0 & B_x \\ \frac{E_z}{c} & B_y & -B_x & 0 \end{pmatrix} \tag{4.112}$$

Es sei hier nochmals darauf verwiesen, daß der erste Index von links gesehen die Zeile und der zweite Index von links die Spalte im Matrixschema angibt.
Die Koordinaten des metrischen Tensors nach (4.102) helfen nun weiter, um die Koordinate T^{00} des Energie-Impuls-Tensors über (4.98) endgültig zu bestimmen. Es gilt

$$T^{00} = \frac{1}{\mu_0}\left\{\frac{E_x^2}{c^2} + \frac{E_y^2}{c^2} + \frac{E_z^2}{c^2} + \frac{1}{2}\left(\vec{B}^2 - \frac{\vec{E}^2}{c^2}\right)\right\} = \frac{1}{2\mu_0}\left\{\vec{B}^2 + \frac{\vec{E}^2}{c^2}\right\} \tag{4.113}$$

oder

$$T^{00} = \frac{\vec{B}^2}{2\mu_0} + \frac{\epsilon_0 \vec{E}^2}{2} = w \quad . \tag{4.114}$$

Mit den mittels (3.227) festgelegten Dimensionen der Feldstärken besitzt die Koordinate T^{00} die Dimension

$$[T^{00}] = \frac{\mathrm{VAs}}{\mathrm{m}^3} = \frac{\mathrm{Ws}}{\mathrm{m}^3} \quad . \tag{4.115}$$

Die Energiedichte wird demzufolge in Ws/m^3 gemessen.
Die Beziehung (4.114) stellt nicht die allgemeinste Form zwischen der Energiedichte und den Feldgrößen dar. Beim Übergang vom Vakuum zu einem beliebigen Medium treten an die Stelle von μ_0 und ϵ_0 die Materialgrößen μ und ϵ. Gleichung (4.114) erfaßt auch die Möglichkeit, daß μ und ϵ im Raum veränderliche Größen sind, die selbst von den Feldstärken abhängen können.
Die Tensorkoordinaten T^{0j} ($j = 1, 2, 3$) in (4.91) sind identisch den Koordinaten des Poynting-Vektors. Es gilt nämlich

$$T^{0j} = \frac{1}{\mu_0}\left(-F^{0k}F^j_{\ k} + \frac{1}{4}g^{0j}F_{kl}F^{kl}\right) \quad . \tag{4.116}$$

Auf Grund von (4.102) und der Verwendung von (4.107) folgt für $j = 1$

$$T^{01} = \frac{1}{\mu_0}\left(-F^{00}F^1_{\ 0} - F^{01}F^1_{\ 1} - F^{02}F^1_{\ 2} - F^{03}F^1_{\ 3}\right) \quad , \tag{4.117}$$

und eingesetzt ergibt sich

$$T^{01} = \frac{1}{\mu_0}\left(+\frac{E_y}{c}B_z - \frac{E_z}{c}B_y\right) \quad . \tag{4.118}$$

Der Vergleich von (4.118) mit der dreidimensionalen Form des Poynting-Vektors (4.119)

$$\begin{vmatrix} \vec{e}_1 & \vec{e}_2 & \vec{e}_3 \\ \frac{E_x}{c} & \frac{E_y}{c} & \frac{E_z}{c} \\ \frac{B_x}{\mu_0} & \frac{B_y}{\mu_0} & \frac{B_z}{\mu_0} \end{vmatrix} = \begin{matrix} +\vec{e}_1\left(\frac{E_yB_z}{c\mu_0} - \frac{E_zB_y}{c\mu_0}\right) \\ +\vec{e}_2\left(\frac{E_zB_x}{c\mu_0} - \frac{E_xB_z}{c\mu_0}\right) \\ +\vec{e}_3\left(\frac{E_xB_y}{c\mu_0} - \frac{E_yB_x}{c\mu_0}\right) \end{matrix}$$

$$= \frac{1}{\mu_0}\left(\vec{e}_x\frac{S_x}{c} + \vec{e}_y\frac{S_y}{c} + \vec{e}_z\frac{S_z}{c}\right) \tag{4.119}$$

liefert für die Tensorkoordinaten

$$T^{01} = \frac{S_x}{c} \quad , \quad T^{02} = \frac{S_y}{c} \quad , \quad T^{03} = \frac{S_z}{c} \quad . \tag{4.120}$$

Die Dimensionen der Tensorkoordinaten T^{0j}, T^{i0} $(i,\, j = 1,\, 2,\, 3)$ sind

$$[T^{0j}] = \left[\frac{S_x}{c}\right] = \frac{\mathrm{VAs}}{\mathrm{m}^3} = \frac{\mathrm{Ws}}{\mathrm{m}^3} \quad , \tag{4.121}$$

also auch die einer Energiedichte. Damit besteht der Energie-Impuls-Tensor aus den Koordinaten

$$T^{ij} = \begin{pmatrix} w & \frac{S_x}{c} & \frac{S_y}{c} & \frac{S_z}{c} \\ \frac{S_x}{c} & T^{11} & T^{12} & T^{13} \\ \frac{S_y}{c} & T^{21} & T^{22} & T^{23} \\ \frac{S_z}{c} & T^{31} & T^{32} & T^{33} \end{pmatrix} \quad . \tag{4.122}$$

Es bleibt zum Schluß dieser Untersuchungen noch der physikalische Inhalt der Tensorkoordinaten T^{ij} $(i,\, j = 1,\, 2,\, 3)$ zu bestimmen. Für eine gewählte Koordinate $i = 1$, $j = 2$ liefert (4.91)

$$T^{12} = \frac{1}{\mu_0}\left(-F^{10}F^2_{\ 0} - F^{11}F^2_{\ 1} - F^{12}F^2_{\ 2} - F^{13}F^2_{\ 3}\right) \quad , \tag{4.123}$$

und mit eingesetzten Koordinaten aus (3.128) und (4.95) mit (3.127) folgt für diese Koordinate

$$T^{12} = -\frac{1}{\mu_0}\left(\frac{E_x}{c}\frac{E_y}{c} + B_y\,B_x\right) = -\left(\epsilon_0\,E_x\,E_y + \frac{B_y\,B_x}{\mu_0}\right) \quad . \tag{4.124}$$

Für $i = 1$ und $j = 1$ berechnet sich die Tensorkoordinate T^{11} zu

$$T^{11} = \frac{1}{\mu_0}\left[-F^{10}F^1_{\ 0} - F^{11}F^1_{\ 1} - F^{12}F^1_{\ 2} - F^{13}F^1_{\ 3} - \frac{1}{2}\left(\vec{B}^2 - \frac{\vec{E}^2}{c^2}\right)\right] \quad . \tag{4.125}$$

Es ist also

$$T^{11} = \frac{1}{\mu_0}\left[-\frac{E_x}{c}\frac{E_x}{c} + B_z\,B_z + B_y\,B_y - \frac{1}{2}\left(\vec{B}^2 - \frac{\vec{E}^2}{c^2}\right)\right] \quad , \tag{4.126}$$

oder zusammengefaßt

$$T^{11} = \frac{1}{\mu_0} \left[\frac{1}{2c^2} \left(E_y^2 + E_z^2 - E_x^2 \right) + \frac{1}{2} \left(B_y^2 + B_z^2 - B_x^2 \right) \right] \quad . \tag{4.127}$$

Die analogen Rechnungen können für die anderen Tensorkoordinaten ausgeführt werden. Die neun Koordinaten T^{ij} $(i,\, j = 1,\, 2,\, 3)$ bilden den sogenannten Maxwellschen Spannungstensor. Auch seine Koordinaten haben die Dimension einer Energiedichte. Sie lassen sich in der Formel $(\alpha,\, \beta = 1,\, 2,\, 3)$

$$T^{\alpha\beta} = \frac{1}{\mu_0} \left[-\frac{E^\alpha}{c} \frac{E^\beta}{c} - B^\alpha B^\beta + \frac{1}{2} \delta^{\alpha\beta} \left(\frac{\vec{E}^2}{c^2} + \vec{B}^2 \right) \right] \tag{4.128}$$

zusammenfassen. Liegen die Koordinaten des Spannungs-Tensors vor, dann kann die an ein beliebig orientiertes Flächenelement $d\vec{A}$ angreifende Kraft berechnet werden. In Koordinatenschreibweise lautet diese Beziehung

$$dF^\alpha = T^{\alpha\beta} \, dA_\beta \quad . \tag{4.129}$$

Die Größe $d\vec{F}$ stellt die Kraft auf das im Raum befindliche Flächenelement $d\vec{A}$ dar. Unter Zuhilfenahme der räumlichen Basisvektoren eines beliebigen Basissystems geht (4.129) in die koordinatenfreie Darstellung

$$dF^\alpha \, \vec{g}_\alpha = T^{\alpha\beta} \, \vec{g}_\alpha \, \vec{g}_\beta \cdot dA_\gamma \, \vec{g}^\gamma = T^{\alpha\beta} \, dA_\gamma \, \vec{g}_\alpha \, \vec{g}_\beta \cdot \vec{g}^\gamma \tag{4.130}$$

über. Wegen der Identität

$$\vec{g}_\beta \cdot \vec{g}^\gamma = \delta_\beta^\gamma \tag{4.131}$$

folgt

$$dF^\alpha \, \vec{g}_\alpha = T^{\alpha\beta} \, dA_\beta \, \vec{g}_\alpha \quad , \tag{4.132}$$

so daß nach der skalaren Multiplikation beider Seiten mit $\vec{g}^\tau$ wieder die Koordinatenform (4.130) entsteht.

Die Bestimmung der Koordinaten des Energie-Impuls-Tensors der Elektromagnetik führte zu dem Ergebnis, daß dieser tatsächlich die Symmetrieeigenschaften aufweist. Demzufolge gilt

$$T^{ij} = T^{ji} \quad , \tag{4.133}$$

und die in (4.91) hineinformulierte Symmetrie bestätigt sich hiermit. Der Energie-Impuls-Tensor verfügt noch über eine weitere besondere Eigenschaft. Seine Spur, das heißt die Summe der Hauptdiagonalelemente, ergibt (wie man leicht sieht) den Wert Null.

Literaturverzeichnis

[1] Bertin, M.; Faroux,J.-P.; Renault, J.: *Electromagnétisme. III: Magnétostatique, induction, équastions de Maxwell, compléments d' électronique.* BORDAS, Paris, 1986.

[2] de Boer, R.: *Vektor- und Tensorrechnung für Ingenieure.* Springer-Verlag, Berlin-Heidelberg-New York, 1982.

[3] Bourne, D.E.; Kendall, P.C.: *Vektoranalysis.* B.G. Teubner-Verlag, Stuttgart, 1988.

[4] Burg, K.; Haf, H.; Wille, F.: *Höhere Mathematik für Ingenieure. Band 1: Analysis.* B.G. Teubner-Verlag, Stuttgart, 1985.

[5] Burg, K.; Haf, H.; Wille, F.: *Höhere Mathematik für Ingenieure. Band 3: Gewöhnliche Differentialgleichungen, Distributionen, Integraltransformationen.* B.G. Teubner-Verlag, Stuttgart, 1990.

[6] Duschek, A.; Hochrainer, A.: *Grundzüge der Tensorrechnung in analytischer Darstellung, 3 Bände.* Springer-Verlag, Wien, 1955.

[7] Funk, P.: *Variationsrechnung und ihre Anwendung in Physik und Technik.* Springer-Verlag, Berlin-Heidelberg-New York, 1962.

[8] Heuser, H.: *Lehrbuch der Analysis. Teil 2.* B.G. Teubner-Verlag, Stuttgart, 5. Auflage, 1990.

[9] Hiller, M.: *Mechanische Systeme.* Springer-Verlag, Berlin-Heidelberg-New York-Tokio, 1983.

[10] Kästner, S.: *Vektoren, Tensoren, Spinoren.* Akademie-Verlag, Berlin, 1960.

[11] Kittel, C.; Knight, W.; Malvin, A.; Helmholz, A.; Burton, J.: *Mechanik.* Friedrich Vieweg & Sohn, Braunschweig/Wiesbaden, 4. Auflage, 1986.

[12] Klingbeil, E.: *Tensorrechnung für Ingenieure, Band 197.* B.I. Wissenschaftsverlag, Mannheim-Wien-Zürich, 1989.

[13] Kreyszig, E.: *Advanced Engineering Mathematics.* J. Wiley and Sons, New York, 1988.

[14] Kröger, R.; Unbehauen, R.: *Elektrodynamik.* B.G. Teubner-Verlag, Stuttgart, 1990.

[15] Küpfmüller, K.: *Einführung in die theoretische Elektrotechnik.* Springer-Verlag, Berlin-Göttingen-Heidelberg, 7. Auflage, 1962.

[16] Landau, L.D.; Lifschitz, E.M.: *Lehrbuch der theoretischen Physik. Band II: Klassische Feldtheorie.* Akademie-Verlag, Berlin, 11. Auflage, 1989.

[17] Linnemann, G.; Süße, R.: *Synthese elektromechanischer Systeme. Teil 2: Beitrag zur Theorie elektromechanischer Elemente höherer Ordnung.* Wissenschaftliche Zeitschrift der TH Ilmenau, 36(1990)4, S. 85–92, 1990.

[18] Macke, W.: *Elektromagnetische Felder.* Akademische Verlagsgesellschaft Geest & und Portig KG, Leipzig, 1960.

[19] Meyberg, K.; Vachenauer, P.: *Höhere Mathematik 2.* Springer-Verlag, Berlin-Heidelberg-New York, 1991.

[20] Philippow, E.: *Nichtlineare Elektrotechnik.* Akademische Verlagsgesellschaft Geest & Portig KG, Leipzig, 2. Auflage, 1971.

[21] Philippow, E.: *Grundlagen der Elektrotechnik.* VEB Verlag Technik, Berlin, 8. Auflage, 1988.

[22] Pinch, E.R.: *Optimal control and the calculus of variations.* Oxford University Press, Oxford, 1993.

[23] Raschewski, P.K.: *Riemannsche Geometrie und Tensoranalysis.* VEB Deutscher Verlag der Wissenschaften, Berlin, 1959.

[24] Schmutzer, E.: *Grundlagen der theoretischen Physik, in zwei Teilen.* VEB Deutscher Verlag der Wissenschaften, Berlin, 1989.

[25] Simonyi, K.: *Theoretische Elektrotechnik.* VEB Deutscher Verlag der Wissenschaften, Berlin, 9. Auflage, 1989.

[26] Strassacher, G.: *Rotation, Divergenz und das Drumherum. Eine Einführung in die elektromagnetische Feldtheorie.* B.G. Teubner-Verlag, Stuttgart, 1992.

[27] Süße, R.: *Emploi de l'intégrale d'action et du formalisme de Lagrange en électrotechnique théorique.* The international conference on applied theoretical electrotechnics, Craiova, Romania, 1991.

[28] Süße, R.; Diemar, U.: *Lagrange-modelle für Dissipation elektrischer Elemente höherer Ordnung.* Elektrotechnický časopis / ČSSR, 42(1991)3-4, S. 140–153, 1991.

[29] Süße, R.; Diemar, U.: *On the formation of the non-conservative Hamiltonian and its application on electrical networks with resistiv losses.* SPETO 93; Tagungsband der Technischen Universität Gliwice, Gliwice, 1994.

[30] Teichmann, H.: *Physikalische Anwendungen der Vektor- und Tensorrechnung, Band 39.* B.I. Wissenschaftsverlag, Mannheim-Wien-Zürich, 1973.

[31] von Weiss, A.; Kleinwächter, H.: *Übersicht über die theoretische Elektrotechnik. Zweiter Teil: Ausgewählte Kapitel und Aufgaben.* Akademische Verlagsgesellschaft Geest & und Portig KG, Leipzig, 1956.

Index